AF369821

Nouvelle Collection scientifique
Directeur : Émile Borel

JULES SAGERET

Le Système du Monde

des Chaldéens à Newton

AVEC 20 FIGURES DANS LE TEXTE

LIBRAIRIE FÉLIX ALCAN

Le
Système du Monde

LE SYSTÈME DU MONDE

DES CHALDÉENS A NEWTON

PAR

JULES SAGERET

AVEC 20 FIGURES DANS LE TEXTE

LIBRAIRIE FÉLIX ALCAN

1913

LE
SYSTÈME DU MONDE

INTRODUCTION

La genèse des sciences, dont j'ai tenté en cet ouvrage d'écrire un chapitre, se tire de l'histoire des sciences mais n'est pas cette histoire elle-même. Son étude, qui s'en tient au point de vue évolutif (les régressions et stagnations évidentes étant mises de côté), n'a pas besoin de dépasser le moment où les sciences considérées sont pourvues d'une méthode suffisante. « Genèse des sciences », c'est à peu près l'équivalent d' « histoire des méthodes scientifiques ».

On ne niera pas l'intérêt du sujet. Je ferai seulement remarquer qu'il est actuel. M. Abel Rey a montré[1] que toute la philosophie contemporaine gravitait autour d'un problème central : la valeur de la science. Or, si la plupart des philosophes réduisent aujourd'hui cette valeur à peu de chose, ils invoquent une raison assez forte : ils disent que la science dépend de l'esprit des savants, et ils partent de là pour en dénoncer

1. *La Philosophie moderne*, Paris, 1908.

l'impuissance à rien nous faire connaître. Qu'y a-t-il, en particulier, qui dépende plus du choix volontaire de l'homme que la méthode? La méthode n'est pas dans les choses, elle n'émane que de nous, et comme elle constitue, pour ainsi dire, le gabarit de la science, on semble fondé à tenir celle-ci pour artificielle et arbitraire : on dit : la science est la pure création du savant.

Cette argumentation aurait une très grande force si les méthodes scientifiques étaient pareilles à ces maisons qui surgissent dans les villes modernes avec une soudaineté de champignons. Or il n'en est rien. Si, dans un sens, nous avons imposé les méthodes aux choses, n'oublions pas que c'est après une lutte qui a duré pendant des millénaires : tout ce long intervalle de temps a été rempli par la résistance victorieuse des choses contre la curiosité humaine. Là où nos pères ont réussi, ce n'a été qu'après une série de tâtonnements ingénieux et un long travail, et au prix d'innombrables insuccès. Les méthodes qui ont triomphé sont donc un résultat d'expérience : elles représentent une adaptation expérimentale de notre esprit à l'univers et, par conséquent, non pas une création de la vérité par la raison, mais, si toutefois on pouvait s'exprimer ainsi, une modification de la raison par la vérité.

Voilà ce que l'étude de la Genèse des sciences est seule à même d'établir sans conteste.

Dans cette étude si vaste, une première limitation s'imposait : j'avais choisi, pour en faire le sujet de ce volume, la « Genèse des sciences exactes » : mais, au cours même de la rédaction, mon dessein primitif s'est modifié un peu. Tant pour ne pas dépasser le cadre des livres de cette collection que pour présenter un ensemble suffisamment lié dans ses parties, je me suis trouvé conduit à ne traiter que cette question : — Pourquoi et comment en est-on venu à dire que la terre tournait sur elle-même et autour du soleil? — Ou, en d'autres termes, à traiter de la « Genèse du système héliocentrique ».

On verra que l'élimination ainsi réalisée se réduit à peu de chose : il n'y aura d'entièrement sacrifié que la statique[1], dont le rôle a été, non pas nul, mais moins direct que celui des autres sciences. Et si je me suis borné en fait de mathématiques à un très court aperçu de la géométrie, c'est pour les raisons suivantes : les histoires des mathématiques sont nombreuses, connues et souvent complètes et excellentes ; la géométrie grecque est la mère des mathématiques scientifiques, la source même dont elles découlent ; et enfin la géométrie est l'art mathématique qui a eu l'influence la plus immédiate sur l'astronomie naissante.

Il n'en restera pas moins que le système héliocentrique est l'expression même de la solidarité intime de toutes les sciences exactes. Elles forment ensemble un édifice harmonieux dont la beauté reflète à la fois celle de l'univers et celle de l'esprit. Édifice que des siècles de travail humain ont aussi rendu vénérable.

---

1. La genèse de la statique se trouve d'ailleurs exposée dans le bel ouvrage de P. Duhem, *Les Origines de la Statique*, Paris, 1905-1906.

PREMIÈRE PARTIE

LA GENÈSE DE LA GÉOMÉTRIE

CHAPITRE PREMIER

LA GÉOMÉTRIE EMPIRIQUE

§ 1. — Généralités sur la géométrie empirique.

Le regretté Henri Poincaré niait avec raison que
la géométrie fût basée sur l'expérience, puisque
celle-ci est impuissante à vérifier les postulats
dont l'affirmation ou la négation forment le point
de départ de géométries différentes, toutes égales
au regard de la logique. Il en est ainsi maintenant.
Il en fut ainsi dès le jour où l'on conçut le point
sans dimensions, la ligne réduite à en avoir une
seule, la surface sans épaisseur ; car, ce jour-là,
l'objet géométrique perdait toute matérialité ; il
devenait un type, un gabarit, sur lequel on pouvait modeler, ou d'après lequel on pouvait mesurer
les choses de la nature, mais lui-même ne tenait
plus son existence que de l'esprit humain.

Affranchie de l'expérience, la géométrie n'en
a pas moins été engendrée par elle. Avant qu'il
y eût le moindre embryon de géométrie, l'homme

a façonné des objets géométriques. Le sauvage fabrique des armes dont la régularité nous étonne, ce que l'on peut traduire en disant qu'elles sont symétriques par rapport à un axe ou réalisent des solides de révolution. La droite, le plan, la sphère, le cercle, l'ellipse, furent les produits spontanés de l'industrie humaine.

Les figures, les solides ainsi réalisés ne se distinguent en rien d'objets physiques. Si l'on voulait connaître leurs propriétés, on procédait sur eux expérimentalement ou par observation directe. De là un empirisme qui pouvait suffire sans peine à la découverte de tous les résultats que nécessitait la pratique : quelques exemples en feront foi.

§ 2. — Mesure des surfaces.

On ne pouvait guère avoir l'idée de prendre autre chose que le carré comme unité de surface. En fait, on n'a jamais découvert qu'aucun peuple ait songé à une figure différente. Ceci assimilait d'emblée l'idée du carré à celle du produit d'un nombre par lui-même ou d'une longueur par elle-même. On voyait le carré de côté n contenir n rangées de n petits carrés unités, donc en tout $n \times n$, nous disons n^2 de ces derniers.

De même le rectangle de côtés a et b contenait a files de b carrés unités, donc un total de ab carrés unités, ce qu'on exprima en disant qu'un rectangle avait pour mesure le produit de ses deux dimensions.

Pour le carré et le rectangle, on pouvait, en

quelque sorte, compter directement, sur l'aire même, le nombre de fois qu'elle contenait l'unité. S'agissait-il d'autres aires, — triangulaires notamment, — cela devenait impossible. On imaginait alors un rectangle ou un carré dont la superficie

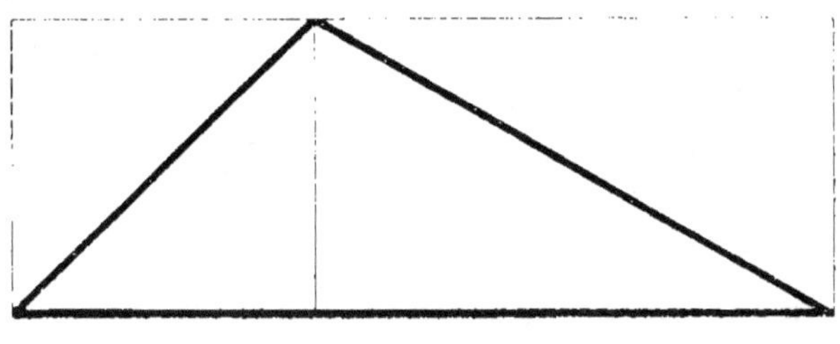

Fig. 1.

fût visiblement, avec celle de l'aire en question, dans un rapport simple.

Nous verrons plus loin que les Egyptiens, cherchant la surface du cercle, construisaient un carré concentrique qui leur parût avoir la même superficie.

Revenons au triangle : la figure 1 montre qu'un triangle est la moitié du rectangle de même base et de même hauteur, donc il a pour mesure le demi-produit de sa base par sa hauteur.

Ayant la mesure du triangle, on possédait le moyen d'évaluer une superficie quelconque, puisque toute superficie est décomposable en triangles, avec une approximation que l'on peut rendre aussi grande que l'on veut, pourvu que l'on fasse les triangles assez petits.

M. Thureau-Dangin[1] a étudié un cadastre

1. *Un cadastre chaldéen. Revue d'Assyriologie*, t. IV, 1897.

chaldéen du 3ᵉ millénaire avant Jésus-Christ, cadastre où cette division en triangles existe à côté de rectangles et de trapèzes. Les Chaldéens de cette époque évaluèrent souvent la superficie des quadrilatères par le produit des moyennes des côtés opposés. C'est, semble-t-il, un procédé intuitif. J. Oppert s'insurgeait contre l'idée qu'il fût général ; il affime qu'il ne s'appliquait qu'aux aires voisines du rectangle [1].

Les mêmes approximations étaient employées par les Egyptiens et se sont conservées jusque chez les praticiens arpenteurs de Rome puis de l'Europe médiévale.

Il est permis cependant de croire que les Egyptiens au moins avaient conscience du caractère approximatif de ces évaluations.

Connaissant la décomposition en triangles, on eût facilement vu quelle était la surface du cercle. La circonférence peut se diviser en un grand nombre de petits éléments rectilignes, puisque, *pratiquement*, une tangente coïncide avec elle sur une certaine longueur. Ces éléments sont les bases de triangles dont le sommet commun est au centre et dont les surfaces totalisées égalent celle du cercle qui, par conséquent, a pour mesure le 1/2 produit de la somme des bases, ou circonférence, par la hauteur commune, ou rayon ; *surface cercle* $= \dfrac{1}{2}$ (*rayon* $\times$ *circonférence*). Les Egyptiens connaissaient une valeur de π assez approchée, $\pi = \dfrac{22}{7}$ correspondant à

1. *L'arpentage des quadrilatères chaldéens. Zeitschrift für Assyriologie*, XII, 1897.

3,143 (trop forte de 0,0014 environ); en l'appliquant ici, ils eussent évalué la surface du
cercle à $\dfrac{22}{7}\dfrac{d^2}{4}$ ou $\dfrac{11}{14}d^2$.

Ils préférèrent [1] la valeur $\left(\dfrac{8}{9}d\right)^2$, moins exacte,
correspondant à $\pi = 3,1605$.

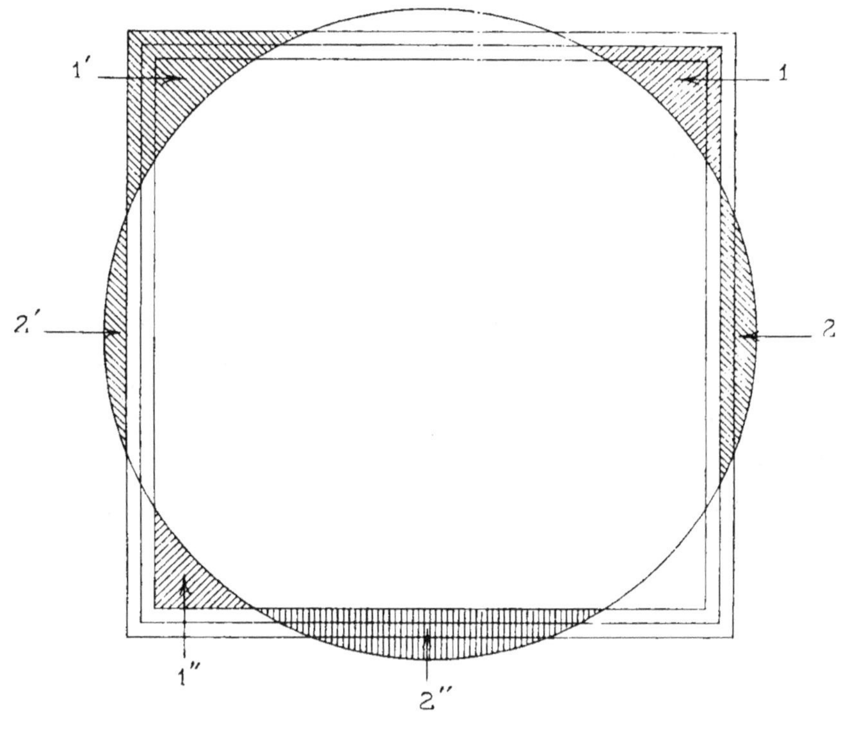

Fig. 2.

Cette évaluation vient évidemment d'une expérience directe; on a cherché un carré que la simple
inspection montrât équivalent au cercle : or celui

1. Cantor. *Vorlesungen über Geschichte der Mathematik.* 3ᵉ édition, Leipzig, 1907, vol. I, p. 98.

qui a pour côté les $\frac{8}{9}$ du diamètre satisfait assez bien à cette condition. La figure 2 représente un cercle, un carré ayant même centre et dont le côté égale les $\frac{8}{9}$ du diamètre, puis, outre ce carré, deux autres, l'un un peu plus grand, l'autre un peu plus petit que lui. Si l'on considère ces derniers, on se prononce d'emblée pour l'inégalité des surfaces non communes au cercle et au carré, savoir 1′ et 2′, d'une part, 1″ et 2″ d'autre part, tandis que pour le carré intermédiaire, qui correspond à la solution égyptienne, l'hésitation est permise relativement à la différence de superficie entre 1 et 2.

Les limites, entre lesquelles la vision cesse de nous renseigner sur la comparaison des surfaces d'un cercle et d'un carré, sont assez voisines l'une de l'autre, et il y a fort peu de tâtonnements à faire pour trouver, dans leur intervalle, un carré dont le côté ait un rapport simple avec le diamètre du cercle.

§ 3. — π.

La précédente recherche de la superficie du cercle était tout à fait indépendante de l'estimation d'un rapport entre la circonférence et le diamètre. La valeur $\pi = 3.1605$ que l'on dérive de celle de cette superficie doit donc être considérée comme purement implicite.

Les Égyptiens avaient mieux, nous venons de le dire : ils prenaient $\pi = 3\frac{1}{7} = 3.143$, valeur qu'adoptèrent les Grecs pour les applications courantes.

Aucune connaissance géométrique n'est nécessaire, ni même utile, pour arriver à un tel résultat, déjà satisfaisant. Il suffit de prendre sur un objet circulaire et rigide — une face plane d'un tambour de colonne, par exemple, — la longueur de la circonférence et celle du diamètre et d'en faire la comparaison directe.

Sans autre artifice, les Égyptiens eussent pu arriver à une plus grande approximation : à $3 + \frac{1}{8} + \frac{1}{60} = 3,14166$ (trop forte de $0,00007$ environ) ; cela ne supposerait pas une précision impraticable de la part d'un peuple qui a souvent élevé des colonnes énormes : le soixantième du diamètre de celles-ci était encore une longueur appréciable avec exactitude.

Les Chaldéens, d'ailleurs, et d'autres peuples semblent s'être toujours contentés de prendre $\pi = 3$.

§ 4. — Le carré de l'hypoténuse.

Pour vérifier que deux murs, AB, AC, se rencontrent bien à angle droit, les maçons emploient universellement, aujourd'hui encore, le procédé suivant. A partir de la rencontre A (fig. 3) des deux murs, ils portent sur le sol (supposé horizontal) et contre la base de AB, trois fois une longueur l, celle d'une canne, par exemple, puis 4 fois la même longueur contre la base de AC, de telle sorte que $AB = 3\,l$, $AC = 4\,l$. On joint BC. Si

BC est égal à 5 l, l'angle BAC est droit. En effet, le triangle BAC est bien rectangle, puisque le carré de son hypoténuse $\overline{BC}^2 = 25\ l^2$ est bien égal à la somme des carrés des autres côtés $\overline{AB}^2 + \overline{AC}^2 = 9\ l^2 + 16\ l^2$.

Le même principe fournit une méthode pour

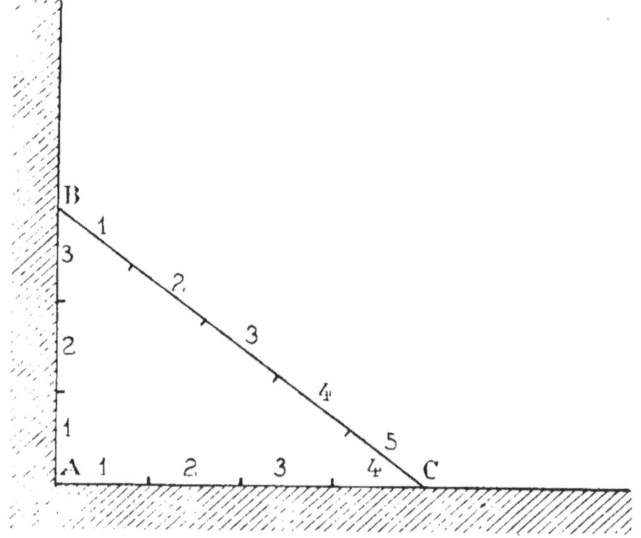

Fig. 3.

élever sur le terrain une perpendiculaire en un point A à la droite AC. Il suffit en effet d'avoir une corde divisée par des nœuds en trois sections contiguës, respectivement égales à AB, AC et BC, c'est-à-dire à 3 l, 4 l et 5 l, celle de longueur 4 l étant au milieu. Cette dernière est tendue, appliquée en AC, et fixée par des chevilles, puis deux hommes prennent les extrémités libres de la corde et marchent à la rencontre l'un de l'autre en raidissant la corde. Le point B où se rencontrent les bouts de la corde est tel que BA est perpendiculaire à AC.

Or le papyrus mathématique Rhind[1] prouve par maints exemples que les Égyptiens connaissaient la propriété du carré de l'hypoténuse pour le triangle rectangle de côtés 3, 4, 5. On voit comment elle a pu être fournie, en dehors de toute science géométrique, par la technique de leurs constructeurs.

Il ne faudrait donc pas être surpris de rencontrer la même connaissance chez tous les peuples de civilisation matérielle très ancienne. On n'a encore rien trouvé de tel chez les Chaldéens.

Mais le *Tcheou-peï*, ancien livre mathématique chinois, contient, dans sa première partie qui remonte au 2e millénaire avant Jésus-Christ, le texte suivant :

« Si on sépare le *Ku* en deux, on fait le *Keou* large de trois et un *Kou* long de quatre. Une ligne *King* joint les deux côtés *Keou*... le *King* est de cinq[2]. » Il s'agit ici d'un rectangle dont les côtés sont 3 et 4 ; on le partage en deux par une diagonale dont la longueur est 5.

1. Ce papyrus est la copie, faite vers 1700 avant Jésus-Christ, par un scribe nommé Ahmes, d'un original rédigé sous le roi Ra-en-mat, XIIe dynastie, soit en 2200 environ. Il contient un grand nombre de problèmes avec leur solution et représente bien l'avancement des mathématiques de l'époque. C'est la principale source de nos connaissances relativement aux mathématiques égyptiennes. — Cf. Wehr. *Die Geometrie der alten Egypter*, Wien, 1884. — Eug. et V. Revillout. *Le papyrus de Rhind*. Revue égyptologique, 1881, n°s II et III. — Cantor. *Loc. cit.*, pp. 58-91.

2. P. Gaubil, missionnaire à Pékin. *Histoire de l'astronomie chinoise. Lettres édifiantes et curieuses*, vol. XIV, pp. 305-147. — Ed. Biot. *Traduction du Tcheou Peï*. Paris, 1841.

Les Égyptiens connaissaient aussi la propriété du carré de l'hypoténuse pour le triangle rectangle isocèle. Cela ressort de l'étude du papyrus mathématique. Ici l'observation directe pouvait les renseigner. Ils n'avaient qu'à regarder à leurs pieds quand ils foulaient certains de leurs

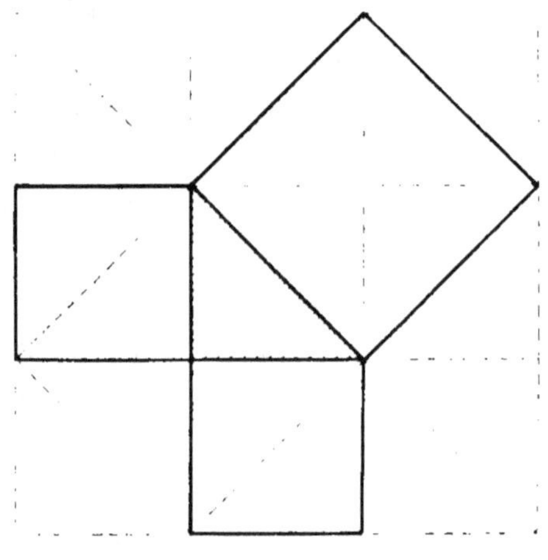

Fig. 4.

carrelages constitués avec des carreaux en forme de triangles rectangles isocèles ; ils voyaient, accolé à l'hypoténuse de chaque triangle, un grand carré contenant quatre carreaux, tandis que les carrés adjacents aux autres côtés en contenaient chacun deux (fig. 4).

De ces deux cas particuliers : triangle rectangle aux côtés 3, 4, 5, et triangle rectangle isocèle, on se serait facilement élevé, par la méthode empirique, au théorème général. Que le carré de l'hypoténuse eût la même propriété dans deux triangles rectangles aussi différents, cela devait faire soupçonner qu'elle était commune à toutes les hypoténuses de triangles rectangles. Il suffisait de vérifier expérimentalement.

Mais, pour procéder à cette vérification, il fallait avoir le soupçon, et, pour avoir le soupçon, il fallait avoir de la curiosité géométrique, et ce n'est pas une curiosité naturelle.

Ce point de vue sera développé plus bas.

En fait, il n'y a pas le moindre indice que les Égyptiens aient cherché à généraliser en matière de carré de l'hypoténuse.

§ 5. — La similitude.

Le sentiment des proportions, l'idée de l'échelle des figures, ne sont peut-être pas innés dans l'homme. Toujours est-il qu'ils apparaissent de bonne heure au cours de son évolution. L'enfant ne tarde pas à reconnaître les objets dans les dessins qui les représentent, bien qu'il y ait une énorme différence de grandeur absolue entre ces dessins et les modèles. Les peuples de l'âge de pierre, qui ornèrent leurs cavernes de remarquables figures d'animaux, n'exécutèrent pas celles-ci grandeur nature.

Parvenu à cette étape de son développement, l'homme sent la similitude géométrique. Il sent ce que sont deux figures semblables, il sent qu'elles ne diffèrent que d'échelle, et s'il peut constater une proportion entre certaines lignes de l'une, il tiendra pour certain que la même proportion existe entre les lignes homologues de l'autre.

De là un procédé empirique très général. Voici deux exemples des applications qu'il comporte.

S'agit-il de construire une pyramide ? On commence par en tracer, sur un sol horizontal, la base, à une échelle réduite ; une tige verticale est élevée au centre de la base, des fils tendus entre le haut de la tige et les sommets du polygone de base. Avec cet outillage, on déterminera sans peine tous les éléments de la pyramide, suivant les proportions que l'on a voulu d'avance établir entre les côtés de la base et la hauteur ou les arêtes.

On résout aussi empiriquement par la similitude tous les problèmes de trigonométrie plane. On détermine notamment la distance d'un point inaccessible : on mesure sur le terrain une base des deux extrémités de laquelle on vise le point ; ces deux lignes de visée font avec la base des angles que l'on note. On possède ainsi les éléments qui déterminent un triangle dont le point inaccessible est le sommet, savoir un côté et les deux angles adjacents ; ce triangle, on n'a qu'à le tracer sur le papier à une échelle donnée, par exemple $\frac{1}{1000}$, pour avoir le millième de la distance cherchée.

§ 6. — L'efficacité de la géométrie empirique, ses limites.

D'après ce qui précède, on ne voit guère à quelles applications pratiques, construction, arpentage, etc.., la géométrie empirique pourrait ne pas suffire. Si l'on se reporte d'ailleurs au moyen âge, on constate que les constructeurs de cathédrales gothiques savaient résoudre, dans la taille des pierres, les problèmes les plus compliqués : intersections mutuelles de cônes, de cylindres, de sphères, etc... Ils le faisaient intuitivement. La faculté de « voir dans l'espace », de se représenter, au sein d'un solide réel, les plans et les arêtes d'un solide encore à naître, se développe par la pratique d'une manière inouïe.

J'ai rencontré des philosophes contemporains qui refusaient à la géométrie scientifique toute valeur utilitaire. Et, en somme, ils ont raison, à une condition, c'est que l'on n'accorde pas cette valeur à l'astronomie.

On peut distinguer deux sortes d'astronomies. L'une ne s'occupe que des distances angulaires entre les astres ; elle est empirique, elle peut satisfaire tous les besoins relatifs au temps civil et à la détermination géographique des lieux ; la géométrie qui lui est indispensable peut à la rigueur être conçue comme d'origine empirique. Cette astronomie seule est directement utilitaire.

L'autre espèce d'astronomie ne l'est devenue qu'après beaucoup de temps et par un long détour. Elle travaille à déterminer, outre les distances angulaires, les distances linéaires qui séparent les corps célestes. Celle-là ne peut se passer de géométrie scientifique. Un exemple en fera foi.

Connaissant certaines données telles que le rayon de la terre, l'angle sous lequel la lune est vue de la terre, celui sous lequel le rayon terrestre est vu de la lune, etc... Ptolémée a pu calculer une distance, d'ailleurs beaucoup trop petite, du soleil à la terre. Il établit son calcul sur une démonstration géométrique ; il trace des triangles, et, en somme, à part un peu de complication, le cas est le même que la mesure, sur le terrain, de la distance d'un point inaccessible. Il semblerait donc que la méthode empirique applicable à cette dernière mesure le fût encore ici : on tracerait à une certaine échelle le rayon de la terre servant de base et les angles donnés par l'observation ; on mesurerait sur la figure la droite menée de la terre au soleil, on multiplierait cette longueur par le rapport de l'échelle et l'on aurait la distance cherchée. Mais on se heurte à une difficulté : l'un des angles que Ptolémée aurait eu à reproduire est de trois minutes. Or, à 30 centimètres du sommet d'un tel angle, les deux côtés de cet angle ne s'écartent pas tout à fait de 3 dixièmes de millimètre ; ils se touchent pratiquement, puisque cet écart est de l'ordre de la grosseur des traits

Encore l'angle en question était-il évalué beaucoup trop haut par l'astronomie ancienne. Il est en réalité de moins de 9″. A deux mètres du sommet, les côtés d'un tel angle ne s'écartent pas encore l'un de l'autre d'un dixième de millimètre.

On montrerait de bien d'autres manières qu'une astronomie des distances ne peut apparaître si elle n'est précédée par une véritable géométrie, une géométrie curieuse des propriétés abstraites des figures et des relations générales qui existent entre elles.

CHAPITRE II

LA GENÈSE DE LA GÉOMÉTRIE SCIENTIFIQUE ET DES MATHÉMATIQUES

§ 1. — L'empirisme dans les origines de la géométrie scientifique.

On ne peut mettre en doute que l'existence d'une géométrie empirique ne soit une condition nécessaire de la fondation d'une géométrie scientifique procédant par files de théorèmes à partir de propositions initiales irréductibles.

Mais est-ce une condition suffisante ? Je n'hésite pas à répondre par la négative, et même j'estime que la naissance de notre géométrie est un phénomène qui avait pour lui un nombre tout à fait infime de probabilités.

Essayons, en effet, de nous représenter les besoins matériels et moraux qui poussaient à la fondation d'une géométrie.

Les besoins matériels, nous venons de le montrer, étaient satisfaits par l'empirisme ; ils n'incitaient donc pas à changer sa méthode pour une autre.

Comment pouvait venir l'idée de démontrer, par un long et pénible détour, ce que cet empirisme permettait de constater immédiatement ?

C'est bien à tort que, se basant sur l'intelligence indéniable des Chaldéens et Égyptiens, on les présume *a priori* géomètres dans le sens que nous donnons à ce mot. La présomption contraire est bien plus vraisemblable. Remontons par la pensée à leur temps. Supposons chez eux un homme qui se consacre à trouver par le raisonnement la valeur de π. Il mourra sans doute avant de réussir. Tant qu'il vit, le mieux qu'on en puisse dire, c'est qu'il souffre d'une étrange manie. Que ne prend-t-il un cordeau pour vérifier la justesse du rapport employé par les techniciens, si toutefois il est raisonnable de s'en méfier ?

A cette époque lointaine, on ne viendra pas non plus nous chanter les bienfaits de la géométrie au point de vue de la formation de l'esprit. Il faudrait qu'elle eût fait ses preuves. Or, par hypothèse, elle est encore à naître.

De ce que nous avons, nous autres gens du XXᵉ siècle après Jésus-Christ, une certaine curiosité géométrique, — et encore est-elle bien commune ? — nous déduisons qu'elle répond à un appétit spontané de l'intelligence. Nous citons l'enfance de Pascal. Mais si Pascal a retrouvé par ses propres forces plusieurs livres d'Euclide, encore savait-il qu'il existait une géométrie scientifique et qu'elle procédait par démonstrations logiques. La question est ici de savoir comment son génie se fût comporté parmi nos Egyptiens et nos Chaldéens de tout à l'heure. Le génie se pose-t-il des problèmes que rien ne suscite et que tout l'ensemble d'une civilisation ferait tenir pour oiseux, si par aventure on venait à y songer ?

L'appétit géométrique ne me paraît pas du tout spontané. Que l'on fasse appel à ses souvenirs de collège (je ne parle pas pour les Pascal), et, l'ennui mis à part, on retrouvera le souvenir d'un malaise, alors indéfinissable, mêlé au souvenir des leçons de géométrie. Ce malaise signifiait : A quoi bon démontrer ce que l'on pourrait si bien montrer ?

Cette pensée latente existait à un état plus explicite dans l'esprit de l'empereur Kang-hi, un souverain très cultivé et très intelligent, qui régnait sur la Chine au XVIIIe siècle. Un des missionnaires jésuites lui enseigna la géométrie sans parvenir à lui inspirer confiance dans les résultats du raisonnement déductif ; le Fils du Ciel tenait à les vérifier expérimentalement. Il faisait, par exemple, tourner des boules de la même matière et de différentes grosseurs, et les pesait afin de voir si vraiment les volumes étaient proportionnels aux cubes des diamètres [1]. Nul doute que ses préférences intimes ne fussent acquises à la méthode empirique ; si celle-ci avait présidé à l'enseignement qu'il recevait, eût-il spontanément aspiré à sa confirmation par des files de théorèmes ? nul ne le croira.

D'autre part, la curiosité humaine va beaucoup plus naturellement aux cas particuliers remarquables qu'aux cas généraux, à l'exception qu'à la règle. C'est ainsi que les premiers traités

1. *Lettres édifiantes et curieuses,* vol. IX, p. 435. R. P. Fontaney au R. P. Lachaise.

d'histoire naturelle sont des compilations de toutes les singularités du monde animal; chaque bête et chaque plante n'y figure que par ce qu'elle a d'extraordinaire si on la compare à l'ensemble des autres bêtes et des autres plantes. Il devait en être ainsi de la curiosité géométrique : s'il s'agissait des triangles rectangles, par exemple, elle n'était pas éveillée par ce qu'ils avaient en commun, mais par les vertus uniques de tel d'entre eux. On s'explique ainsi que, deux mille et trois mille ans avant notre ère, l'attention des Chinois et des Égyptiens se soit portée sur le triangle rectangle aux côtés 3, 4, 5. N'était-il pas curieux ? Seul il avait des côtés représentés par trois nombres consécutifs et dont la somme était précisément 12, égale au nombre des mois de l'année, sans compter que $3^2 + 4^2 = 5^2$ et que $3^2 + 4^2 + 5^2 - 1 = (3 + 4)^2$, relations admirées dans les antiques commentaires du Y-King[1].

Au surplus, il y a une constatation de fait : au troisième millénaire avant J.-C., les Chaldéens savaient trianguler les surfaces, les Égyptiens mesuraient toute espèce de volumes et connaissaient la propriété du carré de l'hypoténuse pour deux sortes de triangles rectangles. Si donc la géométrie empirique devait, par la force des choses, susciter la curiosité géométrique telle que nous la concevons, les Grecs se fussent trouvés en Chaldée et en Égypte en face d'une géométrie scientifique à laquelle on travaillait depuis plus de deux mille ans. Cette géométrie

1. P. Gaubil. *Loc. cit.*

eût donc atteint déjà le point où les Grecs la portèrent, eût déjà donné tout ce qu'elle pouvait
donner. Or il n'y a aucune trace d'un pareil essor.

Certaines gens, qui se font de plus en plus
rares, le considèrent cependant comme une vérité
historique évidente. Pour expliquer la disparition si étrange et si totale d'une science, alors
que tant d'éléments de la civilisation se sont
conservés, ils relèguent cette science parmi les
doctrines ultra-mystérieuses dont les prêtres
ensevelissaient jalousement le secret. C'est plus
qu'invraisemblable. Pourquoi la géométrie eût-
elle été plus occulte que l'astronomie ? Or les
Grecs purent consulter les éphémérides et les
tables d'éclipses des Chaldéens. Les prêtres
égyptiens professaient les mathématiques empiriques ; eussent-ils gardé cet enseignement contre
toute influence de leur science théorique ? On se
procurait assez facilement leurs cours, comme
en témoigne le préambule du papyrus Rhind,
papyrus qui était lui-même un recueil de leçons.
Comment les Grecs n'eussent-ils pas acquis quelques-uns de ces cahiers ? C'était un jeu pour leurs
géomètres si perspicaces que d'y découvrir les
conséquences de théorèmes ignorés d'eux et de
reconstituer ensuite ces théorèmes. A notre tour
nous le saurions, soit par un à-coup brusque de
la science hellénique, soit par le témoignage des
Grecs eux-mêmes, qui avouaient sans trop de
peine leurs emprunts à la science étrangère, surtout quand elle pouvait passer pour antique.

On ne concevrait pas que les Alexandrins
fussent restés en contact intime pendant quatre

ou cinq siècles avec les Égyptiens et en même temps séparés d'eux par une cloison étanche aux choses de l'esprit. Cela ne fut pas. Les secrets des temples parvinrent à l'âme grecque ; il y eût les néo-platoniciens et les néo-pythagoriciens. Derrière le voile qui découvrait le mysticisme, on ne vit ni géométrie, ni algèbre, ni aucune autre science que la science dite occulte.

Du côté chaldéen, ce fut plus net encore. Lorsque les Grecs entrèrent à Babylone, ils y trouvèrent quelque chose d'entièrement nouveau pour eux : l'astrologie ; comme mathématiques, rien. On leur aurait donc dévoilé l'art de lire les destinées humaines dans les astres en leur cachant jalousement les harmonies des nombres et des lignes ; on eût résisté au plaisir de se montrer aussi et plus avancé qu'eux dans une science où ils n'étaient pas novices !

Les arguments abondent. Il serait trop long de les développer tous.

Ce que nous avons dit des Égyptiens et des Chaldéens, nous le dirions aussi, au moins en partie, des Chinois. De sorte que les Grecs ne furent précédés par aucun des trois grands peuples qui eussent pu fonder, avant eux, une science mathématique [1].

Ce sont les Grecs qui sont surprenants et dont l'initiative a besoin d'être expliquée, s'il se peut.

---

1. Nous n'avons pas parlé des Hindous parce que l'on n'a d'eux aucun document mathématique antérieur au IVe siècle de notre ère. Mais si l'on admet qu'ils avaient un art de l'arpentage de la construction et du calcul, ce qui est probable, les observations générales qui précèdent s'appliquent aussi à eux.

Les autres sont restés dans la norme humaine. Dès que le développement de leur vie sociale a fait surgir des besoins nouveaux, ils ont cherché des règles pratiques pour les satisfaire. Une fois ces règles trouvées, ils s'y sont tenus. Ils n'ont pas amélioré des techniques dont l'imperfection pouvait être compensée par l'habileté acquise des techniciens. Leur ingéniosité ne s'est mesurée qu'au nécessaire, courte s'il se laissait obtenir à bon compte, jamais à bout de ressources quand elle en était séparée par des obstacles. Cela rend compte de ce fait assez paradoxal que les Égyptiens, en même temps qu'ils appliquaient à leurs multiplications une méthode enfantine, résolvaient le problème compliqué de décomposer en quantièmes (fractions à numérateur égal à l'unité maxima les fractions à numérateur 2.

En tout ce qui concerne l'activité humaine, que ce soit l'art de mesurer les champs ou de construire une maison, que ce soient les devoirs familiaux ou religieux, ou les rapports sociaux, ces Anciens aspiraient à l'établissement d'un ordre ; l'ayant réalisé, ils le jugeaient immuable, puisque l'ordre était pour eux unique. C'est, encore aujourd'hui, la conception des conservateurs, en ce qui touche du moins au domaine de la morale et de la politique. On n'outrage donc pas l'intelligence des Égyptiens, des Chaldéens, des anciens Chinois, en admettant qu'ils n'aient pas poussé leurs mathématiques au delà de l'empirisme.

Nous disons leurs mathématiques, en général, car tout ce que nous avons exposé au sujet de la géométrie s'applique aussi bien aux autres branches des mathématiques primitives.

§ 2. — La géométrie grecque
Aperçu historique de sa genèse.

Tout le monde sait qu'avec Euclide (fin du IV° siècle, commencement du III° avant J.-C.) on se trouve en présence d'une géométrie parfaitement constituée à l'état de science. L'empirisme n'y a aucune part ; c'est une série de propositions dont chacune est prouvée par sa dépendance des précédentes, tout l'édifice reposant sur une base d'affirmations initiales irréductibles, qui échappent à la démonstration : définitions, axiomes et postulats.

Mais d'innombrables témoignages prouvent que la géométrie grecque était déjà très florissante avant Euclide, tellement que l'apport personnel de celui-ci, quelque précieux qu'il fût, se réduisait à peu de chose en proportion du reste.

Platon (430-347 avant J.-C.) avait déjà les mêmes idées que nous sur la méthode et l'esprit géométrique. On ne pense jamais à lui sans se rappeler la célèbre inscription qui surmontait l'entrée de son école : « Que nul n'entre ici s'il n'est géomètre. » Le souci qu'il avait de la rigueur du raisonnement géométrique était même poussé jusqu'à l'exagération. Des mathématiciens avaient inventé des instruments spéciaux pour faire le tracé de certaines courbes (cela même prouve l'avancement de la géométrie à cette époque). Il protesta contre cette pratique, ne voulut admettre que la règle et le compas. On le suivit. Nul doute qu'il ne craignît, dans l'emploi d'un outillage mécanique, la tentation de procéder par expérience, de négliger la preuve par raisonnement.

Cette attitude philosophique de Platon et l'approbation unanime qui l'appuya sont importantes à noter. Elles prouvent que, depuis longtemps déjà, pour les Grecs, les mathématiques étaient une science spéculative et ne se réduisaient pas à l'art de faciliter un certain nombre de travaux techniques.

Une véritable curiosité mathématique existait chez eux, comme on en a la preuve par le célèbre argument d'Achille et de la tortue que, vers 464 avant Jésus-Christ, développait Zénon d'Élée. Cet argument, dont nous ne sommes accoutumés à voir que le côté humoristique, avait trait à une des questions les plus transcendantes qui soient : — la grandeur est-elle divisible à l'infini ? — ou mieux : — est-il légitime de raisonner sur les parties ultimes d'une grandeur divisée à l'infini ? — Les objections que Zénon opposait à l'affirmative firent sur les Grecs une impression durable. De peur de n'être pas rigoureux dans leurs démonstrations mathématiques, ils reculèrent devant le calcul infinitésimal : là où nous l'aurions appliqué, ils employaient à sa place la *méthode d'exhaustion*. Elle est basée sur ce principe qu'en diminuant une grandeur de moitié, puis encore de moitié, et répétant cette opération un nombre suffisant de fois, on peut arriver à une grandeur plus petite que n'importe quelle grandeur donnée d'avance. En réalité, tandis que nos calculs comportent des accroissements de variables considérés comme *ayant atteint leur limite* inférieure, les Grecs s'arrêtaient *avant cette limite*, très près d'elle, mais toujours à intervalle fini.

Ainsi reportés jusqu'au milieu du Ve siècle, nous y constaterons l'existence de deux courants principaux de la mathématique grecque : le courant ionien et le courant italiote, ce dernier tout entier apparenté au pythagorisme ou issu de lui.

On n'a plus affaire dès lors à des documents de caractère sérieusement historique ; les témoignages deviennent souvent contradictoires ou se réduisent à des anecdotes plus ou moins légendaires d'aspect. Il ne saurait s'agir que de peser des vraisemblances, de montrer comment les choses ont pu se passer.

Toutes les connaissances mathématiques attribuées par les auteurs anciens aux philosophes de l'Asie Mineure apparaissent sous forme de propositions isolées que nul lien systématique ne rattache l'une à l'autre. Elles ne dépassent guère celles que l'on pourrait formuler en partant d'une géométrie purement empirique et intuitive. Il est vraisemblable qu'elles étaient empruntées aux connaissances pratiques des *harpédonaptes*, les célèbres arpenteurs égyptiens.

Aux VIIe et VIe siècles avant Jésus-Christ, en effet, les relations commerciales entre les cités ioniennes et l'Égypte étaient fort actives. Les Grecs avaient dans le delta du Nil une sorte de colonie, Naucratis, où ils jouissaient d'une demi-souveraineté analogue à celle des Européens dans les « concessions » des villes chinoises. Naucratis devait servir surtout d'entrepôt. C'était à une époque où il commençait à y avoir des démocraties, où les personnages les plus influents des villes étaient souvent les citoyens enrichis par le négoce et la navigation. L'homme cultivé et bien doué pouvait s'adonner à toutes les activités pratiques et pensantes de son temps, cumuler, par exemple, le commerce et la philosophie, laquelle ne se distinguait pas alors de la science. Les anciens sages d'Ionie venaient en Égypte tout simplement pour y vendre leur vin et leur huile, mais comme ils étaient curieux, ils en profitaient pour s'instruire. Par leurs séjours ou ceux de leurs concitoyens à Naucratis, par les voyages que peut-être ils entreprenaient pour leurs affaires dans l'intérieur du pays, ils étaient en contact fréquent avec la technique égyptienne.

On prétend que Thalès de Milet (VIIe et VIe siècles avant J.-C.) trouvait la hauteur d'une pyramide de la façon suivante : il fichait son bâton dans le sable, en comparait l'ombre avec celle de la pyramide, et posait que le rapport des hauteurs $\dfrac{\text{pyramide}}{\text{bâton}}$ était égal au rapport $\dfrac{\text{ombre de la pyramide}}{\text{ombre du bâton}}$. Le pharaon Amasis aurait été vivement frappé de cette application de la géométrie. Une telle anecdote ne vaut que pour témoigner de la croyance à des relations entre les premiers philosophes ioniens et l'Égypte. S'il fallait y chercher quelque chose d'historique, on serait plus près de la probabilité en supposant que ce moyen d'évaluer les hauteurs de pyramides fut enseigné à Thalès par les praticiens d'Égypte. Il n'y a rien là que de très conforme à une géométrie intuitive et empirique.

Nous pourrions en dire autant de chacune des peu nombreuses propositions dont la découverte remonterait aux philosophes ioniens.

Un seul auteur, Suidas, lexicographe du Xe siècle après Jésus-Christ, attribue à cette école un traité de géométrie qu'aurait rédigé Anaximandre, mais Cantor montre que le terme employé par Suidas ne correspond nullement à ce que nous appellerions de ce nom ; il s'agirait bien plutôt d'un recueil de propositions énoncées sans démonstrations, c'est-à-dire de faits géométriques présentés comme des faits d'expérience et d'observation [1]. Et, d'ailleurs, quelle était la référence de Suidas ? que vaut-elle ? on l'ignore ; et Suidas lui-même est à quatorze siècles d'Anaximandre ; c'est un peu loin.

Bref, l'étude du courant ionien ne rend aucun compte de la formation de la géométrie scientifique grecque.

C'est donc du courant pythagoricien qu'il faut s'occuper, et celui-ci nous fait arriver à Pythagore lui-même.

Il n'est pas facile de restituer, suivant les vraisemblances, la vie ni l'enseignement de ce grand homme. Les historiens rapprochés de son temps ne parlent pas de lui ou ne mentionnent, et encore bien brièvement, que sa secte. Sa première biographie par Diogène Laërte date du

---

1. Cantor, *Loc. cit.*, p. 140.

IIe siècle de notre ère, c'est-à-dire de six ou sept cents ans après sa mort. Plus tard, il est vrai, l'histoire se rattrapa et nous fournit, par la plume de Porphyre et de Jamblique, des détails d'autant plus circonstanciés que le souvenir de Pythagore s'éloignait davantage. Porphyre qui écrivait au IIIe siècle de notre ère et Jamblique, contemporain de Constantin, étaient néo-pythagoriciens, c'est-à-dire adeptes d'un mysticisme barbare et raffiné tout à la fois qui s'était greffé sur ce que le pythagorisme primitif, depuis longtemps disparu, avait de moins raisonnable. Ils ne firent que développer une légende déjà ébauchée avant eux et qui, bien après eux, alla encore s'enrichissant : le XVIIIe siècle français a retrouvé les traces de Pythagore jusque dans le Siam.

Il y a cependant un fil conducteur qui nous permet d'arriver jusqu'à Pythagore, ou mieux, ce qui importe davantage, jusqu'à sa pensée; ce fil conducteur, c'est la doctrine pythagoricienne. Elle a beaucoup évolué, il est vrai, elle comporte des variations considérables suivant les divers philosophes qui l'ont professée, mais elle conserve quelque chose de constant qu'il est donc légitime de rapporter au fondateur. Aristote est très riche en renseignements sur le pythagorisme de son temps; on possède des fragments importants d'Archytas et surtout de Philolaos, Pythagoriciens contemporains de Platon. Ces documents, par la comparaison qu'on en fait avec les autres, permettent de séparer l'historique du légendaire et le pythagorisme initial de ses modifications ultérieures.

Voici brièvement ce qui résulte du travail critique sur les textes :

Pythagore est né à Samos tout à la fin du VIIe siècle avant Jésus-Christ ou au commencement du VIe. Comme Samos avait une « concession » à Naucratis, il est vraisemblable que Pythagore voyagea en Égypte ou tout au moins connut ce que les Ioniens pouvaient savoir des techniques égyptiennes Hérodote, sans dire un seul mot de lui, sinon qu'il fut un grand sage et qu'une légende lui donne comme esclave le thrace Zalmoxis, mentionne un usage commun aux Égyptiens et aux Pythagoriciens : l'interdiction d'ensevelir les morts dans des tissus de laine [1]. Ce rapprochement, lui aussi, suggère une influence égyptienne à l'origine du pythagorisme. Mais rien ne confirme que Pythagore ait voyagé en Chaldée ou ailleurs.

Il vint s'établir à Crotone, en Grande Grèce, vers 536 et y fonda un institut tenant à la fois de l'académie et de l'ordre monastique. Il y professa les mathématiques, réservant cet enseignement aux plus distingués de ses adhérents. Le secret à ce sujet, dit Paul Tannery, n'était nullement exigé. Les premiers Pythagoriciens se l'imposèrent eux-mêmes parce que l'un d'entre eux, Hippasos de Métaponte, s'était approprié le mérite des travaux du Maître et avait fondé une école rivale. Mais ce secret était par nature un de ceux qui comportent le plus facilement des « fuites ». Aussi, dès le milieu du Ve siècle, entend-on parler de Pytha-

---

1. *Histoires*, II, 81.

goriciens qui battaient monnaie avec une géométrie, la *Tradition suivant Pythagore ;* ce traité
dut être entre les mains d'Eudème de Rhodes,
bien connu comme prédécesseur d'Euclide.

C'est en appliquant son érudition et sa sagacité universellement admirées à l'étude critique
du pythagorisme primitif, que Paul Tannery
arrive à cette conclusion : La *Tradition suivant
Pythagore* remontait bien à Pythagore lui-même
et constituait le cadre assez complet des *Éléments* d'Euclide [1].

Tous les historiens des mathématiques s'accordent d'ailleurs pour attribuer à Pythagore une part
importante dans la fondation de la géométrie. Ils
ne diffèrent que lorsqu'ils veulent préciser.

« A mesure que se poursuivent les recherches
de la critique moderne, écrit M. G. Milhaud,
l'œuvre géométrique de Pythagore grandit sans
cesse et la part des connaissances d'Euclide qu'on
peut lui attribuer, sans pouvoir être délimitée
exactement, nous apparaît aujourd'hui comme
très considérable [2]. »

On ne peut donc guère douter que la première
idée d'une géométrie coordonnée à la manière
d'Euclide qui est la nôtre, non empirique, procédant par démonstration, en un mot d'une vraie
géométrie, de *la* géométrie, ne soit éclose dans
le cerveau de Pythagore.

---

1. Paul Tannery, *Pour l'histoire de la science hellène,* Paris,
F. Alcan, 1887, ch. v et *La Géométrie grecque, comment son histoire
nous est parvenue,* Paris, 1887.

2. G. Milhaud, *Le concept du monde chez les Pythagoriciens et
les Éléates,* Revue de métaphysique et de morale, 1893, p. 142.

§ 3. — **Le Pythagorisme**.

Mais comment, pourquoi cette éclosion? Nous avons vu plus haut que la curiosité mathématique n'est pas du tout naturelle, qu'elle a besoin d'explication. La curiosité des mathématiques pour l'amour d'elles seules suppose que leur étude soit déjà ancienne. Elles ne peuvent sortir de l'empirisme, elles ne peuvent naître qu'à condition d'être enfantées par une autre curiosité.

Est-ce donc que les Égyptiens, les Chaldéens, les Chinois, les Hindous, se soient désintéressés des lignes et des nombres quand ils n'en pouvaient rien tirer d'utile pour la vie matérielle? Bien au contraire : ils cherchaient en eux des vertus divines. On peut dire qu'à l'origine de toutes les civilisations apparaît une mystique où le nombre joue un rôle considérable. Mais cette mathématique ne rend attentif qu'aux propriétés particulières des figures et des nombres, elle est un empirisme appliqué aux arts mystiques au lieu de l'être aux arts de la construction, de l'arpentage, du commerce, de la comptabilité. On ne saurait donc attendre d'elle qu'elle développe la vraie curiosité mathématique, qu'elle suscite l'étude des relations géométriques et numériques générales.

Pythagore et les siens ont pourtant beaucoup cultivé la mystique des nombres que l'on retrouve en pleine prospérité chez les néo-platoniciens et les néo-pythagoriciens, puis chez les cabbalistes et les adeptes de toutes les sortes d'ésotérisme.

Cette floraison, là où on peut la suivre, n'a jamais été la cause d'un progrès mathématique quelconque et elle n'a souffert en rien, si même elle n'a eu un renouveau, lorsque les mathématiques déclinaient. La remarque de l'influence plutôt défavorable exercée par la mystique des nombres sur l'éveil de l'esprit mathématique oblige à chercher ailleurs que dans cette mystique l'explication de l'initiative de Pythagore.

Pythagore nous apparaît comme le fondateur d'une synthèse totale. Son but consistait à découvrir l'harmonie qui préside à la constitution du monde et à tracer d'après elle les règles de la vie individuelle et du gouvernement des cités. On peut se représenter une telle entreprise d'après celle de Ch. Fourier, inventeur, au commencement du XIXᵉ siècle, de l'organisation phalanstérienne. Ce dernier avait créé une cosmologie ou au moins un système d'évolution de l'univers sur lequel se calquait l'évolution de l'humanité ; il s'ensuivait une sociologie et des schèmes très complets d'organisation économique.

On comprend de même qu'une philosophie, une science de l'univers, dut être à la base du pythagorisme. Il faut songer aussi que Pythagore avait d'abord vécu dans le milieu grec ionien où s'éveillait une curiosité vraiment scientifique pour l'origine et la structure de l'Univers.

Or il y a un célèbre adage pythagoricien qui attache précisément les mathématiques à la cosmogonie et à la cosmologie. *Les choses*, proclame-t-il, *sont nombre*.

Cela peut s'interpréter de bien des manières.

La théorie physico-chimique la plus moderne nous ferait dire, à nous aussi : — Les choses sont nombre. — Tout en effet se composerait d'atomes, systèmes planétaires d'électrons gravitant autour d'un centre commun ; les électrons, à leur tour, ne seraient autres que des tourbillons engendrés au sein de la substance universelle et unique, l'éther ; de sorte qu'en fin de compte, toutes les propriétés des corps seraient déterminées par les nombres d'électrons constituant chaque espèce d'atome, et par les éléments de leurs orbites respectives ; or ces éléments eux-mêmes, forme et dimension de l'orbite, vitesses de translation et de rotation, auraient pour expression dernière des nombres.

Le système des Atomistes grecs, dans ses grandes lignes, ressemblait au nôtre. Eux n'allaient pas au delà de l'atome. Mais le principe : — les choses sont nombre, — convient aussi à leur école, puisque, pour elle, une chose quelconque était différenciée par le nombre, le poids et la forme géométrique des atomes qu'elle contenait.

La méthode d'analyse métaphysique conduirait d'une autre manière à ce même principe. S'appuyant sur le concept d'essence, elle permettrait à ceux qui le jugeraient bon d'affirmer que le nombre est l'essence des choses.

Si l'on étudie cependant l'évolution de la philosophie grecque, on voit que ni l'atomisme, ni le concept d'essence, ne peuvent être reculés jusqu'à Pythagore.

Pour ce dernier, le rôle cosmologique du

nombre devait être à la fois moins « chimique »
que pour l'atomiste et plus concret que pour le
métaphysicien.

« Les Pythagoriciens, écrit Ed. Zeller [1], enseignent que des nombres sont sorties les grandeurs
et des grandeurs les corps. »

Citation que nous compléterons par une autre
empruntée à G. Milhaud [2] :

« Ils les Pythagoriciens n'étudiaient pas les
propriétés des nombres, comme nous le faisons
nous-mêmes, sur des symboles abstraits, mais
sur des figures données par des points. Le point
était, pour les Pythagoriciens, l'unité ayant une
position. Une ligne était à leurs yeux une suite
de telles unités... »

On sait que l'harmonie était une des principales préoccupations du pythagorisme primitif.
Elle avait pour lui un sens général qui contenait
tous les sens particuliers que les langages modernes lui ont donnés par la suite. Elle était l'ordre
sociologique et cosmologique, la loi physique,
en même temps que le rapport musical. Or ce
dernier avait été reconnu par les Pythagoriciens
omme un rapport numérique : celui des longueurs des cordes, également tendues, de la
lyre. L'école pythagoricienne en vint à supposer
que les distances des 7 planètes au centre du
monde étaient proportionnelles à ces longueurs
de corde, et que les sphères célestes donnaient,

---

1. Ed. Zeller. *La philosophie des Grecs*, traduction E. Boutroux,
vol. I. *Les anciens Ioniens. Les Pythagoriciens* Paris. 1887,
p. 189.

2. G. Milhaud. *Loc. cit.*, pp. 143-144.

en tournant, les notes de la gamme ; si les oreilles humaines, expliquait-on, n'entendaient rien d'une telle symphonie, c'était que l'accoutumance les y avait rendues insensibles. Cette invention n'appartient peut-être pas au pythagorisme primitif ; elle était cependant à mentionner afin d'éclairer l'idée fondamentale qu'avait le pythagorisme sur le rôle du nombre dans l'univers.

Voici un autre exemple pris à la doctrine que l'on peut regarder comme la plus ancienne.

Les Pythagoriciens s'étaient occupés de la formation des nombres. Ils avaient découvert que la somme des nombres impairs consécutifs à partir de 1 est toujours égale à un carré ; en effet $1 + 3 = 4 = 2^2$, $1 + 3 + 5 = 9 = 3^2$, $1 + 3 + 5 + 7 = 16 = 4^2$... En général, la somme des n premiers nombres impairs est égale à n^2.

Cela peut se traduire figurativement. On voit par l'inspection de la figure 5 que si, à l'unité représentée par un carré, on ajoute une équerre formée par trois carrés égaux à l'unité, on a quatre carrés représentant 2^2, en accolant à celle-ci l'équerre formée de 5 carrés, on a 3^2 et ainsi de suite. Or, étant donné que le sens d'*équerre* est compris parmi ceux du mot grec *gnomon*, c'est sous cette forme qu'Aristote nous rapporte le théorème pythagoricien [1] : « En ajoutant, dit-il, à l'unité les *gnomons*, c'est-à-dire la suite des nombres impairs, 3, 5, 7, 9, etc... on obtient toujours la même figure, laquelle est un carré, tandis qu'en ajoutant à l'unité la suite des

1. Aristote. *Physique*, livre III, ch. IV.

nombres pairs, 2, 4, 6, 8, etc... on obtient toujours une figure différente, ou plutôt des figures qui varient à l'infini. »

En effet, la somme des n premiers nombres pairs est égale à $n(n+1)$. Comme, des deux

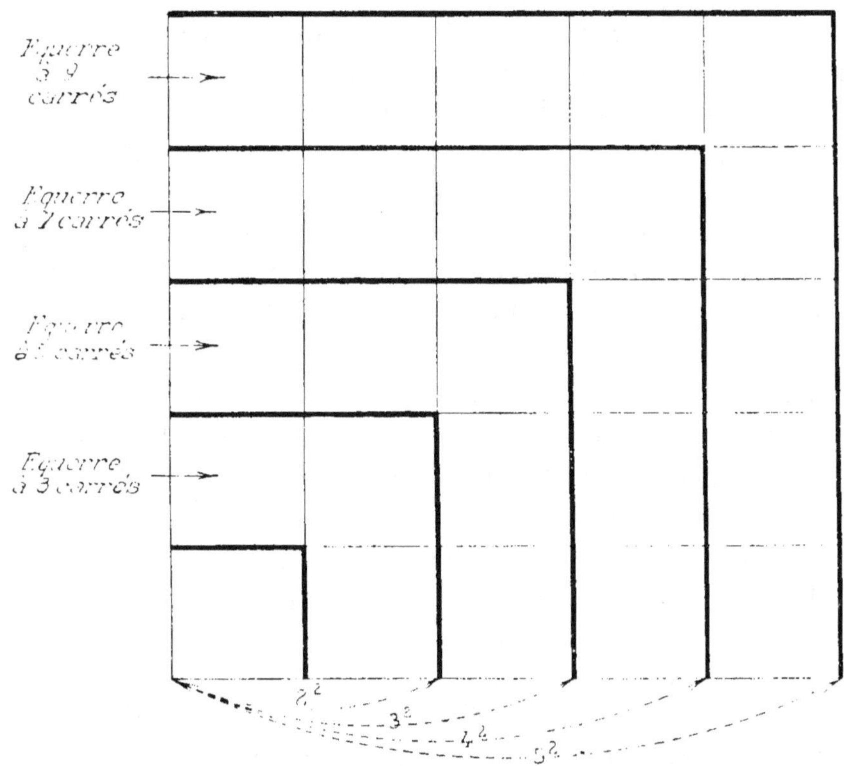

Fig. 5.

nombres consécutifs n et $n+1$, l'un est toujours pair, cette somme peut toujours se mettre sous la forme $2 \times p \times (2p+1)$, ce qui géométriquement équivaut au moins à trois rectangles ayant respectivement pour côtés 2 et $p(2p+1)$, $2p$ et $2p+1$, p et $2(2p+1)$.

C'est pourquoi, ainsi que l'explique Aristote, les Pythagoriciens estimaient que les nombres impairs fussent du πέρας, les nombres pairs de l'ἄπειρον. On traduit ordinairement ces mots, le premier par « fini », le second par « infini », et ils ont en effet pris ce sens quand la métaphysique eut atteint son plein développement. Cette traduction serait ici absurde. Ἄπειρον veut bien dire sans limite, mais il s'applique non pas tant aux choses que leur grandeur empêche d'être mesurées qu'aux choses dont les contours sont vagues ; ces dernières n'ont pas de limites parce qu'il est impossible de voir où elles commencent et où elles finissent : ce sont des choses de forme indéterminée.

Le nombre impair est πέρας parce qu'engendrant une figure, toujours la même, il correspond donc à la détermination, tandis que le nombre pair, en raison de la variété, de l'indétermination des rectangles issus de lui, est ἄπειρον.

Le πέρας répondait aux solides dont les contours sont précis, déterminés, à l'inverse de l'air, des vapeurs, du feu, du vide, de l'espace, toutes choses incompatibles avec la forme, donc avec la détermination de limites et appartenant par conséquent à l'ἄπειρον : on ne concevrait pas sans cette interprétation que Philolaos eût dit que beaucoup d'êtres étaient faits de πέρας et d'ἄπειρον : que signifierait un mélange de fini et d'infini ? Les Anciens pouvaient au contraire considérer le bois, par exemple, comme composé de cendres analogues à une « terre » et de feu, élément qui à l'état pur ne se laissait pas enfermer dans une forme déterminée.

C'est ici un exemple donné pour faire comprendre notre pensée et qui peut-être n'a pas correspondu réellement aux spéculations pythagoriciennes, bien que celles-ci aient comporté beaucoup de variations. Le feu, en effet, qui aurait dû être toujours de l'indéterminé, associé aux nombres pairs, fut pour Philolaos l'élément primordial : il devait dès lors contenir les principes de toutes les choses, donc à la fois le πέρας et l'ἄπειρον, et correspondre à la décade, principe des nombres et de l'univers ; celle-ci était du *pair-impair*, les nombres pairs-impairs en général étant les doubles des nombres premiers. Voici comment on peut expliquer que le pair-impair engendrait à la fois le déterminé et l'indéterminé : si on y comprend l'unité, la somme des nombres premiers consécutifs est alternativement un nombre pair (le plus souvent multiple aussi de 3) et un nombre premier ; cela est vrai jusqu'à 59 exclusivement ; il arrive au delà de 59, de temps à autre, que cette somme soit un nombre premier. Le double de cette somme correspondait donc, ou bien à plusieurs rectangles comme la somme des nombres pairs consécutifs, ou bien à un seul rectangle dont la base était toujours 2.

Par la considération du πέρας et de l'ἄπειρον s'établit un parallèle entre les propriétés physiques et les numériques. Elle remonte à Pythagore comme, aussi, l'idée de l'harmonie régissant l'univers et régie elle-même par le nombre, comme, aussi, la conception que les corps sont sortis des grandeurs et les grandeurs des nombres, étant donné que les lignes, éléments des grandeurs, sont constituées par des points, sont un ensemble, un nombre de points. On entrevoit ainsi comment une curiosité mathématique véritable, une curiosité non seulement pour les propriétés singulières des figures et des nombres, mais pour leurs propriétés générales, a pu naître dans l'esprit de Pythagore : elle y était amenée par la curiosité cosmologique. Cette explication est susceptible d'une vérification : si la pensée de fonder la structure de l'univers sur le nombre a été la condition de la genèse de la science mathématique, la réciproque doit être vraie : pas de genèse de la science mathématique chez des hommes dont la curiosité cosmologique se soit satisfaite autrement que par le nombre. Or ce fut précisément le cas des philosophes ioniens : leurs systèmes du monde furent purement physiques et leurs mathématiques ne s'élevèrent pas au-dessus de l'empirisme.

§ 4. — Conclusion.

Comme conclusion, c'est aux Grecs, aux Grecs seuls, qu'il faut faire honneur de l'invention d'une science mathématique, et, parmi eux, à Pythagore.

Les Arabes n'enrichirent guère l'algèbre que de son nom. Diophante, un des derniers Alexandrins (IVe siècle après J.-C.), avait déjà traité des problèmes mathématiques, tels que des résolutions d'équations, en se passant du secours de la géométrie et en faisant usage d'une symbolique fixe. D'ailleurs, beaucoup de questions que nous rapportons à l'algèbre peuvent se traiter géométriquement : c'est ce que faisaient les Grecs. On sait qu'Euclide a donné, dans ses *Éléments*, la résolution de l'équation du second degré.

Il y a du reste une épreuve bien simple à faire, c'est d'examiner ce que nos mathématiques occidentales doivent d'important aux sources non grecques. Je ne vois que deux choses : les lignes trigonométriques et les chiffres dits arabes avec le zéro.

Les Grecs avaient appliqué à leur astronomie des calculs trigonométriques, mais ceux que nous connaissons sont basés sur l'emploi des cordes d'arc. Ptolémée, Hipparque avant lui, ont dressé des tables de cordes d'arc : celles de Ptolémée sont venues jusqu'à nous : elles donnent la valeur, en fonction du diamètre, des cordes des différents arcs α. Il suffit de rapporter aux arcs $\frac{\alpha}{2}$ les nombres qu'on y trouve rapportés aux arcs α pour avoir la table des sinus de ces arcs $\frac{\alpha}{2}$ en fonction du rayon : ainsi opéra l'astronome arabe Albategnius (Al Battâni, IXe siècle après J.-C.). A tout le moins avait-il eu l'idée d'employer le sinus, mais le sinus figurait déjà, exprimé en fonction de la circonférence, dans le traité astronomique hindou du Suryâ-Siddhantâ (Ve siècle après J.-C.. Si l'on considère que tout ce qu'il y a de raisonnable par ailleurs dans ce dernier traité est manifestement d'origine grecque, on ne peut guère se défendre d'adopter l'avis de Paul Tannery. Il pensait[1] que ce sinus hindou était emprunté à des astronomes d'Alexandrie lesquels se servaient de tables différentes de celles d'Hipparque et conçues suivant un autre système. N'oublions pas non plus qu'il y avait en Babylonie des mathématiciens et astronomes grecs dont il ne nous reste rien.

Quant aux chiffres arabes et au zéro, c'est assurément une invention admirable, mais elle intéresse surtout la pratique du calcul et n'est nullement indispensable pour la science mathématique. Si le système de numération écrite des Grecs les gênait dans la claire perception de la formation des nombres, ils avaient la ressource des *pythmènes*, procédé de numération écrite qui équivalait au nôtre.

Notre conclusion du début de ce paragraphe demeure donc entière.

1. Paul Tannery. *Recherches sur l'Histoire de l'Astronomie ancienne*, Paris. 1893. ch. III.

DEUXIÈME PARTIE

LA GENÈSE DE LA COSMOLOGIE ET DE L'ASTRONOMIE

CHAPITRE PREMIER

COSMOLOGIES PRIMITIVES

§ 1. — Cosmologies des « sauvages ».

Les conditions de la pensée primitive font qu'elle ne peut engendrer que des bribes éparses de systèmes cosmologiques.

Les primitifs manquent de termes abstraits et généraux. De là une conséquence nécessaire que nous rappelons : ils nous tiendront un langage rempli de contradictions insoupçonnées par eux, mais flagrantes d'après le jugement de la logique rationnelle.

Cette incohérence règne dans la cosmologie comme ailleurs. Le primitif vous dira pourquoi et comment le soleil se lève en un point de l'horizon diamétralement opposé au point de son coucher, il vous rendra compte des phases de la lune, de la nature de la voûte céleste, des raisons pour lesquelles les astres ne tombent pas, mais chacune de ces explications, quelquefois cohérente et ingénieuse en elle-même, sera la plupart du temps en contradiction avec une ou plusieurs des autres, sinon toutes les autres.

Il y en aura de physiques, il y en aura surtout de mythiques : celles-ci sont, en effet, un produit naturel du mysticisme inhérent à l'âme primitive.

§ 2. — Cosmologies mythiques

Nous avons parlé jusqu'ici des premiers primitifs, de ceux qui sont représentés encore aujourd'hui par les « sauvages ».

Cette phase de l'évolution humaine fut dépassée partout où il se fonda de grandes sociétés organisées. Le langage se prêta à une logique rationnelle achevée.

Qu'advint-il alors des systèmes cosmologiques ?

Satisfaite à bon compte au point de vue qu'on peut appeler scientifique, l'activité pensante de l'homme se détournait de la cosmologie, ou bien, quand elle y restait appliquée, c'était pour en faire le thème de développements mythiques. A quoi visaient ces développements ? A la recherche de vérités surnaturelles ou d'harmonies symboliques, ou à l'amusement de l'esprit, ou à tout cela ensemble ? je ne saurais, pour ma part, le décider.

Les exemples et les espèces de cette cosmologie mythique sont fort abondants. Qu'il suffise de citer la création du monde dans le Rig-Veda. Les dieux bâtissent l'univers comme l'Hindou de l'époque védique construisait sa maison qui était en bois : — poteaux des quatre coins, les quatre points cardinaux, — toit, le ciel, — etc... La comparaison métaphorique est poursuivie jusque dans les moindres détails ; l'ordre des actes est le même : c'était seulement après l'achèvement de sa maison que l'Hindou y introduisait la flamme du foyer, le feu sacré, Agni. Les dieux, de même, attendent que soit terminée la construction du monde pour allumer le céleste Agni : soleil ou éclair [1].

De telles cosmologies sont évidemment des productions analogues à la poésie et ne sauraient être prises au pied de la lettre.

Toutefois l'absurdité scientifique d'une cosmologie ancienne ne saurait suffire à la faire considérer comme un pur symbole. N'oublions pas que l'anthropomorphisme a été rationnel. En partant de ces deux principes, très défendables jadis, qu'il n'y avait pas de comparaison légitime à établir entre les choses d'en bas et celles d'en haut et que les forces célestes étaient divines (c'est-à-dire analogues à l'âme humaine), on pouvait résoudre aisément toutes les difficultés provenant de l'observation des phénomènes ; les systèmes cosmologiques issus de ces explications avaient toutes les chances possibles pour être contraires à ce que nous appelons la science.

§ 3. — **Hypothèse de la terre plate**.

Pour se rendre compte du chemin qu'il y avait

[1]. Wallis. *Cosmology of the Rigveda*. Londres. 1887, pp. 17-27.

à faire avant de parvenir à notre cosmologie moderne, il faut se représenter celle que nous adopterions nous-mêmes si, restant doués de notre logique rationnelle et de notre esprit scientifique, nous étions replacés dans les conditions de vie des primitifs.

Supposons que ce miracle soit accompli : nous ne connaissons qu'une étendue de pays assez restreinte, et, en fait de science cosmologique, nous en sommes réduits à interpréter les données immédiates de nos sens. Notre seule supériorité sur les « sauvages » est, par hypothèse, que nous savons abstraire, généraliser et nous garer de tout anthropomorphisme.

Voici quelle sera notre cosmologie :

La pesanteur est une qualité inhérente aux corps comme la couleur, la dureté, etc... Il y a des corps non pesants et des corps légers.

Les corps pesants tendent à se mouvoir vers le bas, les corps légers vers le haut.

Aller vers le haut, c'est s'éloigner de la terre, vers le bas, c'est s'en rapprocher, ou, quand on l'a atteinte, s'y enfoncer.

Le corps non pesant, c'est l'air, qui placé au-dessus de la terre, se maintient là où il est sans monter ni descendre.

La terre est une étendue plane (sauf les accidents du sol : creux et reliefs , illimitée en superficie et en profondeur. Théorie excellente, remarquons-le, car elle dispense de rechercher ce qui soutient la terre : la raison n'y répugne pas plus qu'à l'idée de l'espace infini.

Quant au ciel, nous le tiendrons pour une

voûte très grande, mais limitée, à peu près hémisphérique, supportée par la terre. Nous ne serons pas très affirmatifs sur sa nature. Le système sans doute le plus en faveur la représentera comme formée d'une matière bleue, solide, à peine pesante; à moins que nous n'assistions à une chute d'aérolithe, auquel cas nous penserons que cette voûte est en fer et qu'il s'en détache parfois des fragments : cela nous inquiétera.

Mais les astres, comment expliquer leurs couchers et leurs levers? Bien simplement : ils ont accès par des trous et des crevasses, pratiqués tout le long du pourtour inférieur du ciel, dans une vaste cavité souterraine qu'ils traversent pendant leur période d'invisibilité. Eux-mêmes que sont-ils ? Nous devrons en faire une catégorie d'êtres spéciale puisque leurs propriétés les distinguent fondamentalement de tous les autres objets que nous connaissons. Nous leur attribuerons la vie parce qu'ils se meuvent, une vie éternelle parce qu'ils ne changent pas, mais une vie élémentaire d'animaux inférieurs parce qu'ils n'accomplissent que des actes peu variés.

Ce système cosmologique nous satisfera tant que nous n'aurons pas des renseignements assez précis sur des pays très éloignés du nôtre.

Mais nous devrons modifier nos conceptions du monde si nous voyageons loin vers le Nord ou loin vers le Sud. Nous verrons en effet un grave changement dans les étoiles septentrionales : ou bien certaines étoiles qui se « couchaient » restent maintenant au-dessus de l'horizon, ou bien certaines étoiles qui étaient visibles toute la nuit ont maintenant une période d'invisibilité. Quant aux étoiles méridionales, ou bien nous en découvrons d'inconnues, ou bien quelques-unes de celles qui nous étaient familières se sont entièrement dérobées à nos regards.

Impossible dès lors de conserver la croyance au trajet souterrain des astres. En nous ingéniant et à moins — ce qui est invraisemblable — d'abandonner l'hypothèse de la terre plate, voici comment nous lèverons la difficulté :

Les astres tournent parallèlement à la terre autour d'un point fixe, voisin d'une certaine étoile.

S'ils paraissent s'élever depuis l'horizon jusqu'au méridien, puis s'abaisser ensuite, c'est par un effet de perspective : on sait que les hauteurs verticales diminuent avec l'éloignement.

S'ils disparaissent à partir de l'instant où ils touchent en apparence l'horizon, c'est que la *lumière a une portée limitée.*

La place nous manque pour entrer dans le détail, mais il est facile de voir que cette explication rend compte en gros de toutes les apparences célestes.

Son rejet ne sera imposé par l'expérience directe que le jour où l'on aura fait le tour de la terre dans l'hémisphère austral le long d'un parallèle sensiblement plus petit que l'équateur. Faute de cette expérience directe, il faudra, pour que succombe l'hypothèse de la terre plate, une géométrie scientifique assez avancée et que l'on ait l'idée de combiner avec l'observation astronomique, il faudra la gnomonique appliquée non seulement à la détermination de moments du jour et de l'année, mais, comme nous le montrerons plus loin, à la mesure du temps.

On pourra conserver la voûte céleste : si on ne l'atteint jamais, c'est qu'elle est plus grande qu'on ne pensait. On pourra aussi la supprimer : on rendra compte de la couleur du ciel en supposant que les couches supérieures de l'atmosphère sont constituées par un air bleu.

Ce système cosmologique ne se heurte à aucune contradiction avant que soient réalisés les progrès scientifiques auxquels nous avons fait allusion.

Étant données nos habitudes d'esprit d'hommes du XX⁰ siècle, il y a cependant un point au sujet duquel il importe de montrer cette non-contradiction. Quand on approche sur mer d'un objet visible de très loin, on en découvre d'abord le sommet : on voit là une preuve de la sphéricité de la terre. C'est une preuve, sans doute, mais qui, à elle toute seule, n'a rien d'irrésistible pour les primitifs rationalistes que nous avons imaginés. Nous nous proposons d'établir ce manque d'efficacité.

La platitude de la terre est une donnée initiale et immédiate de nos sens. Est plat le sol où l'on ne monte ni ne descend ; la marche nous renseigne à cet égard avec une assez grande précision ; est plate la surface normalement à laquelle poussent les arbres et les plantes dont les tiges n'ont pas subi d'incurvations.

Que fait-on aujourd'hui quand on veut vérifier qu'une surface est plane et horizontale ? On y promène le niveau à bulle d'air. Or cet instrument est propre à prouver non pas qu'on a affaire à un plan horizontal, mais à une surface qui est en toutes ses régions perpendiculaire à la direction du fil à plomb. Pratiquement donc nous définissons encore la surface de la terre comme plane. Ce n'est que si nous usons du langage scientifique que nous faisons la correction nécessaire.

On n'a pas besoin d'aller plus loin pour convenir que des raisons très fortes peuvent seules induire un primitif intelligent à renier la platitude de la terre. Par lui la terre est affirmée plate parce que la surface de la terre (sauf les accidents du sol est le critérium nécessaire, inévitable, de la platitude.

Notons que les occasions où se manifestent des différences entre notre horizon et l'horizon d'une terre plate sont assez rares. Le second serait circulaire comme le premier ; en perspective, il « monterait » un peu plus haut, mais imperceptiblement ; le rayon visuel mené vers ses bords se confondrait avec une horizontale rigoureuse, mais celle-ci ne fait avec le rayon visuel mené jusqu'à l'horizon de notre terre sphérique, qu'un angle à peine sensible. Il n'y a que par temps très clair que les deux horizons ne se comporteraient pas tout à fait de même ; celui de la terre plate conserverait une mince couche de brume pareille à un trait sombre, tandis que le nôtre est une simple ligne de séparation. Mais de cela le primitif ne sera pas averti ; rien ne l'empêche de croire que l'air puisse paraître pur à travers une profondeur illimitée.

Reste donc, parmi les données de ses sens, une seule contradiction capable de le mettre en méfiance contre la platitude de la terre ; nous l'avons mentionnée tout à l'heure : c'est l'occulation partielle, par l'horizon marin, des objets éloignés. Les circonstances où l'observation de ce phénomène est possible se présentent rarement pour le primitif : ses navires sont petits, de mâture peu élevée, et il n'a pas de lunettes d'approche ; ajoutons, en ce qui nous concerne aussi bien que lui, que le relief des terres lointaines, même par beau temps, est presque toujours embrumé.

Mais je suppose que toutes les conditions nécessaires se soient trouvées réunies et à maintes reprises : le primitif n'a aucun doute sur ce fait : dans certains cas, ses sens lui présentent la surface de la terre comme convexe [1]. Observation décisive, croit-on ? Nullement. Si le navigateur primitif débarque sur une plage voisine d'une montagne, s'il gravit la hauteur, si, parvenu au sommet, il regarde la mer, il se dira : — la terre parait concave. — Et en effet, tandis qu'il dirige ses regards droit devant lui, sans baisser la tête, il rencontre les bords de l'horizon ; il les juge donc élevés au-dessus du rivage autant que la montagne elle-même. En un mot, la plage est au centre d'une cuvette.

Ainsi, double contradiction à l'hypothèse de la terre plate : la terre est convexe, la terre est con-

---

1. Pour abréger, nous supposons franchi le pas qui consiste à conclure de la surface de la mer à celle de la terre. On ne le franchit pas nécessairement : on pourrait imaginer une mer convexe sur une terre plate comme une goutte d'eau convexe sur une toile cirée plane.

cave. Or notre primitif a été supposé logicien mais non géomètre. Puisqu'il n'est pas géomètre, il lui échappera que la platitude terrestre se concilie avec l'apparence de la concavité, mais non avec celle de la convexité. Etant doué de logique, il raisonnera comme il suit : — les données les plus nombreuses et les plus concordantes de mes sens me représentent la terre comme plate ; d'autres données, moins importantes, moins fréquentes, pourraient me faire douter de cette cosmologie, mais ces dernières données sont incompatibles entre elles, donc elles s'annulent, donc je dois conserver ma croyance à la terre plate.

Il est enfin établi, je pense, que la cosmologie du primitif abstrait imaginé par nous est celle de la terre plate indéfinie : nous pouvons la considérer comme la cosmologie initiale du bon sens.

§ 4. — **Les étapes de la cosmologie.**

Ceci posé, voici quelles sont les étapes à franchir pour arriver à la cosmologie moderne :

1" La terre est limitée.

2" Elle se soutient toute seule dans l'espace.

3" Elle est sphérique.

4" Il n'y a ni « haut » ni « bas », mais une convergence des verticales de chute vers le centre de la terre confondu avec le centre du monde.

5" Les astres sont des corps du même ordre de grandeur que la terre.

6" Les astres, ainsi que la terre, sont des centres de convergence de verticales de chute.

7° La terre tourne sur elle-même.

8° Elle tourne sur elle-même et autour du soleil.

Il nous sera impossible de suivre cet ordre avec tant soit peu de rigueur. L'ordre historique a été souvent très différent de l'ordre logique. Ce dernier lui-même ne peut pas toujours se déterminer avec précision. Beaucoup de savants et de philosophes anciens ont brûlé des étapes, et enfin, à cause de cela même, il y a eu des retours en arrière.

Nous tenions surtout à bien fixer, sur les difficultés de la route suivie, l'attention de ceux qui réfléchissent.

§ 5. — La terre plate et limitée.

On vérifie qu'en fait presque toutes les cosmologies primitives étaient basées sur l'hypothèse de la terre plate. Beaucoup de ces bribes cosmologiques que l'on peut recueillir parmi les sauvages sont conformes au premier système que nous avons signalé : ciel hémisphérique posé sur la terre, trajet souterrain des astres.

Le second système : trajet circulaire des astres parallèlement à la terre, limitation de la portée des rayons lumineux, est la cosmologie exposée dans la seconde partie du traité mathématique chinois, le *Tcheou-peï*, laquelle date de la fin du IIe siècle avant Jésus-Christ[1]. Dans ce livre, on a calculé d'après un principe gnomonique très

---

1. Ed. Biot. *Traduction du Tcheou-peï*. Paris. Imprimerie royale, 1841.

juste (pour la terre plate), mais d'après des données presque toutes fantaisistes, les distances solstitiales du soleil et les distances du cercle arctique et des tropiques. Les Hindous de l'époque pouranique ont adopté en grande partie cette cosmologie, mais non sans y ajouter une abondante floraison mythique : les tropiques, par exemple, et les cercles compris entre eux sont devenus les limites d'îles annulaires que séparent des océans de liquides variés : eau salée, jus de canne à sucre, crème, eau douce[1]...

Les Égyptiens, et après eux les philosophes grecs ioniens, crurent à une terre plate.

Mais, aux débuts de la cosmologie, nul ne conçut jamais une terre illimitée. Cette hypothèse, nous avons pu la prêter à un primitif imaginaire dont la logique rationnelle fût aussi évoluée que la nôtre, mais aucun primitif réel n'en saurait être l'auteur, car l'idée de l'illimité suppose un trop grand pouvoir d'abstraction.

La conception d'une terre dont ni la profondeur ni la superficie n'ont de bornes appartenait donc par destination à des philosophes. Et, en effet, on ne la rencontre que chez des philosophes, peu nombreux d'ailleurs, et notamment chez Xénophane de Colophon (2ᵉ moitié du VIᵉ siècle avant J.-C.). Mais Xénophane avait imaginé, pour expliquer les levers et couchers des astres, une théorie très différente de celle du Tcheou-peï : les corps célestes, suivant lui, étaient des nuées incandescentes qui traversaient le ciel en ligne

---

1. Eug. Burnouf. Publication et traduction du *Bhagavata Purana*, Paris. Imp. royale. 1844. t. II. livre V, chap. xvi à xxi.

droite d'Orient en Occident (la forme circulaire de leur trajectoire était une apparence due à la perspective) : elles s'éteignaient en arrivant au-dessus de régions inhabitées ; le lendemain on les revoyait, mais c'étaient des météores semblables, non les mêmes [1]. Comme Xénophane pensèrent beaucoup plus tard Épicure et ses disciples, parmi lesquels le grand poète latin Lucrèce.

Ici nous voyons que la faiblesse initiale de la logique humaine a été utile. Elle a supprimé la première étape cosmologique, laquelle eût été très difficile et très longue à franchir, car, jointe à l'hypothèse d'une terre illimitée, une cosmologie telle que celle du Tcheou-peï avait de quoi satisfaire l'esprit, et par conséquent l'immobiliser, pendant beaucoup de siècles et peut-être pendant quelques millénaires. La seconde étape se trouvait amorcée : une terre limitée devait être supportée par quelque chose, par quoi ? c'est en se posant cette question et en discutant toutes les réponses qu'on pouvait lui donner que les philosophes grecs établirent l'isolement de la terre dans l'espace.

§ 6. — Le support de la terre.

Cette solution était préparée. Presque partout, les mythes, ou certains mythes, des primitifs impliquent que l'eau était la matière primordiale. Rien de plus commun, par exemple, dans les

1. Ed. Zeller. *La Philosophie des Grecs*, vol. II, pp. 29-37. — Paul Tannery. *Pour l'histoire de la Science hellène*, Paris, F. Alcan, 1887, ch. v. II et III.

cosmogonies, que de faire plonger au fond des eaux un dieu ou un animal surnaturel ; il en rapporte un peu de limon et c'est avec ce limon qu'un ou plusieurs démiurges façonnent la terre. Tout naturellement celle-ci se trouve située au sein du milieu d'où on l'a tirée, et par conséquent flotte sur lui.

Ainsi, dès avant les premiers penseurs, on admettait sans peine que la terre pût être soutenue par un milieu plus léger qu'elle. Il n'y avait plus ensuite qu'à alléger progressivement ce milieu ; quand on en fut à l'air, les imaginations se trouvèrent toutes préparées à le volatiliser complètement.

§ 7. — Cosmologie chaldéenne.

Des conditions locales ou des mythes pouvaient seuls faire adopter une autre hypothèse cosmologique que celle de la terre plate. Il semble bien, en particulier, que les Chaldéens aient été influencés par la configuration de leur pays. La Mésopotamie, appuyée contre des montagnes, leur suggéra l'idée d'un massif qui allait en s'élevant à partir de la mer. C'était une surface bombée.

Grandissant le monde à mesure qu'ils apprenaient à le connaître, ils lui conservèrent la même forme ; ils ne firent que la régulariser.

P. Jensen [1] a étudié tous les textes cunéiformes relatifs à la cosmologie et il en conclut qu'après

---

1. *Die Kosmologie der Babylonier*. — Strasbourg, 1890.

une certaine évolution les Babyloniens en étaient arrivés au système suivant que nous ne décrivons que dans ses grandes lignes :

La terre est un hémisphère creux flottant par son équateur sur l'eau primordiale ou *apsu*. Il en est ainsi du ciel. Cela est confirmé par la Genèse biblique dont on connait les attaches chaldéennes :

« Dieu dit aussi : qu'un firmament soit entre les eaux et les eaux, et qu'il sépare les eaux d'avec les eaux... Et Dieu appela le firmament ciel [1]... »

Le mot latin de *firmamentum* répond évidemment à l'idée d'une voûte solide, et cette séparation des eaux suppose que le firmament supportât de l'eau. Il semble bien que le déluge ait été provoqué principalement par la chute de cette eau *supra-firmamentaire*, car il est écrit : « ... Toutes les sources du grand abime furent rompues, et les cataractes du ciel ouvertes [2] ».

Du reste les théologiens chrétiens, jusqu'en plein moyen âge, furent unanimes à interpréter ainsi l'Ecriture ; même quand ils adoptèrent les grandes lignes de la cosmologie grecque classique, ils ne manquèrent pas de placer plus ou moins haut dans l'espace une sphère aqueuse ; ils en justifiaient l'existence par son utilité qui était de servir d'écran frigorifique contre la chaleur développée par le mouvement vertigineux des astres [3].

---

1. *La Genèse*, ch. I, 6, 8.

2. *Ibid.*, ch. VII, 11.

3. J. L. E. Dreyer, *History of the Planetary Systems from Thales to Kepler*, Cambridge, 1906, pp. 220-230.

Le témoignage de Diodore de Sicile atteste que la terre des Chaldéens était bien hémisphérique. « Les Chaldéens, dit-il, professent des opinions tout à fait particulières à l'égard de la terre : ils soutiennent qu'elle est creuse, sous forme de nacelle[1]... » On comprendra cette comparaison avec une barque en considérant une barque renversée. Les riverains de l'Euphrate avaient, ont encore, une barque appelée *Koufa*, analogue à celle qu'on employait naguère aux pays de Galles pour la chasse aux canards sauvages ; elle a la forme d'une demi-orange dont on aurait extrait la pulpe[2].

Comme Diodore de Sicile semble bien parler des Chaldéens de son époque il vivait du temps de César et d'Auguste), comme d'autre part il vante l'invariabilité de leurs traditions, nous devons admettre que la forme hémisphérique de la terre correspondait au stade le plus évolué de leur cosmologie.

Rien d'ailleurs, dans cette forme, ne contredisait les observations de leur gnomonique et de leur astronomie, très avancées toutes deux.

Que firent-ils cependant de l'*apsu* où flottait la terre ? Ils durent certainement finir par admettre que les astres tournaient autour de la terre. Répugnèrent-ils à ce qu'ils trempassent dans

1. Diodore de Sicile. *Bibliothèque historique*, livre II. ch. xxxi. Traduction de F. Hoefer, Paris, 1865. p. 152.

2. Fr. Lenormant. *La Magie chez les Chaldéens*. pp. 141-143. — Maspero. *Loc. cit.*. p. 542. figure représentant, d'après un bas-relief chaldéen, une coiffe chargée de pierres et manœuvrée par quatre rameurs.

l'*apsu* ? On n'en sait rien. Ce qu'il y a de probable, sinon de certain, c'est que si la croyance à l'eau primordiale était rendue intangible par un long passé et son incorporation aux choses religieuses, ils se gardèrent d'y toucher. Ils pouvaient toujours se tirer d'affaire en disant que l'*apsu* n'était pas une eau comme les autres eaux.

CHAPITRE II

COSMOLOGIE GRECQUE[1]

§ 1. — La sphéricité de la terre.

Parménide d'Élée (commencement du Ve siècle
avant J.-C.) fut le premier à publier la sphéricité de la terre, mais tous les érudits sont d'accord pour ne pas lui en attribuer l'invention qu'il
faut, disent-ils, faire remonter à Pythagore[2].
Les vraisemblances, outre quelques témoignages
historiques, plaident d'ailleurs en faveur de cette
hypothèse. Pythagore était le fondateur de la
mathématique ; pénétré de cette idée que les
choses étaient régies par une harmonie dérivant
de rapports entre les nombres et les lignes, il a
dû considérer la forme sphérique comme celle

---

1. Cf. pour toute la cosmologie grecque : Paul Tannery,
J. L. E. Dreyer, *loc. cit.* — Pour le pythagorisme : E. Chaignet,
Pythagore et la philosophie pythagoricienne, 2 vol. Paris, 1873. —
Les textes relatifs à tous les philosophes présocratiques ont été
recueillis par Hermann Diels. *Die Fragmente der Vorsokratiker*,
Berlin, 1903. — Ceux de ces textes qui sont relatifs aux philosophes
ioniens et italiotes ont été traduits par Paul Tannery dans *Pour
l'histoire de la science hellène* et on trouvera dans Chaignet la traduction de ceux qui concernent le pythagorisme.

2. Paul Tannery, *Pour l'histoire de la science hellène*, ch. VIII. —
Th.-H. Martin. Mot *Astronomia* dans le *Dictionnaire des antiquités grecques et romaines* de Daremberg et Saglio.

qui convenait le mieux au monde ; elle a en effet un caractère bien propre à frapper l'imagination d'un mathématicien mystique : la multiplicité et l'unité s'unissent en elle de manière à former une sorte d'unité supérieure : rapport unique de position des points, en nombre infini, de la surface relativement au point unique du centre. Le dogme de la « perfection » de la sphère traversa l'antiquité et le moyen âge, et parvint jusqu'à Kepler qui vit en elle l'image de la Trinité divine : le Père est au centre, le Fils dans la superficie, le Saint-Esprit dans le rayon. « Je ne puis être persuadé, ajoute Kepler, qu'aucune des courbes puisse être plus noble ou plus parfaite que la superficie sphérique elle-même[1] ».

Si loin qu'on remonte en éliminant les éléments nouveaux qui ont été introduits dans le pythagorisme, on trouve la sphéricité de la terre comme une des bases essentielles de la doctrine et des doctrines italiotes qui lui sont alliées.

Que Pythagore ait proclamé le premier la sphéricité de la terre, c'est donc à peu près une vérité historique. On ne serait autorisé à priver l'illustre Samien de la gloire d'une pareille invention que s'il fallait considérer celle-ci comme apparue sur une table rase où rien ne la préparait : elle ressemblerait, par tant de soudaineté, à une création *ex nihilo*, elle aurait quelque chose d'anti-humain et d'anti-intellectuel. Or rien n'oblige à imaginer un passage brusque de la terre plate à la terre ronde. Bien que nul témoignage

---

1. Ch. Frisch, *Joannis Kepleri Opera Omnia*, Frankfurt-am-Mein et Erlangen, 1850, vol. I, p. 122.

historique sérieux n'induise à croire à un séjour de Pythagore en Chaldée et que son initiation spéciale aux secrets des prêtres chaldéens soit purement fabuleuse, il a pu connaître par ouï-dire les traits généraux de la cosmologie babylonienne. Celle-ci était fixée de son temps, puisqu'une véritable astronomie chaldéenne existait dès le VIII siècle avant J.-C. Or ces traits généraux devaient être : hémisphéricité de la terre et de la voûte solide du ciel, et même probablement circularité des orbites des astres. Pythagore n'eut qu'à ajouter les hémisphères manquants : une anti-terre et un « anti-ciel ».

Nous n'avons aucune trace de l'existence du mot d' « anti-ciel », mais celui d'anti-terre a existé ; les Grecs disaient : antichthôn. Quelle bonne raison fournir de l'emploi de ce terme si la conception de la terre sphérique s'était formée d'un seul jet ? Il est vrai que Philolaos le Pythagoricien faisait de l'antiterre une planète, mais, comme nous allons le voir, la logique de son système voulait que cette planète, imaginée pour compléter à dix le nombre des corps mobiles de l'univers, fût appelée « première » ou « dixième ». Si le philosophe n'a pas choisi parmi l'un de ces vocables tout indiqués, c'est vraisemblablement que l'école à laquelle il appartenait lui en offrait déjà un datant du Maître lui-même, celui d'antichthôn. Les deux moitiés de la terre avaient chacune leur désignation, apparaissaient encore comme deux entités unies mais distinctes. Philolaos les sépara, en fit deux astres ; il atténua ainsi, aux yeux de sa conscience, l'arbitraire imaginatif dont il faisait preuve en créant des choses pour le seul amour du nombre : il pouvait prétendre utiliser des matériaux existants.

La sphéricité de la terre fut professée, autant qu'on le sache, par l'école pythagoricienne en général ; elle fut discutée par les autres philosophes grecs dont un grand nombre, avant la fin du Vᵉ siècle, tinrent pour la terre plate. Adoptée par Platon, au siècle suivant, elle triompha dès lors, et ne rencontra plus jusqu'à nos jours, du moins parmi les gens instruits, que des adversaires exceptionnels comme Épicure et ses disciples, et quelques auteurs chrétiens.

§ 2. — La Cosmologie de Philolaos.

Philolaos le Pythagoricien est un grand méconnu. Il devrait tenir dans l'École une place presque égale à celle de Pythagore ; il a, sur ce dernier, l'avantage d'être historique ; on sait ce qu'il faut lui attribuer, tandis qu'on pourrait à la rigueur, sans changer quoique ce soit à l'évolution scientifique, ne rien attribuer du tout à Pythagore. Pour arriver à Pythagore, il faut toujours passer par quelqu'un d'autre que l'on pourrait donc mettre à l'origine. C'est Philolaos enfin, et non Pythagore, qui a inspiré Copernic.

Philolaos était contemporain de Socrate et de Platon, et florissait au milieu du Vᵉ siècle. Il naquit en grande Grèce, probablement à Crotone, habita aussi Métaponte et Héraclée, et passa quelque temps à Thèbes. Sa situation dans le monde philosophique grec était importante ; on dit que Platon alla tout exprès le voir en Italie, acheta très cher ses livres à ses héritiers, finit même par adopter ses doctrines. Ces récits ne s'accordent pas très bien entre eux ni avec d'autres documents et témoignages. Il en reste que Philolaos a joui d'une grande influence sur ses contemporains et notamment sur Platon.

La cosmologie de Philolaos a passé, passe encore, pour être le système héliocentrique lui-même, et on l'a attribuée à Pythagore. C'est une légende dont la formation est postérieure à Copernic. Il importe d'en montrer le peu de fondement, car si la connaissance du mouvement héliocentrique remontait à Pythagore, il faudrait supposer avant celui-ci un très long développement scientifique ; l'histoire de l'évolution de l'esprit humain en prendrait un tout autre aspect que celui sous lequel nous l'avons présentée jusqu'ici.

Nous allons citer tous les textes importants : voici ceux d'Aristote :

« Pour eux (les Pythagoriciens), ils prétendent que le feu est au centre du monde, et que la terre est un de ces astres qui font leur révolution autour de ce centre et que c'est ainsi qu'elle produit le jour et la nuit. Ils inventent aussi une autre terre, opposée à la nôtre, qu'ils appellent du nom d'anti-terre... » (De Coelo, livre II, ch. XIII, 1) [1].

« Ceux qui nient que la terre soit au centre prétendent qu'elle a un mouvement circulaire

---

1. Barthélemy Saint-Hilaire. *Traduction des Œuvres d'Aristote*, Paris, Germer Baillère. *Traité du Ciel*, pp. 187-188.

autour du centre, et que non seulement c'est la terre qui se meut ainsi, mais en outre l'anti-terre... » (De Coelo, livre II, ch. XIII, 4) [1].

« A en croire les Pythagoriciens, le nombre dix est le nombre parfait, et la décade contient toute la série naturelle des nombres. Ils partent de là pour prétendre qu'il doit y avoir dix corps qui se meuvent dans les cieux ; mais comme il n'y en a que neuf de visibles, ils en supposent un dixième qui est l'opposé de la terre, l'antichthôn. » (Métaphysique, livre I, ch. V, 1-7) [2].

Il est déjà difficile de soutenir que ce soit là le système héliocentrique. Que par feu central il faille entendre le soleil, soit, mais si la terre tourne autour de lui en tournant sur elle-même, et si l'anti-terre est une planète, comment s'arranger pour que celle-ci reste invisible ? Et si l'anti-terre n'est qu'un hémisphère terrestre, pourquoi Aristote reproche-t-il aux Pythagoriciens d'en avoir fait un corps céleste nouveau, pourquoi remarque-t-il qu'ils font mouvoir « non seulement la terre, mais en outre l'anti-terre », lui qui professe la sphéricité de la terre ?

Mais voici d'autres textes qui complètent et éclairent ceux d'Aristote :

« Les autres pensent que la terre demeure immobile, mais Philolaos le Pythagoricien, *qu'elle est portée en cercle autour du feu* sui-

1. *Ibid.*, pp. 190-191.
2. Barthélemy Saint-Hilaire. *Loc. cit.*, *Métaphysique*, vol. I, pp. 47-48.

vant un cercle oblique, *de la même manière que le soleil* et la lune [1]. »

« Philolaos a mis le feu au milieu, au centre, c'est ce qu'il appelle la Hestia du Tout, la maison de Jupiter et la mère des Dieux, l'autel, le lieu, la mesure de la nature. En outre il pose encore un second feu tout à fait en haut et enveloppant le monde. Le centre, dit-il, est par sa nature le premier ; autour de lui les dix corps divers accomplissent leurs chœurs dansants ; ce sont le ciel, les planètes, *plus bas le soleil*, au-dessous de lui la lune, *plus bas la terre*, et au-dessous de la terre l'anti-terre, et enfin, *au-dessous de tous ces corps, le feu d'Hestia au centre*, où il maintient l'ordre [2].

Le système de Philolaos est donc représenté schématiquement par la figure 6. La terre décrit un cercle suivant le plan de l'équateur en un nyc-thémère (nos vingt-quatre heures) autour du feu central ; celui-ci est caché aux hommes qui habitent l'hémisphère contenant les régions connues des anciens, parce que la terre tourne toujours la même face vers ce feu central (comme la lune tourne toujours la même face vers nous). Quant aux autres corps célestes, ils accomplissent leurs révolutions de l'ouest à l'est suivant des orbites diversement inclinées sur l'équateur, le soleil en un an, la lune en un mois... La sphère des fixes

---

1. *Plutarchi Scripta Moralia*, Paris. Firmin-Didot, 1856, vol. II, p. 1093. — Chaignet, *Pythagore*. I, p. 237. — Diels. Aetius III, 13, 1. 2. p. 248.

2. Ed. Chaignet. *Loc. cit.*, I. pp. 231-235. — Diels, Aet. II, p. 247.

pouvait recevoir un mouvement uniforme quelconque autour des pôles de l'équateur dans ce même sens de l'ouest à l'est, étant convenu que les mouvements ci-dessus mentionnés des autres

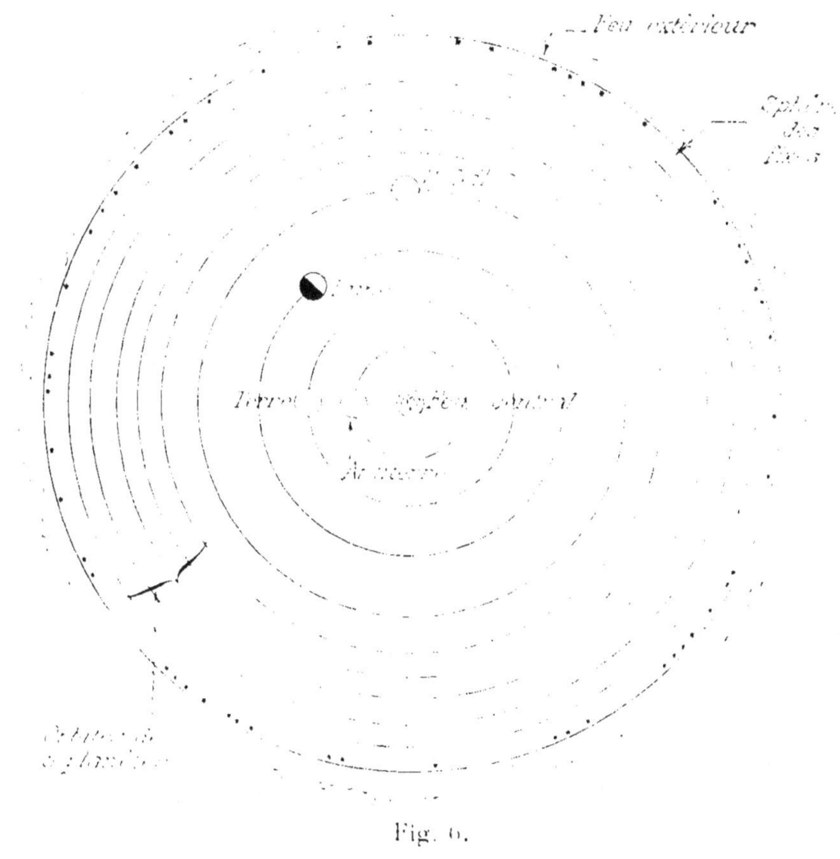

Fig. 6.

astres devaient s'entendre comme les déplacements de ces astres par rapport à elle. Il ne pouvait s'agir, Paul Tannery l'a fait remarquer, de rendre compte, par un mouvement de la sphère des fixes, de la précession des équinoxes, cette précession demandant, pour être constatée, une longue suite d'observations, assez précises : si l'astronomie du temps de Philolaos avait été capable de ces observations, elle eût rejeté d'emblée le système philolaïque comme absurde.

Le soleil brille d'un éclat emprunté ; c'est une masse vitreuse[1], une lentille qui concentre les rayons lumineux et calorifiques issus non seulement du feu central mais encore du feu périphérique dont la voie lactée est une émanation.

Le feu central avait un éclat comparativement faible, analogue à celui de la voie lactée. La lumière cendrée de la lune était sans doute attribuée à son reflet. Comme il ne constituait qu'une part, et la moins importante, de la source générale de lumière, ses occultations éventuelles demeuraient sans effet appréciable ; le régime des éclipses demeurait ce qu'il eût été sans le feu central.

Quant à l'anti-terre, on suppose en général, d'ailleurs sans raisons très convaincantes, qu'elle restait toujours interposée entre la terre et le feu central et sur la ligne menée de la première au second.

Ainsi ajustée, et étant donnée une astronomie sans instruments, comme celle d'alors, cette machinerie est satisfaisante : elle concorde avec les principales apparences célestes : l'année, le mois, les phases de la lune, le jour et la nuit...

La cosmologie de Philolaos réalisait une belle ordonnance ; elle témoigne d'un sentiment pro-

---

1. Didot. *Plutarque*, vol. IV, *Moralia*, II, p. 1085. — Chaignet, *Loc. cit.*, I, pp. 237-238. — Diels. Aetius II, 20, 12, p. 247.

fond de l'harmonie du monde, d'autant que son invention procédait de l'idée que le groupe fondamental de l'univers devait avoir pour nombre le groupe fondamental des nombres ; l'Univers, à l'exemple du système de numération, devait être décadique. Philolaos pensait sans doute, comme Aristote, que dix tenait son privilège d'une nécessité mathématique inscrite dans la nature essentielle des nombres. Cette nécessité, il l'expliquait en constatant que dix était une *tétractys* (un tétraèdre, une pyramide), la somme des quatre premiers nombres représentant eux-mêmes tous les principes d'universalité (unité, opposition, pluralité, quadrature : $10 = 1 + 2 + 3 + 4$). Qu'il ait conçu sa cosmologie en voulant *a priori* que l'Univers fût une décade, cela est attesté par les textes précités d'Aristote qui fait aux Pythagoriciens ce reproche : « Ils cherchent non pas à appuyer leurs explications... sur l'observation des phénomènes, mais, loin de là, plient et arrangent les phénomènes selon certaines opinions et explications qui leur sont propres. » (De Coelo, livre II, ch. XIII, 1) [1]. La cosmologie décadique est donnée par le Stagyrite comme exemple de ce travers. Et Philolaos lui-même, dans un fragment conservé de son livre ΠΕΡΙ ΦΥΣΕΩΣ s'écrie : « C'est dans la décade qu'il faut voir quelle est dans sa puissance et l'efficacité et l'essence du nombre : elle est grande, elle réalise toutes les fins, est cause de tous les effets ; la puissance de

---

1. Barth. Saint-Hilaire. *Loc. cit. Traité du Ciel*, p. 188.

la décade est le principe et le guide de toute vie, divine, céleste, humaine, à laquelle elle se communique ; sans elle tout est infini (ἄπειρον, c'est-à-dire indéterminé), tout est obcur et se dérobe... » (Stobée, Ecloga I, 3) [1].

On obéit quelquefois à la veille coutume de faire remonter à Pythagore tout ce qui est pythagoricien, et l'on prétend que Philolaos n'a fait que publier la cosmologie du Maitre. Mais les érudits et critiques modernes, tels que Th. Martin, Paul Tannery, Dreyer, sont d'accord pour considérer Philolaos comme l'auteur véritable du système décadique. Leurs raisons sont décisives : pourquoi Aétius [2] aurait-il désigné avec insistance Philolaos et non un autre comme auteur de ce système ? Si Aristote n'a pas nommé Philolaos, il n'a pas nommé davantage Pythagore ; il a parlé de la doctrine pythagoricienne de son temps ; or le pythagorisme en général est loin d'être un bloc ; deux philosophes pythagoriciens, quand on a sur eux des renseignements individuels, n'apparaissent jamais comme professant des doctrines identiques ; rien n'indique donc que la cosmologie pythagoricienne à l'époque voisine d'Aristote dût être la même qu'à l'origine. Enfin on a fait franchir à Pythagore une étape déjà énorme quand on lui attribue la sphéricité de la terre et les mathé-

---

1. Chaignet, *Loc. cit.*, I. pp. 230-240. — Diels, p. 253.

2. Doxographe du 1er siecle avant Jésus-Christ environ, qu'on a reconnu être l'auteur de la plus grande partie des *Placita Philosophorum* (annexés aux œuvres de Plutarque) et d'une partie des *Ecloga* de Stobée, compilateur du ve siecle après Jésus-Christ. Ne pas confondre avec le médecin Aétius postérieur à Stobée.

matiques, mais le considérer en outre comme l'inventeur du système de Philolaos, quel bond invraisemblable de soudaineté et d'amplitude pour une pensée humaine ! Il y aurait là un miracle qui rendrait suspects les textes historiques où il serait relaté, et aucun texte ne le relate.

§ 3. — Le haut et le bas remplacés par la tendance vers le centre.

Nous admettons que, de l'autre côté de la terre, des hommes puissent marcher « la tête en bas » par rapport à nous comme les mouches au plafond d'une chambre par rapport aux gens de l'étage supérieur. C'est une croyance si opposée à notre instinct naturel que nous parlons encore un langage basé sur le « haut » et le « bas » absolus. On n'admirera jamais assez qu'elle ait été introduite par les Grecs avant toute connaissance expérimentale directe de la forme du globe terrestre. Comment réalisèrent-ils cette révolution, une des plus surprenantes dont la pensée humaine ait été le théâtre ? Les détails manquent.

Peut-être Pythagore et Parménide conçurent-ils la tendance vers le centre par raison de symétrie comme une conséquence de la sphéricité de l'univers et de la terre. C'est possible, mais nullement certain. Leur sphère terrestre pouvait être maintenue au centre du tourbillon cosmique qui, disaient Empédocle et plusieurs Ioniens, entraînait les astres, et, par son action même, empêchait la terre de tomber. Un homme qui eût dépassé les bords de la terre plate, ou se fût trop éloigné de la zone habitée de la terre sphérique, eût été précipité « vers le bas », jusqu'au moment où, saisi par le tourbillon cosmique, il se fût mis à graviter comme un astéroïde.

Ce qui rend cette hypothèse tout à fait plausible, c'est l'exemple des Atomistes. Ils admettaient la pluralité des mondes et même des mondes habités : on concluerait de là, semble-t-il, qu'ils croyaient à la tendance des corps pesants vers différents centres. Or cela n'était pas : ils supposaient les tourbillons cosmiques produits par la chute d'atomes diversement lourds à travers l'espace et vers le *Bas* absolu ; suivant cette doctrine, les objets détachés demeuraient à leur place sur la surface des astres, grâce à l'action du tourbillon (voir plus bas, § 8 du présent chapitre).

Notons que la doctrine tourbillonnaire est un acheminement vers celle de la gravitation centrale : elle ne laisse plus agir le « haut et le bas » que dans la région terrestre ; elle les annihile dans le reste du monde.

Mais, bon gré mal gré, même s'ils eussent subsisté jusqu'à lui, le « haut » et le « bas » devaient être supprimés par Philolaos. Comme l'Univers décadique était soumis *tout entier* au mouvement giratoire, le « haut et le bas » se trouvaient expulsés hors de l'Univers. Le mérite de Philolaos fut de s'en rendre compte. « Le monde, dit-il dans un fragment de ses BAKXAI, commença de se former au milieu, et, à partir du milieu, aux mêmes distances vers le haut que vers le bas. Ce qui est en haut est symétrique de ce qui est en bas par rapport au milieu... Par rapport au point central les deux directions sont semblables, mais inversées [1]. »

Platon adopta la convergence des verticales de chute vers le centre, sans doute sous l'influence de Philolaos, et ce fut dès lors un dogme de la cosmologie grecque.

§ 4. — **Rotation de la terre**.

Connaissant le système de Philolaos, on serait porté à croire qu'il fut précédé par l'hypothèse de la rotation de la terre ; la logique semblerait l'indiquer. Il n'en fut rien. Sauf Hicétas de Syracuse dont la date est incertaine, tous les partisans de la rotation de la terre sont postérieurs à Philolaos ; ce sont, outre Hicétas, Ekphantus, Héraclide de Pont (IVe siècle avant J.-C.) et Séleucus de Séleucie (milieu du IIe siècle avant J.-C.) et, bien entendu, Aristarque de Samos (IIIe siècle), mais celui-ci faisait en outre tourner la terre autour du soleil, hardiesse que personne n'eut avant lui ni pendant dix-huit cents ans après lui. On leur joint quelquefois, probablement à tort, Platon devenu vieux. Et, à cet égard, Dreyer remarque avec une très grande sagacité qu'Aristote, combattant le mouvement de la terre, néglige tous les arguments qui réfuteraient la simple rotation sur place et ne réfuteraient pas en même temps le système philolaïque, de sorte qu'il ne semble connaître que ce dernier [2].

1. Diels. Stobée. Ecl. I, p. 256.
2. Dreyer. *Loc. cit.*, pp. 116-117.

Au point de vue évolutif, la cosmologie décadique devait précéder la rotation sur place de la terre. Quelles raisons en effet plaidaient en faveur de celle-ci au temps de Philolaos ? L'ordre scientifique n'en fournissait aucune. On n'avait pas la moindre notion à cette époque de la complication des mouvements planétaires ; le besoin de simplifier la mécanique céleste était donc nul. Quant aux objections physiques contre tout mouvement de la terre, objections tirées de l'expérience vulgaire sur la chute des corps et sur la dynamique, elles étaient si fortes qu'il fallut attendre Galilée pour les résoudre pleinement.

Tandis que les raisons tirées des propriétés du nombre dix pouvaient fort bien impressionner l'esprit d'un mathématicien du Ve siècle avant notre ère. Et du moment que Philolaos admettait dix comme nombre régulateur de l'Univers, il devait imprimer à la terre un mouvement circulaire de translation ; *il y était logiquement forcé.*

Son système dut jouir d'un immense prestige, car, lorsqu'il l'inventa, on était certainement incapable d'en apercevoir les tares astronomiques ; elles étaient graves cependant, surtout au point de vue des mouvements planétaires et des éclipses. La science ne devint à même d'être choquée de ces tares que du temps d'Eudoxe (408-355 avant J.-C.), à l'époque où l'astronomie grecque commença de mesurer les angles et le temps.

Pour mieux rendre compte des éclipses de lune, certains philosophes ajoutaient à l'antichthôn d'autres corps circulant entre la terre et le feu central[1].

Le système devenait caduc : ou bien il ne rendait plus compte des phénomènes, ou bien on était obligé d'altérer le nombre qui faisait toute sa raison d'être.

Pour en sauver le plus possible, il n'y avait qu'à restituer à l'antichthôn sa signification primitive, c'est-à-dire celle d'hémisphère complétant la terre hémisphérique des Chaldéens, et à emboîter entre les deux le foyer du monde qui se trouvait à merveille à cette place pour expliquer le feu des volcans. La terre et l'antichthôn continuèrent de se mouvoir, et ce fut la rotation de la terre sur elle-même. On ne croyait pas alors changer le mouvement philolaïque, qui passait et passa jusqu'à Kepler et Galilée pour une rotation simple (voir III⁰ partie, ch. I, § 6), tandis que nous le décomposons en une translation circulaire et une rotation.

Le mouvement de la terre fut rejeté par l'ensemble de la science antique : il apparaissait en effet prématurément, car il se présentait comme une absurdité physique. Mais Aristote, Ptolémée, Aétius (dont les écrits furent annexés à ceux de Plutarque), transmirent au moyen âge et à la Renaissance l'idée de ce mouvement, ne fût-ce qu'en l'exposant pour la combattre, et si le souvenir ne s'en fût pas perpétué de la sorte, aurait-elle repris naissance spontanément ? c'est fort

---

1. Aristote. *De Coelo*, II, ch. XIII, 4. — Barth. Saint-Hilaire. *Traité du Ciel*, pp. 190, 191.

douteux. On en arrive à cette considération singulière : Philolaos a mis la terre en branle parce que 10 est la base du système de numération, 10 jouit de ce privilège parce que l'homme a 10 doigts, donc la terre d'une humanité à 8 doigts fût demeurée immobile.

§ 5. — Unité de la source cosmique de lumière.

L'unité de l'origine physique du monde fut postulée assez généralement par la plus ancienne philosophie grecque. C'était une idée féconde au point de vue de la méthode scientifique. La science ayant pour but de grouper toutes les choses en systèmes de relations, il est clair qu'il faut laisser partout la porte ouverte à la possibilité de ces relations ; le postulat de l'unité d'origine de toutes les parties du Kosmos réalisait cette condition, puisqu'il supposait que tous les états de la substance et tous les phénomènes se rattachaient à un état et à un phénomène primordiaux uniques.

Ce postulat suggérait assez naturellement celui d'une source lumineuse unique dans notre monde. Aussi beaucoup de philosophes cherchèrent-ils à concilier le plus qu'ils purent ce dernier principe avec les apparences. Nous venons de voir comment Philolaos y parvenait.

Empédocle, son contemporain, imaginait que la sphère du monde était formée de deux hémisphères, l'un, celui du jour, plein de lumière, l'autre, celui de la nuit, contenant les ténèbres. Deux opinions différentes, relatives au soleil, sont attribuées à Empédocle : ou bien[1] c'était un corps vitreux à peu près aussi gros que la terre, réunissant, comme en un miroir, ou peut-être comme en une lentille, les rayons de l'hémisphère brillant (on reconnaît là le soleil de Philolaos) ; ou bien[2] il se réduisait à n'être qu'un reflet : la terre illuminée par l'hémisphère du jour projetait son image sur la voûte polie du ciel formant miroir; le soleil n'était autre que cette image. Quant à la lune, elle recevait sa lumière du soleil[3].

Démocrite (fin du Vᵉ siècle avant J.-C.) se représentait la voie lactée comme un amas de nombreuses petites étoiles très rapprochées, cachées par l'ombre de la terre sur le ciel et ne donnant que leur lumière propre, tandis que les autres étoiles réfléchissaient en outre la lumière du soleil.

On voit donc que cette idée d'un foyer unique ou prépondérant de l'éclairement universel était « dans l'air » au Vᵉ siècle. Elle fut, pour l'astronomie à venir, d'une importance vitale. C'est à elle, on n'en peut douter, qu'obéit Anaxagore de Clazomène, le dernier grand philosophe ionien, un peu antérieur à Empédocle, quand il proclama, le premier, que la lune devait sa lumière au soleil. Il professait cependant une cosmologie peu compatible avec cette hypothèse ; il croyait la lune plate comme les autres astres et la terre

---

1. Ed. Zeller. *Loc. cit.*, II, pp. 232-231.

2. Paul Tannery. *Pour l'histoire de la science hellène*, ch. XIII.

3. Plutarque. *De Facie in Orbe Lunæ*. XVI, 13. Firmin Didot. *Plutarchi Scripta Moralia*, Paris, 1856, vol. II, p. 1138.

elle-même, d'où aurait dû suivre un tout autre aspect des phases : la simple variation d'intensité de la lumière lunaire si la lune tournait toujours la même face vers nous, le remplacement des croissants par des ellipses si elle était transportée parallèlement à elle-même.

Mais Anaxagore n'était pas géomètre.

Une fois la géométrie répandue dans tout le monde hellène, on vérifia que la théorie de l'origine solaire de la lumière sélénique s'accordait avec les apparences, à condition que la lune fût une sphère ; on en conclut, par analogie, à la sphéricité des astres. Ce dernier dogme fut du moins confirmé, si vraiment il faisait déjà partie de la doctrine pythagoricienne, comme on le suppose le plus souvent.

L'explication de l'éclat lunaire entraînait celle des éclipses de lune, laquelle à son tour conduisait à supposer le soleil beaucoup plus grand que la terre et à en évaluer les dimensions.

Anaxagore n'en avait pas moins commis une erreur, que nous jugerions aujourd'hui très grossière, en émettant une hypothèse qui rendait sa cosmologie incompatible avec les phénomènes.

C'est là un des nombreux cas où l'erreur a été utile à la science.

Il est très heureux que la spéculation cosmologique ait pris chez les Grecs un essor considérable avant qu'ils eussent un embryon d'astronomie. L'astronomie survenant dans une phase spéculative moins avancée les aurait contraints à s'inspirer, dans leurs explications, d'une cosmologie plus « primitive » ; or celle-ci leur en eût fourni de satisfaisantes, comme le prouve l'exemple des Chaldéens. Ils s'y fussent tenus, par conviction d'abord, et ensuite par respect du prestige que conquièrent les vieilles théories longtemps vérifiées. Nous aurons l'occasion de revenir sur ce point en parlant des éclipses.

§ 6. — Grandes dimensions des astres.

Il en fut de la grandeur des astres comme de l'éclat lunaire. On l'imagina bien avant que l'application de la géométrie aux données de l'observation astronomique la fit connaître. C'est la marche normale de la science : les hypothèses précèdent les acquisitions. Mais, dans le cas des Grecs, les hypothèses ne pouvaient procéder d'une science antérieure inexistante : elles devaient donc jaillir de toute espèce d'efforts imaginatifs. L'important était qu'elles fussent nombreuses et discutées avec ardeur ; c'est à quoi les Grecs pourvurent merveilleusement, non sans qu'il y eût toutefois, dans les premières conceptions de leur philosophie, un certain développement logique.

Les primitifs imaginaires, dont nous avons parlé au chapitre précédent, comprendront très bien que le soleil est très loin parce que son déplacement apparent n'est nullement influencé par le déplacement, quel qu'il soit, du spectateur. En outre, lorsqu'ils voyageront, ils auront beau s'éloigner de leur pays, ils n'en verront le soleil ni plus ni moins gros, effet qu'une énorme distance peut seule produire. Etant très loin, le soleil doit avoir des dimensions infiniment supérieures à celles qu'on serait d'abord tenté de lui attribuer.

Mais, en faisant la part très large à ces données du bon sens et de l'expérience ancestrales, on ne peut supposer qu'un soleil grand comme Paris et distant de quelques milliers de kilomètres ne les eût pas satisfaites.

Anaxagore, dit Plutarque, donnait à la lune la superficie du Péloponnèse [1], affirmation qui est indirectement confirmée par les autres sources, d'après lesquelles Anaxagore jugeait le soleil plus grand, sinon beaucoup plus grand que ce même Péloponnèse. L'antique philosophe ionien savait, en effet, à n'en pas douter, que les éclipses de soleil étaient produites par l'interposition de la lune, et comme les diamètres apparents de ces deux corps célestes sont sensiblement égaux, il fallait bien en conclure que l'occulté était plus grand que l'occulteur.

Le soleil d'Empédocle, ou du moins l'un des soleils mis au compte d'Empédocle, était réputé égal à la terre en raison de sa nature même. Il n'avait pas, nous l'avons vu, d'existence réelle : ce n'était que l'image reflétée par la voûte du ciel, formant miroir, de la terre éclairée par l'hémisphère lumineux. Les anciens considéraient l'image comme égale à l'objet, conception inexacte ou au moins incomplète, mais qui, dans l'espèce, préparait la raison humaine à ne pas se formaliser quand on lui présenterait des astres énormes.

---

1. Plutarque. *Loc. cit*. XIX. 6 p. 1141.

Une autre préparation était en germe dans de vieilles idées mystiques familières aux sauvages eux-mêmes : le soleil et la lune donnés comme séjour aux morts illustres. Les Orphiques, aux mystères desquels s'affilièrent presque tous les Pythagoriciens, envoyaient les âmes des justes dans les astres, parce que, expliquaient-ils, une demeure ignée convient à l'esprit purifié qui est feu sans mélange.

Cela n'impliquait rien relativement aux dimensions des astres, car les grandeurs géométriques n'ont que faire au domaine du mysticisme. Tout de même, il y avait là une suggestion. Ne pouvait-on, entre les êtres immatériels et nous, en supposer d'intermédiaires, moins infirmes que l'homme, corporels cependant. Ainsi rêva Philolaos : il peupla la lune d'animaux quinze fois plus grands que ceux de la terre (en raison sans doute de ce qu'ils jouissaient d'un jour quinze fois plus long) et qui ne faisaient pas d'excréments [1] (pureté plus avancée).

Du moment que l'on situait hors de terre des êtres matériels analogues à l'homme, il fallait bien leur attribuer aussi un habitat comparable, comme nature et comme dimension, à l'habitat humain.

Les Atomistes, enfin, avaient une conception cosmogonique qui rendait acceptable l'idée d'astres aussi grands et plus grands que la terre. . La rencontre des atomes avait, disaient-ils, formé plusieurs mondes. Puisqu'il existait des

---

1. Chaignet. *Loc. cit.*, I, p. 238. — Diels. *Loc. cit.*, Aet. II, 30, 1, p. 247.

mondes en dehors du nôtre, et comparables au nôtre, nulle difficulté pour admettre, en dehors de la terre, des terres comparables à notre terre. (Les astres, dans le système de Démocrite, étaient des disques solides enflammés par la rotation rapide du tourbillon cosmique, la terre demeurant immobile au centre du tourbillon). Quelques Atomistes regardaient le soleil et la lune comme des mondes jadis indépendants qui avaient été attirés dans le nôtre [1].

Anaxagore, Démocrite et sans doute Philolaos justifiaient après coup de telles idées en identifiant les taches de la lune avec des configurations terrestres.

Ainsi la pensée grecque était sollicitée, de plusieurs côtés et de plusieurs manières, à préjuger d'avance les grandes dimensions des astres. Il était nécessaire que cette idée *a priori* précédât les confirmations tirées de la géométrie et de l'astronomie. Sans cela les dimensions, beaucoup trop petites cependant, attribuées au soleil par Aristarque de Samos et Hipparque, eussent passé pour une absurdité sans nom, et les théories, notamment celles des éclipses de lune, d'où se déduisaient ces dimensions, eussent été rejetées d'emblée.

§ 7. — Les astres, centres autonomes d'attraction.

Dans le *De Facie in orbe Lunæ* de Plutarque, il est exprimé très nettement que les centres des

---

1. Ed. Zeller. *Loc. cit.*, II. pp. 315-319.

astres sont les *lieux* vers lesquels tendent les corps pesants situés dans le voisinage de ces astres [2] au même titre que le centre de la terre est le *lieu* des corps pesants proches de la terre. Cette idée, étape très importante sur le chemin qui mène au système héliocentrique, ne semble pas avoir eu un grand succès pendant l'antiquité. Elle ne reprit faveur qu'à la fin du moyen âge, grâce sans doute à Plutarque.

On la dit pythagoricienne : elle l'est par son type, son caractère, mais elle ne faisait probablement pas partie des doctrines initiales, sans quoi Aristote en eût parlé plus explicitement pour la réfuter, car elle contredisait sa théorie cosmologique. Tout porte à la croire postérieure au Stagyrite ou sa contemporaine ; j'en rapporterais volontiers le mérite à un homme plutôt « pythagorisant » que pythagoricien, tel cet Héraclide de Pont qui professa la rotation de la terre et la translation de Mercure et de Vénus autour du Soleil.

Ne croyons pas en effet que les premiers philosophes grecs dussent nécessairement avoir une idée très nette de la tendance vers le centre. Si Anaxagore et Démocrite mettaient des habitants sur leurs astres plats, ils ne considéraient pas ces habitants comme fixés à leur demeure par une force spéciale : le tourbillon cosmique entraînait le Sélénite en même temps que la lune et les empêchait de se séparer l'un de l'autre. Les Atomistes, en effet, croyaient à un « haut » et à un

---

1. Plutarque. *Loc. cit.*

« bas » absolus. A l'origine, disaient-ils, les atomes
« tombaient » à travers l'espace, les uns, plus
légers, avec plus de lenteur, les autres, plus lourds,
avec plus de vitesse. Il y avait donc des rencontres
d'atomes, de là des tourbillons et la formation
des mondes. Pour Philolaos, la tendance des
corps lourds était vers le feu central ; on peut se
représenter comme il suit une des conséquences
de ce système : les hommes demeuraient sur la
face de la terre d'où le feu central était invisible ; là, pour eux, nulle difficulté : ils jouissaient d'un équilibre normal, leur tendance vers
le feu central les appuyait sur la terre dans la
direction de la verticale ; mais si l'un d'eux voulait visiter les antipodes, quel sort l'y attendait ?
Entraîné par la giration cosmique, il ne se fût
pas éloigné de la planète, mais il n'eût conservé avec elle qu'un simple contact, et, solli-
cité par la verticale, il ne se fût senti à l'aise
que les pieds dirigés vers le centre du monde,
c'est-à-dire qu'il eût marché sur les mains
(d'ailleurs sans effort).

Une fois la terre de Philolaos ramenée au
centre du monde, la tendance vers le feu central
se trouvait d'emblée remplacée par la tendance
vers le centre de la terre.

§ 8. — Cosmologie d'Aristote.

La rotation de la terre, sa translation, l'analogie de nature entre les astres et la terre, tout
cela fut rejeté par Aristote. Il avait ses raisons,
qui n'étaient pas mauvaises, comme l'attestera

plus loin l'étude de sa dynamique et des discussions qu'elle suscita.

On ne fera ici qu'esquisser à grands traits sa cosmologie.

Le monde est sphérique, limité et unique, divisé en deux parties : l'une, allant depuis le centre jusqu'à la sphère lunaire, contient la substance matérielle soumise au changement et à la corruption.

Cette substance est sujette à quatre manières d'être, les quatre éléments : la terre (nos solides permanents), l'eau (nos liquides permanents), l'air (nos gaz et vapeurs), le feu (qu'il ne faut pas confondre avec la flamme, mais que les Grecs se représentaient à peu près comme ce que nous appellerions un gaz combustible, ou mieux comme le *phlogistique* du XVIIIe siècle).

La réaction des corps pesants autour du centre du monde, le plus pesant déplaçant le moins pesant, formait une masse sphérique, la terre.

La seconde partie du monde, partie périphérique, s'étendant depuis la sphère de la lune jusqu'au delà des étoiles fixes, était le lieu d'une substance éternelle, incorruptible, invariable, jouissant de propriétés tout à fait différentes de celles des éléments sublunaires.

Aristote avait adopté les sphères d'Eudoxe et de Kalippe, ingénieuse machinerie qui fut la première tentative pour rendre compte des mouvements irréguliers des planètes (voir plus bas, ch. VII, § 2). Des sphères transparentes, dont le centre coïncidait avec celui du monde, portaient, enchâssés comme les chatons d'une bague, la lune,

le soleil, les planètes, l'ensemble des étoiles fixes ;
d'autres sphères, concentriques avec ces sphères
« portantes », transmettaient le mouvement de
l'une à l'autre.

CHAPITRE III

DE L'INUTILITÉ PRATIQUE
DE L'ASTRONOMIE DANS L'ANTIQUITÉ

Demandez aujourd'hui même : — A quoi sert donc l'astronomie? — Beaucoup de gens seront très embarrassés pour vous répondre. Quand il s'agit de l'antiquité, on peut dire hardiment : — A rien.

La connaissance de l'heure? — Nous savons comme le primitif s'en passe facilement. La clepsydre, le sablier, donnaient des indications très suffisantes pour tout ce que la civilisation d'autrefois avait besoin de réglementer. S'agissait-il de repérer les indications de ces instruments sur le milieu de la journée, il suffisait d'observer de temps à autre les ombres les plus courtes d'une tige verticale (voir plus bas, ch. IV, § 3).

La navigation? — Sans doute la connaissance des constellations était précieuse aux marins phéniciens et grecs : ils remplaçaient l'observation de la boussole, non encore inventée, par celle des points de l'horizon que marquaient le lever ou le coucher des divers astérismes. Mais c'étaient là des rubriques professionnelles qu'on ne tenait pas des terriens et qu'on ne leur communiquait pas. Au surplus, il faut bien admettre que ces coureurs de mer savaient se diriger par temps nuageux.

Le calendrier ? — Voilà ce que les historiens de la science invoquent toujours pour expliquer la nécessité qu'il y eut de recourir à l'astronomie. Mais quoi de plus inutile que de régler un calendrier sur le cours des saisons ? L'état de la végétation spontanée, les migrations d'oiseaux, les sécheresses et les pluies, renseignent les agriculteurs sur le moment opportun d'entreprendre leurs travaux beaucoup plus sûrement que ne fait la situation du soleil dans l'écliptique. Ne doutez pas qu'avec une année de 1 000 jours divisée en mois de 100 jours, subdivisée en décades de 10 jours, on n'ait d'aussi bonnes récoltes qu'avec notre année grégorienne. Les Égyptiens ont gagné à travers les siècles le renom d'un peuple hautement civilisé tandis que leur jour du nouvel an se promenait tout doucement à travers les saisons. Ils avaient une année de 365 jours, dite *année vague*, en avance de 1/4 de jour environ sur l'année tropique, de sorte qu'au bout de 730 ans l'été du calendrier tombait en hiver. Or non seulement ils n'en ressentirent aucune gêne, mais ils firent de l'obstruction aux Ptolémées qui prétendaient les mettre au pas avec le soleil.

En deux mots : connaissance du moment où la longueur des ombres journalières est la plus courte, connaissance de quelques astérismes répandus sur la face du ciel, dans cet ordre de choses, il n'en fallait pas plus à une société ancienne pour organiser admirablement toutes les branches de son activité.

On se fût passé *tout à fait* de l'observation des

mouvements du soleil, de la lune et des planètes, étude sans laquelle il n'y aurait pas eu d'astronomie.

Les besoins pratiques furent donc d'effet nul dans la genèse de celle-ci.

On pourrait en dire à peu près autant des besoins religieux. Ceux-ci expliquent seuls, à la vérité, que l'on ait cru nécessaire de régler le calendrier sur le cours du soleil et de la lune. Mais il faut remarquer que, si la religion incitait à une certaine observation astronomique, elle l'empêchait aussi bien de progresser, une fois atteinte une précision rudimentaire. Si la coïncidence d'une fête avec tel phénomène céleste était sacrée, la règle qui la fixait ne l'était pas moins, et, en général, le devenait davantage. Nous en avons un exemple dans l'année vague des Egyptiens, et un autre, plus moderne, dans l'année de la religion grecque orthodoxe. Celle-ci, nul des intéressés ne l'ignore, est de douze jours en retard sur l'année tropique. La redresser serait cependant un acte d'hérésie ou au moins d'impiété. Donc, ni les anciens Egyptiens, à partir de l'adoption de l'année vague, ni les Orthodoxes, depuis le Christ, ne trouvaient plus dans leur religion une raison quelconque de cultiver l'astronomie : au contraire, puisque celle-ci incitait à modifier l'intangible.

Au surplus, là même où le culte se prêtait à des accommodations progressives avec le cours des astres, l'observation la plus grossière, sans instruments, et la simple tenue d'annales suffisaient largement.

CHAPITRE IV

LA GENÈSE DES MÉTHODES
ET DU MATÉRIEL ASTRONOMIQUE

§ 1. — L'observation sans instruments.

Par l'observation directe, sans le secours d'aucun instrument, on peut déjà obtenir des données astronomiques très précieuses. Nous allons en donner un exemple dans la détermination des solstices.

Le fait même qu'il y eût des solstices n'a sans doute échappé à aucun primitif. On sait que le point où le soleil se couche, point que nous appellerons, par abréviation, le coucher, varie d'un jour à l'autre. Depuis un certain moment de l'hiver, les couchers se déplacent dans le sens sud-nord, avec une vitesse d'abord accélérée, jusqu'à ce qu'ils atteignent l'ouest, instant qui correspond à un équinoxe, puis ralentie, jusqu'à ce qu'ils parviennent en un point où ils marquent un arrêt (apparent) pendant plusieurs jours : on est alors au solstice d'été. Après cette station, ils reprennent la même marche, mais en sens inverse, nord-sud, et ils finissent par s'arrêter en une nouvelle station : on est au solstice d'hiver. Puis l'oscillation recommence.

C'est exactement celle d'un pendule : arrêt et stationnements apparents à une extrémité de la course, vitesse croissante jusqu'au point le plus bas, puis décroissante jusqu'à l'autre extrémité de la course où il y a encore arrêt et station. Les extrémités de la course correspondent aux solstices, le point le plus bas aux équinoxes.

(Ce que nous venons de dire s'appliquerait, bien entendu, aux levers. Il faut noter aussi que nous avons parlé pour notre hémisphère et pour des latitudes inférieures à celles des cercles polaires).

L'immobilité des couchers aux solstices peut paraître durer de dix à quinze jours. C'est ce qui explique comment les Egyptiens se sont accommodés d'une année de 365 jours. Comme elle n'est trop courte que de moins d'un quart de jour, il fallait une cinquantaine d'années avant que le déplacement des solstices vrais par rapport aux solstices déduits du calendrier devînt perceptible au populaire. Puis ce déplacement se poursuivait avec trop de lenteur pour qu'on en fût brusquement choqué.

Cela prouve qu'au moment où l'année « vague » devint officielle chez eux, les Egyptiens n'étaient guère avancés en astronomie. Il y a en effet un artifice bien simple, dont l'application, sous un ciel pur comme celui d'Egypte, n'offre pas de difficultés, artifice qui permet de déterminer, à un jour près, la date des solstices ou de ce qu'on devait appeler autrefois *le milieu* des solstices.

On choisit un moment où le déplacement des couchers est facilement appréciable (un mois avant le solstice, il est encore de plus du tiers du diamètre apparent du soleil); on remarque le point où se produit un coucher, en notant, par exemple, la coïncidence d'un bord du soleil avec un arbre, une pointe de rocher, l'angle d'un bâtiment, etc... puis on attend, en se plaçant toujours au même poste d'observation, que le coucher, après le solstice, repasse au même point : si 61 jours se sont écoulés entre les deux passages, le solstice a eu lieu le 31ᵉ jour après la première observation.

§ 2. — Les annales.

Les annales, où l'on enregistre simplement le jour de la production d'un phénomène, permettent, si elles sont tenues longtemps et régulièrement, d'évaluer avec une très grande exactitude la durée de certaines révolutions célestes.

Considérons la lunaison, ou mois, ou révolution synodique. Je suppose qu'on évalue à 2 jours près le moment de la nouvelle lune — soit en prenant le milieu de l'intervalle qui sépare un dernier croissant du nouveau croissant ; — l'erreur totale sur la durée d'un mois synodique (très exagérée) serait au maximum de 4 jours ; si l'on note le moment de la nouvelle lune au bout de 400 révolutions synodiques, c'est-à-dire de 33 à 34 ans, l'erreur sur la durée totale de ces 400 révolutions sera encore au maximum de 4 jours, soit de 1/100 de jour par révolution synodique, et l'on trouvera 29,52 ou 29,54 jours au lieu de 29,53 jours. Des annales tenues pendant quatre siècles permettraient de calculer sur plus de 4000 lunaisons, donc de connaître la lunaison avec une approximation de plus de 1/1000 de jour, c'est-à-dire à moins de 1 1/2 de nos minutes près.

Il y aurait donc plutôt lieu d'être surpris de ce que l'on ne puisse faire remonter à une très haute antiquité la connaissance exacte des principales périodes astronomiques, au moins quand il s'agit de peuples qui employèrent de bonne heure l'écriture.

Mais d'abord, si ces peuples rédigèrent des annales — ils le firent, sans aucun doute, — encore fallait-il qu'ils eussent l'idée de noter les phénomènes ordinaires, or ils ne songèrent évidemment qu'à remémorer les faits, selon eux, remarquables. En outre, les annales ne pouvaient rendre des services astronomiques qu'à une condition : elles devaient permettre, quand on les consultait, de trouver à coup sûr le nombre de jours écoulés entre deux événements donnés. Il est bien possible que tel n'ait pas été le cas. Des intervalles de temps s'écoulaient sans qu'on n'inscrivît rien, puis on enregistrait : — Tel jour de telle lune de telle année, telle chose advint... — Mais plus tard, quand on se reportait aux annales, savait-on à quelle lune avait commencé ladite année et à quel jour avait commencé ladite lune ?

§ 3. — Le gnomon.

Nous ne parlons ici que du gnomon simple, du gnomon primitif, tige verticale dont on observe, sur un plan horizontal, les ombres portées, en grandeur et en direction.

Au moment précis du lever du soleil, le gnomon projette une ombre théoriquement infinie qui se raccourcit ensuite à mesure que le soleil monte au-dessus de l'horizon ; elle atteint un minimum, puis se remet à croître jusqu'à devenir théoriquement infinie au moment du coucher du soleil. Pendant tout ce temps, elle n'a pas cessé de tourner de l'ouest à l'est autour du pied du gnomon. De sorte que l'ombre de la pointe du gnomon décrit une courbe. Nous appellerons cette courbe *courbe d'ombre*.

Les courbes d'ombre varient d'un jour à l'autre de l'année suivant un rythme réglé sur celui de la course annuelle du soleil.

Le mécanisme imaginaire suivant rend compte, avec une exactitude suffisante pour la pratique, de ce qui se passe en réalité :

On peut se figurer un point lumineux qui, en ce qui concerne la production des ombres du gnomon, jouerait le rôle du soleil. La droite qui le joint à la pointe du style du gnomon rencontre toujours le centre du soleil. Au même instant, toutes les droites qui joignent ce centre du soleil aux pointes de tous les gnomons de la terre sont parallèles, parce que la terre a des dimensions négligeables par rapport à celles de l'orbite solaire. L'étude que nous allons faire du gnomon vertical est donc absolument générale : seule varie, d'une région de la terre à l'autre, l'inclinaison du gnomon vertical par rapport à l'axe de la sphère céleste.

Le point considéré, pour abréger, nous le nommerons soleil. Il est assujetti à se mouvoir sur

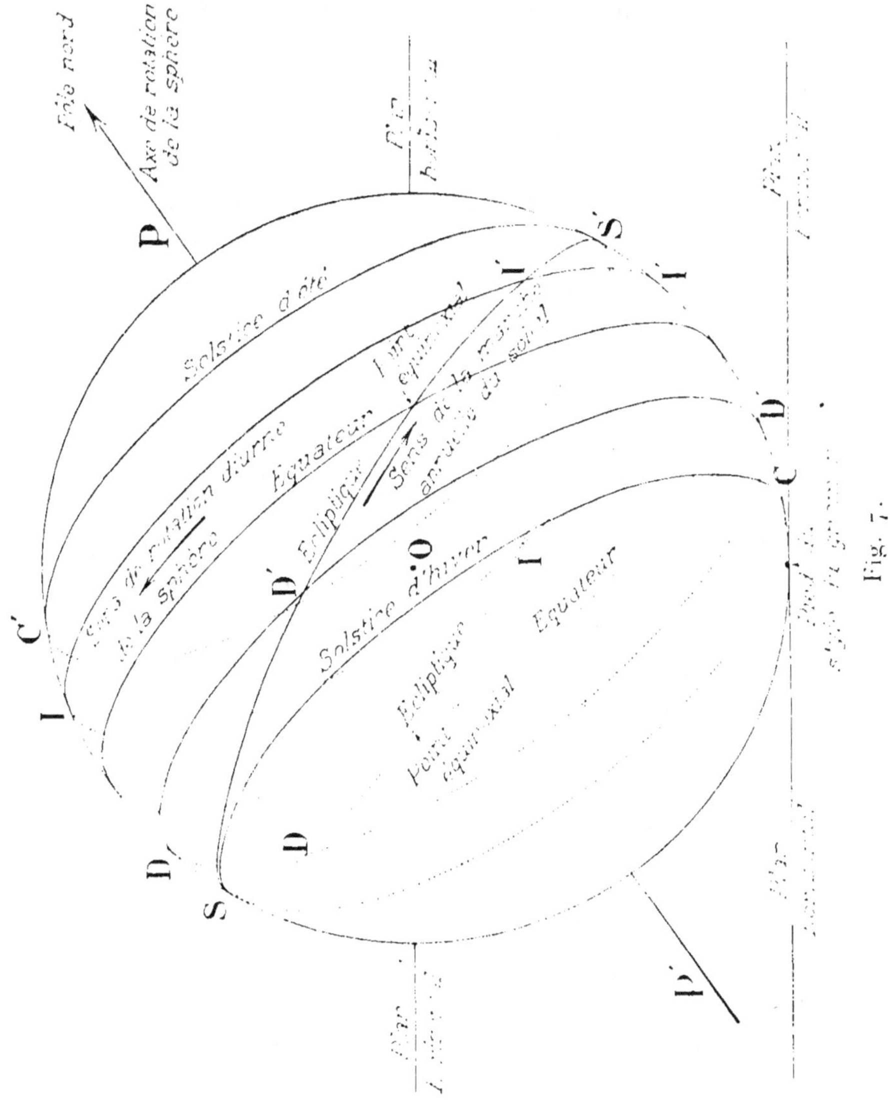

Fig. 7.

un grand cercle d'une sphère, grand cercle appelé écliptique, lequel il parcourt, d'un mouvement grossièrement uniforme, en un an. La sphère dont cette écliptique est un grand cercle a pour centre la pointe O du gnomon (fig. 7 et 8), elle tourne d'un mouvement rigoureusement uniforme en 24 heures sidérales autour de l'axe du monde POP', axe des pôles, qu'on peut considérer, sans faire une trop grande erreur, comme la droite menée du point O à l'étoile polaire. La révolution de 24 heures sidérales se fait en sens inverse du mouvement du soleil, de sorte que le soleil, tout en participant à la rotation de la sphère, « glisse » sur elle « à reculons » et avec une grande lenteur. D'autre part, l'écliptique est inclinée sur le grand cercle de l'équateur (l'équateur est perpendiculaire à l'axe des pôles) environ de 24° ou 1 15 de circonférence (évaluation assez exacte aux époques antiques).

Entre les deux points de l'écliptique les plus éloignés de l'équateur, points solsticiaux S et S', le soleil décrira donc une spire à pas très serrés, pratiquement des cercles. Au jour du solstice d'hiver, il décrira le cercle C S, puis, les jours suivants, des cercles tels que D D', parallèles à l'équateur et se rapprochant de celui-ci. Parvenu à l'intersection de l'écliptique avec l'équateur, points équinoxiaux, le soleil tournera sur l'équateur même, après quoi les cercles des révolutions solaires quotidiennes, toujours parallèles au même plan, tels I I', « monteront » vers le pôle boréal : le soleil atteindra sur l'écliptique le point solstitial d'été S' et gravitera sur le cercle C' S' (solstice d'été) : de là enfin il suivra la marche inverse, du cercle C' S' au cercle C S.

Il est facile de voir que les courbes d'ombre du

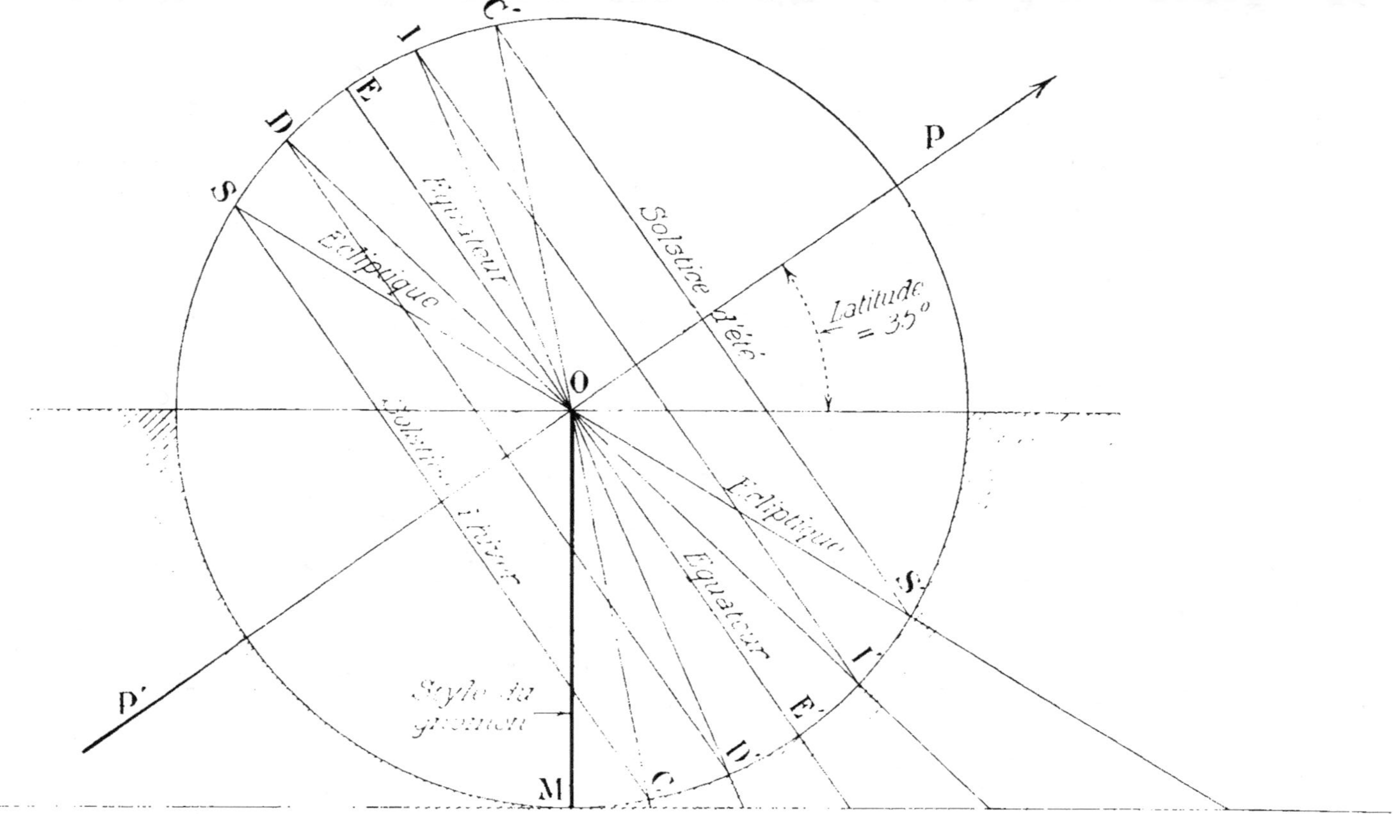

Fig. 8. — Cette figure est la projection orthogonale sur le plan du méridien et la coupe par ce plan de la figure 7.

gnomon sont les intersections du plan horizontal passant par le pied du gnomon avec des cônes ayant pour base les cercles décrits chaque jour par le soleil et pour sommet la pointe du gnomon : ce seront, dans les climats des civilisations antiques, des branches d'hyperboles, sauf la courbe d'ombre des équinoxes qui est une droite. Ces hyperboles ont pour axe commun la méridienne, la trace, sur le plan horizontal, du plan méridien, plan vertical passant par l'axe des pôles et le gnomon. Nous avons tracé quelques-unes de ces courbes, y compris celles des équinoxes et des solstices (fig. 9, ci-après). L'épure a été faite pour la latitude de 35° qui était à peu près celle de Babylone.

Nous allons voir maintenant quelle pouvait être la gnomonique primitive.

De tout temps et partout (dans les climats non tropicaux ni polaires de notre hémisphère), on a dû observer ce qui suit :

Les ombres des objets, très longues le matin, se raccourcissent à mesure que le soleil « monte », puis se rallongent à mesure qu'il « descend ».

Le moment où les ombres sont le plus courtes correspond au milieu de la journée et à la plus grande élévation du soleil au-dessus de l'horizon.

La direction des ombres les plus courtes est sensiblement constante.

Les ombres journalières les plus courtes varient elles-mêmes au cours d'une année : elles sont les plus longues au moment où les couchers du soleil s'arrêtent vers le sud (solstice d'hiver), les moins longues au moment où ils s'arrêtent vers le nord (solstice d'été).

Le gnomon n'a été employé que pour préciser ces connaissances certainement familières à tous les primitifs observateurs et un peu intelligents. Il a permis de déterminer moins vaguement le moment de midi (le midi vrai), la direction de la méridienne, l'époque des solstices.

On n'avait, pour tracer les courbes d'ombre, qu'à marquer sur le sol les points successifs où passait l'ombre de la pointe du gnomon. On s'apercevait qu'en effet les ombres journalières les plus courtes étaient bien toutes dans la même direction. Il suffisait donc de prolonger l'une d'elles indéfiniment pour avoir la méridienne passant par le pied du gnomon. On remarqua la méridienne d'autant plus qu'on la connaissait peut-être déjà autrement ; beaucoup d'habitations de primitifs sont orientées, orientation obtenue à n'en pas douter par des visées de levers et de couchers d'astres. Imaginons une cabane à plan rectangulaire ; si par deux poteaux d'angle en diagonale on a visé le lever du soleil lors d'un solstice et par les deux autres le coucher, la cabane est orientée exactement.

Mais le tracé de la méridienne par cette méthode comporte une certaine indétermination, car la différence de longueur entre l'ombre la plus courte et les ombres voisines est inappréciable ; l'ombre la plus courte est comprise dans une petite région où toutes les ombres sont pratiquement égales ; laquelle choisir ? Un peu d'ingéniosité suffisait à résoudre ce problème. Dans la Chine ancienne, comme l'indique le *Tchéou-li* ou *Livre des Rites de Tchéou*, les fonctionnaires astronomes traçaient un cercle autour du pied du gnomon : ils marquaient l'intersection de ce cercle avec l'ombre du lever du soleil, puis avec celle du coucher, et prenaient le milieu de l'arc intercepté. La droite joignant ce milieu au pied du gnomon était la méridienne [1]. Un procédé analogue nous a été conservé par Vitruve, Hygin et Proclus : tracé d'un cercle, milieu d'un arc ; mais ici l'arc était compris entre les deux points où l'ombre de la pointe du gnomon arrivait *sur la circonférence* au cours de la décroissance puis de la croissance des ombres [2].

La méridienne une fois tracée, on avait le moment de midi par la coïncidence de l'ombre avec elle. C'était le midi vrai.

Appelons *ombres méridiennes* ces ombres de midi, ombres journalières les plus courtes. Quand l'ombre méridienne sera la moins longue de toutes celles de l'année, on sera au solstice d'été ; on connaitra le solstice d'hiver par l'ombre méridienne la plus longue.

Cette application gnomonique était accessible à des peuples peu avancés en astronomie et en géométrie. Nous avons un témoignage de son existence en Amérique avant la conquête espagnole. Chez les Aztèques, au matin de la fête Toxcatl, ou du solstice, dit Alvarado, on dressait dans la cour du Grand Temple nombre de perches : l'une d'elles, plus haute que les autres,

1. Ed. Biot. Traduction du *Tcheou-li*, 2 vol. Paris, 1851, livre III, chap. XLIII, § 2.

2. G. Bilfinger, *Die antiken Stundenangaben*, Stuttgart, 1888, pp. 21-22. — Proclus, *Hypotyposes*, dans abbé Halma, *Ptolémée*, vol. IV, p. 82.

surmontait la principale pyramide[1]. Ceci montre que la détermination de l'époque du solstice par les ombres s'était, dans un certain cas, réduite à un rite, donc qu'elle était fort ancienne.

Méthode sans précision : les ombres méridiennes solstitiales restent pratiquement invariables pendant plusieurs jours, et il est difficile d'apprécier le commencement et la fin de ces périodes d'invariabilité. L'artifice propre à dissiper l'incertitude consiste à étudier l'ombre méridienne tandis que son changement de longueur d'un jour à l'autre est nettement appréciable. On note le temps qui s'écoule entre deux passages de l'extrémité de l'ombre méridienne au même point : soit quarante-cinq jours ; le solstice aura eu lieu le vingt-troisième jour après le premier passage. Un très ancien astronome chinois, *Tcheou-Kong*, dont J.-B. Biot fait remonter les travaux au XIIe siècle avant Jésus-Christ, avait fixé le solstice d'hiver avec une exactitude remarquable de laquelle résulte qu'il employait cette dernière méthode[2].

Il n'est pas absolument impossible que les premiers civilisés sussent employer le gnomon simple à la détermination approximative des équinoxes, époques où la courbe d'ombre est une droite. Mais on manque de toute indication à cet égard.

---

1. F.-K. Ginzel. *Handbuch der Chronologie*, Leipzig, J.-C. Hinrichs. 1906, p. 61. — Zélia Nuttall. *Note on the ancient Mexican Calendar System*, Stockholm, 1894. p. 18.

2. J.-B. Biot. *Précis de l'histoire de l'astronomie chinoise*. Paris. Imprimerie impériale. 1861. in-4°, p. 34.

Fig. 9. — Les lignes d'heures en trait plein correspondent aux heures antiques dites « temporaires ».
Les lignes d'heures en pointillé correspondent aux heures modernes

En tout cas, un grand nombre des éléments astronomiques que ce gnomon simple nous permettrait de mesurer devaient leur échapper entièrement, telle l'inclinaison de l'écliptique, car la notion même d'un cercle écliptique, d'un équateur, de l'angle qu'ils font entre eux, tout cela suppose des notions astronomiques préalables.

Encore moins les premiers civilisés pouvaient-ils utiliser le gnomon simple comme cadran solaire : il ne leur indiquait que le milieu du jour.

Nous avons marqué des heures analogues aux nôtres et des heures gréco-romaines sur les courbes d'ombre de la figure 9. La simple inspection montre qu'à des temps égaux correspondent sur le tracé des intervalles horaires essentiellement inégaux : pour déterminer ceux-ci, il faut savoir trouver l'intersection d'un cône avec un plan oblique à son axe et choisir les points de cette intersection qui correspondent à des génératrices du cône faisant entre elles des angles égaux. Problème impossible à poser et à résoudre sans les notions astronomiques préalables dont nous avons parlé et sans la géométrie grecque parvenue à la connaissance des sections coniques.

A défaut de cet avancement, il fallait, pour dépasser la gnomonique primitive ci-dessus esquissée, trouver un certain dispositif de gnomon, le *polos*. Le polos permettait de s'en tenir à la géométrie empirique, aidait à acquérir, s'il ne les fournissait pas, certains éléments primordiaux de la science astronomique, et conduisait à exprimer la mesure du temps et des angles par des fractions de circonférence.

§ 4. — Le polos chaldéen.

Pour réaliser un polos chaldéen, il suffit de se reporter à la figure 8 qui nous a servi à l'étude du gnomon simple. Partagez la sphère en deux par un plan horizontal passant par son centre, enlevez la partie supérieure et imaginez que la partie inférieure soit creusée dans un bloc de pierre ; vous aurez le polos chaldéen que nous appellerons plus brièvement « polos ».

Les courbes d'ombre ici sont des arcs de cercle, les cercles auxquels ces arcs appartiennent sont les symétriques, par rapport au plan de l'équateur, des cercles décrits par notre point solaire ; il en résulte cette conséquence excessivement importante : si on trace les courbes d'ombre (en donnant des coups de pointeau aux points successifs occupés par l'ombre de la pointe du style et joignant par un trait continu), on a une moitié de sphère céleste où la course annuelle et journalière du soleil se trouve inscrite géométriquement à une échelle réduite.

Cette course, on peut la suivre des yeux : l'ombre de la pointe du gnomon se meut à l'intérieur du polos comme le soleil se meut dans les cieux : mêmes direction et vitesse angulaires à chaque instant ; il n'y a que le sens du mouvement qui soit inversé.

La figure 10 rend compte, sans autre explication, de la variation des courbes d'ombre. On notera seulement que leur examen suggérait la notion précise d'équinoxes, nécessairement vague

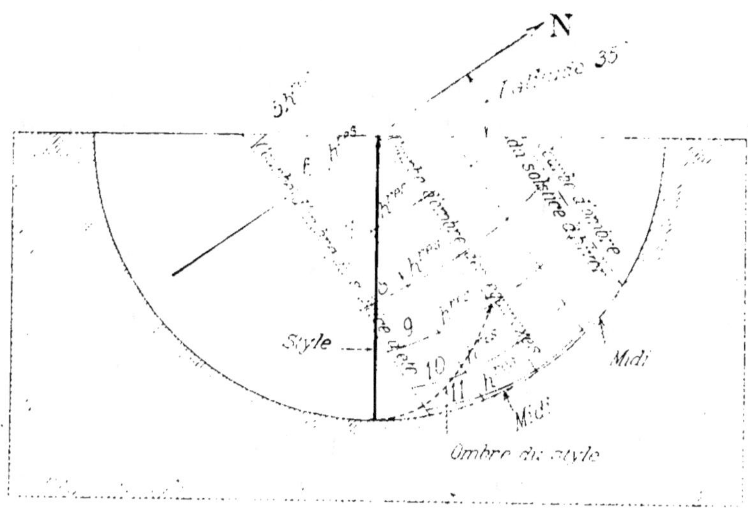

Coupe suivant le méridien et projection verticale.

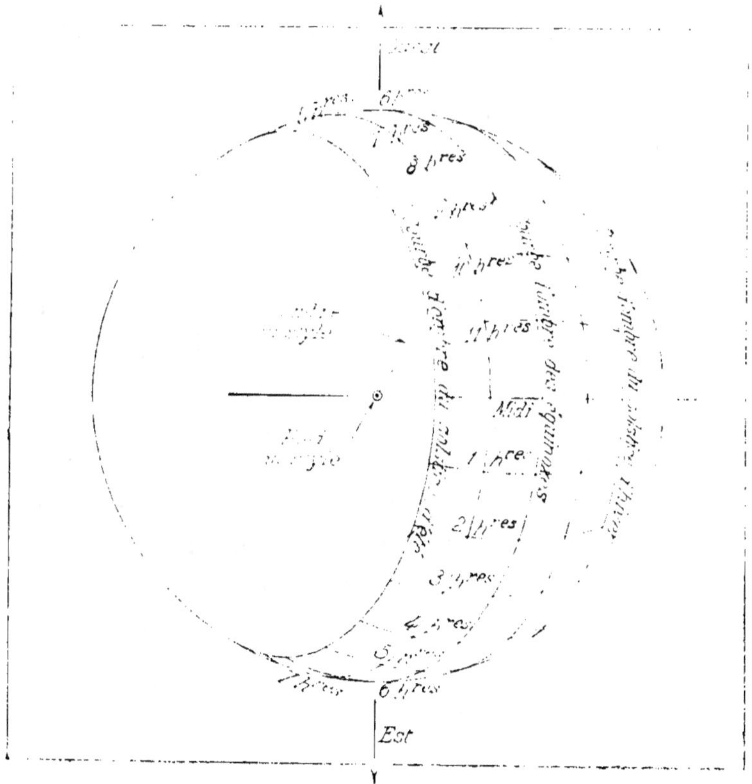

Projection horizontale.

Fig. 10.

dans le cas du gnomon simple. Ces courbes sont ici des arcs de cercle : parmi eux il y en a un qui est un demi-cercle. Comme d'autre part on avait le sentiment que le soleil parcourait d'un mouvement uniforme un cercle entier en un jour et une nuit, il s'ensuivait que lorsqu'il parcourait, au-dessus de l'horizon, un demi-cercle, on attribuait au jour et à la nuit une égale durée.

Avant d'aller plus loin, quelques mots sur l'origine du polos.

C'est aux Babyloniens, dit Hérodote, que les Grecs doivent le polos et le gnomon : πόλον μὲν γὰρ καὶ γνώμονα... παρὰ Βαβυλωνίων ἔμαθον οἱ Ἕλληνες[1]. Le mot grec πόλος signifie ici horloge solaire, mais quelle horloge solaire, celle à cadran hémisphérique, c'est-à-dire notre polos, celle à cadran plan ou celle à cadran conique ? Aucun témoignage direct ne l'indique. On ne peut toutefois que suivre Paul Tannery[2] et affirmer qu'il s'agissait de la première. Voici pourquoi :

La graduation du polos n'exigeait la solution d'aucun problème géométrique sinon celui de la division des cercles en parties égales. Le polos était donc compatible avec la géométrie chaldéenne qui ne dépassa jamais le stade empirique. Au lieu que l'horloge solaire à cadran plan n'était accessible qu'à des géomètres experts en sections coniques. Il n'y en eut pas d'autres, dans l'antiquité, que les Grecs du IVe siècle. Quant au cadran conique, où le style était dirigé suivant l'axe du

---

1. Hérodote. *Histoires*, livre II, 109.

2. *Pour l'histoire de la science hellène*, pp. 81-82.

monde, il supposait la notion d'un ciel tournant autour d'un axe passant par le lieu d'observation. L'astronomie primitive, au contraire, ne concevait que la rotation autour d'un pivot planté normalement à la terre, assez loin, vers le Nord. Les anciens textes chaldéens conservent maintes traces de cette idée. Il fallait le polos pour la changer.

Les horloges à cadrans plans ou coniques n'avaient de supériorité sur le polos qu'à un seul point de vue : elles permettaient plus facilement de voir l'heure de loin. Au contraire, s'il s'agissait d'applications astronomiques, le polos leur était de beaucoup supérieur. Or les Grecs ne se servirent d'abord des horloges solaires *que* pour l'astronomie ; l'emploi de celles-ci comme horloges proprement dites ne commença de se répandre qu'à l'époque alexandrine.

C'est d'ailleurs à Aristarque de Samos (IIIe siècle) que l'on doit le cadran plan, et M. Ardaillon montre qu'il est vraisemblable d'attribuer l'invention du cadran conique à Dionysodore de Mélos. Enfin on connaît une modification du polos facilitant la lecture de l'heure à distance : on supprimait la partie qui n'était jamais parcourue par l'ombre. Il n'y eut qu'à limiter le polos par un plan voisin de la courbe d'ombre solstitiale d'été et parallèle au plan de cette courbe. Quant au style on pouvait le planter n'importe où dans la partie conservée, pourvu que son extrémité libre demeurât au même point que dans le polos non modifié. Ainsi perfectionné, le polos fut appelé horloge de Bérose, or Bérose était chaldéen. On a trouvé un exemplaire de cette horloge à Pergame [1].

On n'a aucune idée de l'époque à laquelle les Babyloniens auraient inventé le polos. On peut dire toutefois qu'il existait en tant qu'horloge solaire dès le VIII° siècle avant Jésus-Christ. Nous lisons dans la Bible : — *Invocavit propheta Dominum et reduxit umbram per lineas quibus jam descenderat in horologio Achaz retrorsum decem gradibus* [2]. Le prophète invoqua le Seigneur et fit remonter l'ombre de dix degrés par les lignes qu'elle venait déjà de parcourir sur l'horloge solaire d'Achaz. — Achaz régnait au VIII° siècle. Puisque, d'autre part, les Juifs bibliques nous apparaissent pénétrés surtout de civilisation chaldéenne et doués d'une initiative scientifique nulle, il est vraisemblable que l'horloge d'Achaz était chaldéenne d'origine, cadeau politique. Remarquons aussi que la première observation horaire d'éclipse de lune, observation rapportée par Hipparque et Ptolémée, d'après les annales astronomiques de Babylone, date aussi du VIII° siècle.

Comment les Chaldéens inventèrent-ils le polos? Il n'est pas probable qu'un besoin d'ordre pratique les conduisît à s'ingénier. Pourvus du gnomon simple et de la clepsydre, ils avaient tout ce qui leur fallait pour répondre aux nécessités de la vie civile. Une idée mystique expliquerait mieux les choses. Le polos était l'image,

----

1. E. Ardaillon. Mot *Horologium* in *Dictionnaire des antiquités grecques et romaines* de Darenberg et Saglio.

2. Isaïe, ch. XXXVIII, vers 8.

mais renversée, de la voûte céleste, l'ombre de
la pointe du gnomon représentait l'inverse du
soleil. On peut penser à un objet du culte de
Samas, le soleil.

Quoi qu'il en soit, le polos est un instrument
d'une importance capitale, l'ancêtre de tout l'appareillage astronomique.

Le méridien y était, comme dans le gnomon
simple, le lieu des ombres journalières les plus
courtes. Il coïncidait, dans l'intérieur de la
cuvette, avec un demi grand cercle. Les Chaldéens n'avaient qu'à le diviser suivant leur système qui est le nôtre, et on lisait *directement*,
exprimés en nos degrés, l'inclinaison de l'écliptique en S'E', la latitude en M E', la déclinaison
journalière du soleil en D'E', I'E'... (fig. 8), à condition qu'on eût la notion de ces éléments. Si
on ne l'avait pas, le polos conduisait à l'acquérir.

Division analogue le long de l'équateur de
part et d'autre du méridien (6 grandes divisions
répondant à la *dihoric* chaldéenne égale à deux
de nos heures et des subdivisions répondant soit
à nos 360°, soit à la division du jour en 60 parties). Puis, tracé d'arcs de grand cercle normaux
à l'équateur et passant par ces points de division : ce seront les lignes horaires. Entre les rencontres successives de ces lignes par l'ombre de
la pointe du style s'écouleront des temps égaux.
(Voir figure 10 où la division horaire est la nôtre
c'est-à-dire en ce que les Chaldéens eussent
appelé des 1/2 dihories'.

Pour expliquer la genèse de l'astrolabe, instrument qui servit à trouver l'heure solaire de nuit,

c'est-à-dire la position du soleil pendant la nuit, Paul Tannery imagine que les Chaldéens employaient une sphère en treillis métallique, l'*arachné*, s'ajustant exactement à la cuvette du polos ; elle était constituée par une bande circulaire représentant le Zodiaque avec tous ses principaux astérismes et par des méridiens normaux au cercle mitoyen du Zodiaque, cercle représentant l'écliptique. Il s'agissait, à des instants donnés, de placer l'écliptique de l'arachné en coïncidence angulaire avec l'écliptique céleste. À cette fin, tandis que la première était maintenue tangente à l'un des deux cercles solstitiaux du polos, on s'arrangeait pour qu'une ligne de visée passât à la fois par la figuration d'une étoile sur le zodiaque de l'arachné, par l'étoile elle-même et par la pointe du style du polos[1].

Les Chaldéens connurent presque certainement un dispositif de cette sorte. Leurs coordonnées astronomiques, qui furent toujours rapportées à l'écliptique, c'est-à-dire estimées en longitudes et latitudes célestes, se lisaient sur une graduation dont étaient pourvus les grands cercles de la sphère mobile.

Il était tout indiqué aussi qu'il y eût des polos à claire-voie, corbeilles de bronze constituées par des lattes coïncidant avec les lignes horaires et les principales courbes d'ombre. La visée des étoiles par les bords de ces lattes et la pointe du style permettait d'obtenir toutes les données astronomiques nécessaires.

---

1. Paul Tannery, *Pour l'histoire de la science hellène*, pp. 83-86.

Ce sont des hypothèses. Il n'en reste pas moins que le polos suggérait directement l'emploi de cercles gradués pour repérer la position des astres et mesurer leur mouvement. Et c'est là au fond tout l'appareillage astronomique, tant celui des Grecs que le nôtre.

§ 5. — La clepsydre.

Tous les premiers civilisés connaissaient le moyen d'évaluer la durée, aussi bien de jour que de nuit, aussi bien par temps couvert que par beau temps. Dans toutes les armées organisées, celles de la Rome républicaine et celles de la Chine de Confucius, on savait répartir en veilles égales les factions nocturnes. Des sauvages intelligents le sauraient aussi, pour peu qu'ils en eussent besoin : ils emploieraient la clepsydre.

Il y a deux types de clepsydre : l'un est basé sur ce principe que, dans des conditions identiques, un vase déterminé met toujours le même temps à se vider, l'autre que l'écoulement de l'eau, à niveau constant, est proportionnel au temps.

Rien à dire du premier type [1].

Quant au second, représentons-nous deux vases superposés. Le liquide est maintenu à une hauteur constante dans le vase supérieur et s'écoule dans celui du bas qui est cylindrique. Le niveau du liquide dans ce vase inférieur montera de quantités égales dans des temps égaux. Une gradua-

---

1. Le sablier est une clepsydre du premier type où l'on aurait remplacé l'eau par du sable fin.

tion appropriée sur les parois du vase permettra de lire l'heure. Pour maintenir le niveau constant dans le vase du haut, on le munira d'un trop-plein et on l'alimentera par un réservoir de débit supérieur au sien.

Voulait-on mesurer, non pas une durée empirique à laquelle on demandât seulement d'être suffisante et toujours la même, mais une fraction déterminée du nycthémère telle que notre heure, les deux types de clepsydre s'y prêtaient : on réalisait par tâtonnements une clepsydre du premier type qui se vidât 24 fois entre deux levers ou couchers consécutifs du soleil ou entre deux midis vrais donnés par le gnomon simple ; si l'on employait une clepsydre du second type, on divisait en 24 parties égales la hauteur d'eau atteinte dans le vase inférieur pendant le même intervalle et on complétait par des subdivisions, s'il y avait lieu.

La clepsydre satisfaisait toutes les nécessités de la vie pratique de l'antiquité. Hors des applications astronomiques, les Anciens ne manifestèrent jamais le besoin d'avoir des évaluations précises du temps : ils parlent par heures, mentionnent la demi-heure, rarement le quart d'heure. A quoi leur eussent servi les petites fractions de temps, comme notre minute? ils n'en avaient que faire : elles n'ont d'ailleurs d'utilité courante que lorsqu'on arrive à l'organisation intense des transports rapides en commun. L'indifférence relative des Anciens en ce qui concerne la précision dans la mesure de la durée se découvre à une manière très commune chez eux de diviser le jour : ils comptaient douze heures, les heures de jour, du lever au coucher du soleil, douze autres heures, les heures de nuit, du coucher au lever du soleil ; ces heures, très variables, puisque le jour est beaucoup plus long au solstice d'été qu'au solstice d'hiver, étaient dites *heures temporaires*, et on les distinguait des *heures équinoxiales* qui étaient d'une durée fixe et qu'on réservait pour l'usage astronomique. (Aux équinoxes, le jour et la nuit sont d'égale durée, donc aussi les heures de jour et les heures de nuit). Cet usage des heures temporaires, emprunté aux Égyptiens par les Grecs, passa des Grecs aux Romains et persista en Europe jusque vers le XVIe siècle.

§ 6. — Conséquences de l'invention de l'horloge solaire.

Il se présente ici une remarque très importante : au point de vue pratique, l'horloge solaire était tout à fait inutile : la clepsydre fournissait, avec autant d'approximation qu'elle, les évaluations de la durée, et possédait l'immense avantage de les fournir de nuit et par temps couvert. Pour empêcher les erreurs de s'accumuler dans les indications de la clepsydre, il suffisait, quand il faisait beau, de la régler d'après le midi donné par le gnomon simple ; encore se passerait-on très bien du gnomon simple en prenant pour instant de réglage le lever ou le coucher du soleil.

Aussi l'existence de l'horloge solaire chez les premiers civilisés n'est-elle nullement nécessaire :

son invention n'avait qu'un nombre infime de chances pour se produire. En fait, l'étude des civilisations indépendantes des Grecs ou antérieures à eux n'a décelé aucune trace d'horloge solaire ailleurs que chez les Chaldéens.

L'horloge solaire, pur objet de luxe et d'amusement pour le public et les particuliers, n'en était pas moins, chez ceux qui savaient la construire, l'indice et le moyen d'un progrès astronomique considérable.

Nous avons vu qu'elle était un polos ou dérivait nécessairement du polos, et on n'a pas oublié toutes les conséquences de l'usage de celui-ci.

Avec le polos, une cosmologie à terre plate, même aussi rationnelle que celle du Tcheou-peï (trajets circulaires du soleil parallèlement à la terre, portée limitée de ses rayons, ch. I, §§ 3 et 5) ne pouvait pas subsister. Les courbes d'ombres eussent dû en effet être des arcs de cercles horizontaux et les indications de l'horloge solaire ne pas concorder avec celles de la clepsydre.

Les Grecs pourvurent d'horloges solaires tous les pays soumis à leur influence. Ils remarquèrent que partout, dans les lieux les plus éloignés les uns des autres, on pouvait établir l'horloge comme si la pointe du style était le centre de l'orbite solaire. D'où ils déduisirent que les distances terrestres étaient négligeables en comparaison de cette orbite, que la terre se réduisait à un point par rapport à elle.

CHAPITRE V

LES ÉCLIPSES

§ 1. — Effet moral des éclipses.

On constate que, partout, le primitif est vivement frappé par les éclipses ; elles excitaient
la crainte, crainte d'abord purement instinctive
comme celle des animaux. L'effet de la raison
fut de justifier cette crainte : comme l'éclipse se
montrait par elle-même d'une parfaite innocuité
et persistait cependant à inspirer la terreur, on
la considéra comme l'annonce ou même la cause
des maux dont elle était suivie ; et, comme il
arrive toujours des choses fâcheuses ici ou là,
aujourd'hui ou demain, cette théorie semblait
sanctionnée par l'expérience. On ne se dit pas :
— Pour juger si les éclipses sont à craindre,
voyons si, dans le même délai, elles sont suivies
de calamités plus nombreuses et plus graves que
n'importe quel phénomène ; — on se dit : —
Nous avons peur, donc les éclipses sont dange-
reuses, donc il faut leur rapporter toutes les calamités qu'elles précèdent d'un peu près. — Et
les éclipses devinrent un présage défavorable.
On s'avisa cependant que les malheurs qu'elles
annonçaient pouvaient menacer des ennemis, et

l'on apprit ainsi, par voie indirecte, à les tenir pour éventuellement propices.

§ 2. — **Les éclipses et la science de l'avenir.**

Il n'y eut donc probablement aucun peuple chez qui les éclipses ne fussent considérées comme ayant une grave signification pour l'avenir, mais il s'agissait d'interpréter cet avertissement céleste, et là, les idées et les méthodes différaient beaucoup. Les uns ne cherchaient pas de précision ; ils n'attachaient à l'éclipse qu'un sens négatif : — Ne faites rien, cela tournerait mal. — Pour prédire avec détails, leur science augurale se fondait plus volontiers sur l'examen des entrailles des victimes, du vol des oiseaux, etc.

On pouvait traiter les indications des éclipses comme précisément celles des entrailles des victimes, du vol des oiseaux... : tel état des entrailles, tel vol d'oiseaux correspondait à tel événement futur, mais on ne prétendait pas dire par avance que, tel jour, sept corbeaux voleraient à la gauche du roi. Ainsi des éclipses : on savait qu'une éclipse de telle sorte annonçait telle chose sans que cela impliquât aucune prophétie sur la date et le mode de l'éclipse. Ce fut, dans une haute antiquité, le cas des Chaldéens. Une très riche bibliothèque magique a été trouvée dans les ruines du palais de Sargon d'Aganê. Elle contient, notamment, une liste complète, pour chaque jour de l'année, des événements annoncés par les éclipses du soleil. Si une éclipse arrive tel jour, c'est la mort du roi d'Elam, tel autre, c'est la victoire du roi d'Acad. Des prédictions y concernent, outre les rois chaldéens, toutes les petites puissances voisines en Asie Occidentale[1].

Quand les sages s'attachaient à deviner le moment des éclipses, ce n'était pas nécessairement avec l'espoir de lire dans la destinée. Selon les Chinois, l'éclipse, au moins de soleil, était un désordre dans les relations entre le Ciel et la Terre, un phénomène morbide qu'il fallait soigner au moment même où il se produisait ; il importait que les gens chargés de la médication, en l'espèce des cérémonies, fussent prévenus à temps pour revêtir un certain costume, se munir des instruments nécessaires et se trouver assemblés en un lieu déterminé avant le commencement de l'éclipse.

Si l'on est donc en droit d'affirmer que les éclipses passaient toujours plus ou moins pour avoir des relations avec l'avenir, il s'en faut de beaucoup qu'on en puisse conclure à l'existence nécessaire du besoin de les prédire. Et quand il y avait effort pour les prédire, l'énergie et la nature de cet effort étaient variables. Les Chinois, par exemple, rangeaient bien l'observation des éclipses parmi les fonctions gouvernementales, mais les Chaldéens avaient encore beaucoup plus de raisons pour y attacher de l'importance.

Ceux-ci, en effet, — et ils semblent avoir été les

---

1. Cf. Sayce. *The Astronomy and Astrology of the Babylonians* dans *Transact. of the Soc. of Biblical Archæology*, t. III, pp. 146-147. — Virolleaud. *Présages tirés des éclipses de soleil*, dans *Zeitschrift für Assyriologie*, vol. XVI, 1902, p. 201.

seuls, — considéraient les éclipses comme des leçons politiques. Les moindres modalités de l'éclipse de lune (celles de l'éclipse de soleil étaient moins observables) : région du ciel où elle avait lieu, orientation de la première échancrure du disque lunaire par l'ombre, etc... correspondaient aux modalités de l'événement futur, événement ayant toujours rapport aux plus graves intérêts de l'empire. Comme gouverner c'est prévoir, on cherchait à prévoir du plus loin possible. Mais avant de prédire les modalités de l'éclipse, le premier pas à faire était de prédire l'éclipse elle-même : aux VIIIᵉ et VIIᵉ siècles avant Jésus-Christ on ne faisait encore que ce premier pas : on attendait l'éclipse, on l'observait, et c'était alors seulement que s'ouvrait le livre du Destin :

« En ce qui regarde l'éclipse de lune, écrit l'Assyrien Abil-Istar, j'ai fait l'observation dans la ville d'Akkad ; l'éclipse a eu lieu et je l'annonce à mon Seigneur. Pour l'éclipse du soleil, j'en ai fait aussi l'observation : l'éclipse n'a pas eu lieu et j'en rends de même compte à mon Seigneur. L'éclipse de lune qui se vérifie regarde les Hittites et signifie destruction pour la Phénicie et les Chaldéens. Notre Seigneur aura paix et, pour lui, l'observation n'indique aucune disgrâce[1]... »

§ 3. — Théorie moderne des éclipses.

Bien que la prédiction des éclipses soit indépendante de toute théorie, on chercha le plus sou-

---

[1]. Texte cunéiforme déchiffré par Smith, cité par Paul Tannery. *Pour l'histoire de la science hellène*, pp. 57-59.

vent à les expliquer. Avant de passer aux méthodes de prédiction et aux explications, il faut rappeler en quelques mots ce que sont les éclipses pour la science moderne.

Tout le monde sait que l'éclipse de lune se produit lorsque la lune pénètre dans le cône d'ombre projeté par la terre ; la pénétration est-elle partielle, l'éclipse est partielle, totale, l'éclipse est totale. Quand le centre de la lune arrive dans le plan de l'orbite terrestre et s'interpose entre la terre et le soleil, il y a éclipse de soleil, totale ou partielle suivant les régions pour lesquelles le disque solaire est caché en partie ou en totalité.

Une éclipse de lune est visible pour tous les observateurs de l'hémisphère terrestre où il fait nuit pendant l'éclipse. En outre, comme la lune a un éclat relativement faible, une irradiation peu sensible, on s'aperçoit à l'œil nu des moindres écornements de son disque. Il n'en va pas de même quand c'est elle qui passe entre le soleil et nous. La terre n'est qu'effleurée par la pointe de son cône d'ombre, il arrive même que cette pointe ne l'atteigne pas (l'éclipse est alors annulaire) ; de sorte que la totalité d'une éclipse de soleil ne se manifeste jamais que pour les habitants d'une bande de terrain large de 200 à 300 kilomètres au maximum. Et, en raison de l'éclat du soleil et de son irradiation considérable, il faut que les deux tiers environ de son disque soient obscurcis pour qu'on s'aperçoive à l'œil nu de son éclipse partielle. Donc les éclipses de soleil *paraissent* infiniment plus rares que celles de lune, et cela, bien que les premières soient en réalité plus fréquentes que les secondes dans la proportion de 40 à 29 environ.

Pour exposer la condition de production des éclipses, nous supposerons les astres réduits à leur centre ; il sera sous-entendu que les conditions réelles sont seulement assez voisines des conditions trouvées : quand nous dirons, par exemple, que la lune coupe la ligne terre-soleil, cela signifiera en réalité que le centre de la lune avoisine d'assez près la droite qui joint ceux de la terre et du soleil.

Ceci posé, pour qu'il y ait éclipse, il faut et il suffit que la lune soit sur la ligne terre-soleil. Cette ligne étant dans le plan de l'écliptique, plan de l'orbite terrestre, la lune se trouvera donc en un point où son orbite, à elle, coupe ce plan de l'écliptique, c'est-à-dire à un *nœud*. Et en outre elle y passera à un moment où elle sera en opposition ou en conjonction avec le soleil, aux syzygies, c'est-à-dire quand elle sera pleine ou nouvelle. En résumé, passage à un nœud de la pleine lune : éclipse de lune ; passage à un nœud de la nouvelle lune : éclipse de soleil. Il va sans dire que la position de ces nœuds par rapport à la ligne terre-soleil n'est pas fixe, sans quoi il n'y aurait jamais d'éclipse, ou bien chaque syzygie serait toujours accompagnée d'une éclipse.

Les nœuds, en effet, se déplacent. La droite qui les joint, droite qui passe par le centre de la terre, pivote, dans le plan de l'écliptique, et d'un mouvement continu, autour du centre de la terre. Elle accomplit une révolution à peu près en 18 ans 2/3. Dans son mouvement, elle entraîne l'orbite lunaire qui conserve, sauf une légère oscillation, l'inclinaison constante de 5° environ sur le plan de l'écliptique.

Mais ce n'est pas tout : l'orbite lunaire est une ellipse dont l'un des foyers se confond avec le centre de la terre. Au cours d'une révolution, la distance lune-terre varie donc, et, avec elle, la vitesse de la lune qui est maximum à l'extrémité du grand axe la plus voisine de la terre ou *périgée* et minimum à l'extrémité opposée ou *apogée*. Ce grand axe enfin n'est pas fixe ; comme la ligne des nœuds dans le plan de l'écliptique, il tourne dans le plan de l'orbite lunaire. Ce sont là des éléments qui interviennent dans la détermination des éclipses. Lorsqu'une éclipse de lune a lieu au périgée, la lune a un peu plus de chemin à faire pour traverser le cône d'ombre, mais elle va beaucoup plus vite ; c'est l'inverse pour l'apogée.

§ 4. — Prédiction des éclipses.

Nulle science astronomique ne fut nécessaire pour annoncer approximativement les éclipses de lune. Il suffisait qu'elles fussent relatées dans les annales avec les circonstances, observables directement, sans instruments, de leur production. Encore fallait-il cette tenue suffisante des annales dont nous avons parlé plus haut. En étudiant les enregistrements passés, il était assez facile d'y trouver une loi de périodicité.

Les éclipses de lune sont en effet réparties par séries alternativement de 5 et de 6 éclipses,

éclipses séparées l'une de l'autre par un intervalle régulier de 6 lunaisons. Entre les séries s'écoule une durée plus longue embrassant toujours 17 lunaisons. Cet ordre de succession était plus facile à démêler pour qui possédait le calendrier lunisolaire, celui des Chaldéens, où le mois concorde précisément avec la lunaison. Il faut remarquer aussi que cette loi de répartition des éclipses n'est applicable que pendant certaines périodes : or justement elle l'était du milieu du VIIIe siècle au milieu du Ve avant notre ère [1].

C'est donc elle qu'ont trouvée sans aucun doute les Chaldéens entre le VIIIe et le VIIe siècles, époque de laquelle datent les premières tablettes témoignant de l'attente et de la prédiction des éclipses.

Mais ils en découvrirent une, plus générale puisqu'elle s'appliquait aussi au delà du Ve siècle et n'importe quand, et plus exacte puisqu'elle permettait mieux de prédire les éléments des éclipses de lune : portion du disque occultée, date, durée. Les Chaldéens trouvèrent le *saros*, intervalle *constant* qui sépare les éclipses semblables. Pour comprendre en quoi consiste ce saros, reportons-nous à la théorie des éclipses.

La condition de production d'une éclipse de lune est la suivante : passage de la pleine lune par un nœud. On sait qu'on appelle *mois synodique* le temps qui s'écoule entre deux pleines lunes ou deux nouvelles lunes, *mois draconitique* celui qui sépare deux passages consécutifs de la

1. G. Bigourdan. *L'Astronomie*. Paris, E. Flammarion, 1911, pp. 31-35.

lune au même nœud. Une éclipse ayant été observée, on sera sûr de la voir se renouveler après un intervalle de temps contenant un nombre entier de mois synodiques et de mois draconitiques, puisqu'au bout de ce temps la lune se retrouvera pleine et en coïncidence avec un nœud.

Le *saros* est très sensiblement un intervalle répondant à ces conditions : il comprend, à une de nos heures près, 223 mois synodiques ou lunaisons et 242 mois draconitiques, soient 6 585 jours 1/3 ou 18 ans, 10 jours 1/3. Afin d'avoir un nombre exact de jours, les Chaldéens firent parfois usage du saros triplé que les Grecs appelaient *exéligme* et qui était de 19 756 jours ou 54 ans et 31 jours.

Mais le saros présente un avantage particulier que n'ont pas d'autres périodes plus longues et contenant avec une plus grande approximation un nombre entier tant de mois synodiques que de mois draconitiques : il s'en faut de très peu que la durée du saros n'égale celle de 239 *mois anomalistiques*, ceux-ci faisant 6 585 jours 1/2 au lieu de 6 585 jours 1/3. Or on appelle *mois anomalistique* le temps qui s'écoule entre deux passages consécutifs de la lune au périgée ou à l'apogée, période qui replace la lune à la même distance de la terre, en un point où elle reprend même vitesse. Dès lors, non seulement le saros ramène une éclipse, mais il en reproduit tous les divers éléments.

Divisons les éclipses de lune en catégories d'éclipses semblables par la grandeur, la situation et **la durée** de l'occultation : catégorie A des éclipses A_1, A_2, A_3... catégorie B des éclipses B_1, B_2, B_3, etc. Les éclipses se suivent dans l'ordre A_1, B_1, C_1, D_1,... puis A_2, B_2, C_2... Entre A_1 et A_2, A_2 et A_3... B_1 et B_2, B_2 et B_3... s'écoule un saros. Bien entendu, il y aura des éclipses qui échapperont à l'observateur : pendant qu'il fait nuit à New-York, il fait jour à Pékin où on ne verra donc pas les éclipses qu'enregistrera New-York. En outre, il faut compter que des nuages obscurcissent parfois les cieux, même les plus sereins, comme ceux sous lesquels est née l'astronomie. Il y aura des « trous » dans la suite des éclipses : A_3 manquera, par exemple, ainsi que C_2 et C_3 ; la périodicité cependant apparaîtra encore en ce que A_2 et A_4 sont séparés par 2 saros, C_1 et C_4 par 3 saros.

En consultant leurs annales, les Chaldéens s'aperçurent de cette périodicité, lorsque, sachant mesurer avec assez de rigueur la grandeur et la durée des occultations, ils en eurent enregistré un nombre suffisant. Ils purent alors perfectionner leurs prédictions d'éclipses : connaissant une éclipse A_1, ils avaient, grâce au saros, la date des éclipses futures et semblables A_2, A_3, A_4... ils prévoyaient même celles qui auraient lieu pendant le jour, celles qui ne seraient pas observables pour eux.

La méthode par le saros n'est cependant qu'approximative. Comme les différentes périodes lunaires n'ont entre elles aucune commune mesure, il ne saurait jamais y avoir égalité rigoureuse de durée entre des nombres entiers de mois synodiques, draconitiques, anomalistiques. Et puis, il existe encore d'autres mouvements lunaires dont nous n'avons pas tenu compte : ils sont lents, mais ils finissent à la longue par avoir une influence appréciable.

On arrive à une perfection, bien plus grande et susceptible de s'accroître indéfiniment, par la méthode moderne qu'employaient déjà les Grecs et que les Chaldéens inventèrent. Elle se base sur la connaissance des mouvements de la lune et du soleil. On connaît, entre autres, le mouvement de la lune en latitude, c'est-à-dire avec quelle vitesse elle s'approche de l'écliptique. (La latitude et la longitude célestes sont des coordonnées analogues, par rapport à l'écliptique, à la latitude et longitude terrestres par rapport à l'équateur). On sait donc à un moment donné dans combien de temps sa latitude sera nulle, c'est-à-dire quand elle atteindra un nœud. Si, au bout de ce temps, elle doit être pleine ou à peu près pleine, c'est-à-dire en opposition ou assez voisine de l'opposition, il y aura éclipse. Les positions du nœud et de la pleine lune, la date de celle-ci, sont fournies par les lois du mouvement de la lune en longitude (ou estimé parallèlement à l'écliptique) et celles du mouvement du soleil. Une assez longue observation des éclipses permet de déterminer quelles sont la distance de la pleine lune au nœud voisin au delà de laquelle il n'y a certainement pas éclipse, et celle en deçà de laquelle il y a certainement éclipse ; entre ces deux distances il y en a d'intermédiaires pour lesquelles l'éclipse est douteuse et qui nécessitent une étude détaillée du passage de la lune dans le plan de l'écliptique.

Tout ce qui a été dit en ce paragraphe au sujet des éclipses de lune s'applique aux éclipses de soleil. Mais, nous l'avons vu, celles de ces dernières éclipses que pouvaient observer les Anciens étaient infiniment rares. La méthode du saros devenait donc illusoire en ce qui les concernait. Leur prévision par l'étude des mouvements du soleil et de la lune n'avait rien non plus que de très incertain. Ici interviennent en effet les parallaxes de la lune et du soleil, éléments essentiels dont tous les calculs des Chaldéens trahissent l'ignorance ; quant aux Grecs, s'ils connurent assez bien la parallaxe de la lune, ils attribuèrent à celle du soleil une valeur déduite et tout à fait fausse.

§ 5. — **Explication des éclipses**.

Si l'on ne parvenait guère à prédire les éclipses de soleil, en revanche, la véritable explication en était beaucoup plus facile à trouver que celle des éclipses de lune. Les premières se produisent en effet entre un jour où la lune se lève avant le soleil et très près de lui et un jour où la lune se couche après le soleil et très près de lui. Il est naturel de penser que si une éclipse s'est produite pendant que la lune allait de la première position à la seconde, l'éclipse était due au passage de la lune « sur » le soleil même. En fait, cette explication fut très générale.

Mais pour concevoir que les éclipses de lune

résultassent de l'interposition de la terre, il fallait commencer par admettre que le soleil fût très grand par rapport à la terre, idée incontestablement folle au temps des premières civilisations, ou bien il fallait méconnaître les notions les plus élémentaires d'astronomie et de géométrie. Avec un petit soleil, l'ombre de la terre, cône très évasé, fût allée en grandissant dans l'espace, et la pleine lune eût toujours été éclipsée, et maintes fois pendant la nuit entière. On s'en rendra compte par un exemple : soient une lune et un soleil ayant, comme dimensions apparentes, précisément celles de notre lune et de notre soleil, mais dont les diamètres réels égalent respectivement 1,20 et 1,10 de celui de la terre, chaque pleine lune correspondra à une éclipse totale ; et, au milieu de la moindre de ces éclipses, la lune sera plongée dans le cône d'ombre de 5 fois son diamètre.

Deux hypothèses permettent d'éviter cette difficulté. La première consiste à faire occulter la lune par un astre obscur. Tel était le Rahu des Hindous antérieurs aux Siddhantas : « La circonférence du disque du soleil est de dix mille yodjanas, dit le Bhagavata Pourana, celle de la lune... douze mille, celle de Rahu treize mille. C'est Rahu qui, s'interposant entre le soleil et la lune lorsqu'ils sont en conjonction, se précipite sur l'une et sur l'autre pour satisfaire sa haine[1]. »

L'explication des Chaldéens est bien meilleure. Ils considéraient la lune comme un globe mi-

1. Eug. Burnouf. *Traduction du Bhagavata-Pourana*. Paris 1844, liv. V. 24, 2.

obscur, mi-lumineux. Il tournait sur lui-même en un mois synodique, ce qui produisait très exactement le phénomène des phases. Les éclipses étaient dues à une oscillation, relativement brusque et d'une amplitude plus ou moins grande, de la lune autour d'un diamètre. Quand cette amplitude atteignait 180°, l'éclipse était totale.

Diodore de Sicile prétend que les Chaldéens expliquaient les éclipses de lune comme les Grecs. Cela provient sans doute de ce qu'il distinguait mal entre eux les divers habitants de la Chaldée, Grecs d'origine et Chaldéens hellénisés ou non. Confusion peu surprenante : Diodore écrivait à une époque où Babylone, doublée de la cité grecque de Séleucie, appartenait à l'empire parthe depuis une centaine d'années et avait donc assez peu de relations avec l'empire romain.

Il faut plutôt en croire Vitruve d'après qui la théorie du retournement était celle du Chaldéen Bérose (IIIe siècle avant J.-C.).

Les très anciennes tablettes de la création disent que Mardouk ou Mérodach) « fit commencer à luire la (nouvelle) lune... il la couvrit chaque mois sans cesse d'une tiare, afin de commencer à luire le soir au commencement du mois [1]... » Cela implique l'idée de la rotation mensuelle d'un hémisphère lumineux ou d'un hémisphère obscur et concorde avec l'explication des éclipses par l'hypothèse du retournement. Les Chaldéens étaient trop conservateurs pour abandonner une théorie enseignée par les ancêtres, surtout quand

---

1. P. Jensen. *Die Kosmologie der Babylonier*. pp. 289-291. *Traduction de la Ve tablette sur la création.*

rien ne la contredisait ; c'était le cas de celle-ci : elle s'accordait, et seule, avec tout l'ensemble de la cosmologie et de l'astronomie chaldéennes : elle dispensait de considérer la grandeur et la distance vraies de la lune et du soleil, choses dont les Chaldéens ne s'occupèrent pas ; sur une lune reflétant la lumière du soleil, la terre hémisphérique des Chaldéens n'eût pas toujours projeté une ombre circulaire.

Il y avait, bien entendu, quelques points faibles, d'ailleurs peu apparents, dans cette théorie du retournement, mais ceux qui la professaient n'en étaient pas choqués ou en inventaient facilement la justification. Les opinions physiques et philosophiques qu'il est vraisemblable d'attribuer aux Chaldéens en sont garantes.

Comme toujours, les Grecs examinèrent un grand nombre d'hypothèses avant que l'une d'elles devînt classique parmi eux. Héraclite d'Éphèse expliqua les éclipses de lune par le retournement. Quant à l'occultation par des astres obscurs, elle n'intervint qu'à titre de phénomène auxiliaire. De bonne heure, avec Anaxagore et Empédocle, les philosophes avaient considéré la lune comme empruntant son éclat au soleil, et ils admirent que son passage dans le cône d'ombre de la terre était une cause d'éclipse ; mais, — songeaient-ils, guidés par le sentiment de symétrie, — les éclipses de soleil eussent dû égaler en nombre celles de lune, or elles étaient au contraire infiniment plus rares (ils en jugeaient par l'apparence). Ils en vinrent donc à joindre, aux immersions dans l'ombre terrestre, l'interposition d'astres obscurs. Ici (à moins d'adopter le système de Philolaos) une contradiction surgissait : puisque la lune, corps sombre par lui-même, reflétait la lumière du soleil, les astres éclipseurs auraient dû être aperçus. Cette contradiction tendit à les faire abandonner [1].

Il est à remarquer que les Grecs émirent les hypothèses relatives à la lune et à ses éclipses avant d'être capables de justifier ces hypothèses par la géométrie et l'astronomie, et même parfois au prix d'erreurs grossières. Anaxagore proclama bien que la lune empruntait sa lumière au soleil ; mais, d'autre part, il imaginait la lune plate, ce qui était incompatible avec les apparences des phases, et nous venons de faire remarquer que notre explication des éclipses de lune ne valait rien tant qu'on n'avait pas donné au soleil des dimensions énormes. Ces erreurs furent bienfaisantes. On ne les eût évitées qu'en adoptant le système chaldéen. Peu importait la cohérence rigoureuse des hypothèses cosmologiques : l'essentiel était qu'elles fussent toutes proposées au moment où la géométrie et l'observation astronomique allaient permettre de faire entre elles un choix éclairé.

Paul Tannery pense que les tâtonnements relatifs aux éclipses de lune ne cessèrent, chez les Grecs, que du temps d'Eudoxe de Cnide (IVe siècle avant J.-C.) [2].

---

1. Ed. Zeller. *Philosophie des Grecs*, I. — Paul Tannery. *Pour l'histoire de la science hellène*. p. 56.

2. Paul Tannery. *Pour l'histoire de la science hellène*, p. 56.

§ 6. — Rôle de l'observation des éclipses dans la genèse de l'astronomie.

Sans compter que les éclipses ont été pour beaucoup dans les raisons qui déterminèrent les Chaldéens à entreprendre des études astronomiques, leur observation fut d'un enseignement très fructueux.

Le répertoire des éclipses, lorsqu'il commença d'être tenu avec un peu d'exactitude, c'est-à-dire avec appréciation de l'heure de leur production, permit de connaître la durée des révolutions lunaires avec une précision qui alla grandissant avec le temps.

Hipparque, par exemple, prit deux éclipses de lune très éloignées l'une de l'autre, l'une sans doute observée par lui-même, l'autre entre 400 et 500 ans avant lui, ces deux éclipses étant analogues en grandeur d'occultation et en durée. Elles étaient séparées l'une de l'autre par un nombre entier exact, à une petite fraction près, de mois synodiques et draconitiques, 5 458 des premiers, 5 923 des seconds. Supposons une erreur d'une heure pour l'éclipse ancienne et d'une dizaine de minutes (dans le même sens) pour celle d'Hipparque, on n'en aura pas moins la durée du mois synodique et du mois draconitique à moins d'une seconde près (erreur totale de 4 200 secondes divisées par 5 458 et 5 923).

La forme de l'ombre sur le disque de la lune, lors des éclipses, fut la seule preuve directe que possédèrent les Grecs en faveur de la sphéricité de la terre : d'après toutes les autres preuves tirées de la gnomonique, de l'apparition et de la disparition d'étoiles lorsqu'on s'éloignait dans le sens d'un méridien, l'hémisphéricité chaldéenne valait tout autant. Il est vrai que l'hypothèse du

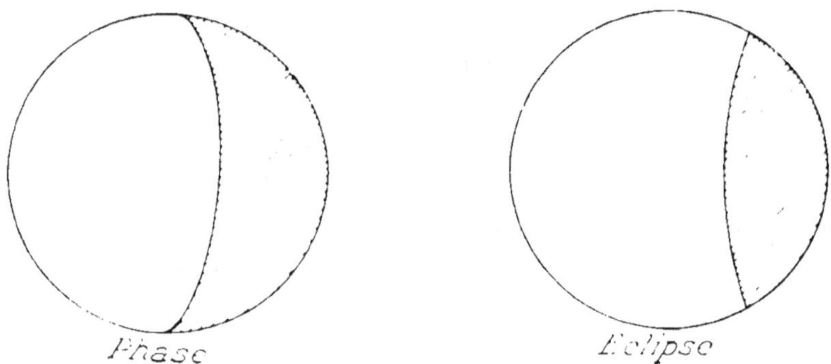

Fig. 11. — Obscurcissement du disque lunaire
au tiers du diamètre.

retournement sauvait l'hémisphéricité, mais, dans cette hypothèse, la lune devrait prendre au commencement et à la fin des éclipses totales le même aspect que pendant ses phases mensuelles décroissantes et croissantes, ce qui n'est pas. L'ombre des éclipses est accompagnée d'une pénombre dont les phases sont exemptes, et, en outre, la forme de la région obscure de la lune est différente dans les phases de ce qu'elle est dans les occultations (fig. 11). De bons géomètres comme les Grecs savaient interpréter ces différences.

Les éclipses de lune contribuaient à préciser la situation de l'écliptique.

Elles suggérèrent une méthode pour connaître

les dimensions relatives de la terre, de la lune
et du soleil (voir plus bas, ch. VII, § 5).

Enfin elles étaient le seul moyen rigoureux
qu'eussent les Anciens de mesurer les différences
de longitudes. Une éclipse de lune commence
et finit identiquement au même instant pour tous
les gens qui en sont les spectateurs. Si donc on
avait noté, en deux endroits différents, les circonstances de production d'une même éclipse, la différence des heures donnait, exprimée en angles,
la différence des longitudes.

L'observation d'une occultation d'étoile par la
lune fournissait des résultats moins exacts à
cause de la parallaxe lunaire.

CHAPITRE VI

L'ASTRONOMIE CHALDÉENNE
ASTRONOMIE
DES POSITIONS ANGULAIRES[1]

§ 1. — Antiquité de l'astronomie chaldéenne.

On l'a beaucoup exagérée, toujours sous l'empire de ce préjugé qu'à une civilisation dont les restes sont impressionnants doit nécessairement correspondre une science avancée. On oublie que si c'était un signe d'intelligence que de cultiver avec succès l'astronomie, ce n'était nullement un signe d'infériorité mentale que de l'ignorer. Rien en effet ne présente moins d'utilité pratique immédiate que l'astronomie. Et on ne peut vraiment attendre des anciens sages qu'ils aient eu, en étudiant les mouvements des planètes, le pressentiment des travaux de Newton et de leurs vastes conséquences.

Oppert a pensé démontrer[2] que les Chaldéens,

1. Cf. Epping et Strassmaier. *Astronomisches aus Babylon*. Freiburg, 1889. — Les beaux travaux du P. F. X. Kugler. *Die babylonische Mondrechnung*. Freiburg en Brisgau, 1900. *Sternkunde und Sterndienst in Babel*, Münster in Westfalen, 1907. — Un excellent résumé de ce qu'on sait aujourd'hui de l'astronomie chaldéenne dans Bigourdan. *Loc. cit.*, pp. 15-39 et 211-220.

2. J. Oppert. *Die astronomischen Angaben der assyrischen Keilinschriften*, Wien, 1885.

dès l'an 11542 avant Jésus-Christ, connaissaient une période lunaire de 1805 ans, ou période de Sin (Sin, dieu de la lune), contenant 22325 mois synodiques et 24227 mois draconitiques[1]. Ils connaissaient en outre, suivant l'éminent assyriologue, la période sothiaque des Égyptiens, période de 1460 ans au bout de laquelle l'année vague de 365 jours coïncidait de nouveau avec l'année de 365 jours 1 4; ils faisaient une grande ère embrassant un nombre entier de l'une et l'autre de ces deux périodes. Un des principaux arguments d'Oppert était la rencontre assez fréquente qu'il a faite, dans les documents cunéiformes, du nombre 653 comme nombre aux vertus surnaturelles : divisez en effet par 5 les nombres d'années des deux périodes 1460 et 1805 et vous aurez 292 et 361 dont la somme est précisément 653.

Coïncidence à coup sûr curieuse, mais il faut remarquer que les Chaldéens n'avaient aucune raison d'attacher de l'importance à la période sothiaque : elle n'intéressait que des gens ayant, comme les Égyptiens, l'année vague de 365 jours. Si les textes enseignent l'existence d'une période de Sin, ils n'en donnent pas la durée : celle-ci ne ressort que des inductions d'Oppert. On doit, à coup sûr, rencontrer dans les documents cunéiformes des allusions à des périodes de 3600 ans (3600 = 60²) dont la moitié est 1800, qu'un coup

---

1. Ces nombres de mois synodiques et draconitiques font en effet 659270 jours à moins de 1 10° de jour près, et 1805 ans font, en années de 365 jours 1 4, 659270 jours, en années tropiques, 659262 jours.

de pouce change facilement en 1805. Et puis, pourquoi la division par 5 ? Enfin, s'il faut que 653 ait été investi de qualités mystiques, voici d'où elles pourraient provenir : $653 = 666 - 13$. Or 666 est la somme de 600, le *ner*, 60 le *soss* et de 6, lesquels nombres étaient, dans l'ancienne numération chaldéenne, des unités supérieures auxquelles étaient affectées des signes spéciaux, et conservèrent toujours un rôle important à cause du système de numération[1] et de mesure des angles et du temps : 6 nombre des côtés de l'hexagone dont chacun était égal au rayon de la circonférence et interceptait sur elle l'unité supérieure 60 : $6 \times 600 = \overline{60}^2$: etc. Enfin 666 est la somme des 36 premiers nombres, 36 lui-même étant la somme des 8 premiers nombres, étant la grande *tétractys* qui supplanta dans la vénération des Pythagoriciens la décade elle-même. « C'est ici la sagesse, dit l'Apocalypse au chapitre XIII, vers. 18. Que celui qui a de l'intelligence compte le nombre de la Bête ; car c'est le nombre d'un homme, et son nombre est *six cent soixante-six*. » Les Juifs devaient assez naturellement attribuer un caractère infernal à ce que Babylone tenait pour divin. Ce nombre de 666 était donc excellent, mais on eut l'idée de le rendre encore meilleur en extirpant de son sein un germe funeste, le nombre 13, considéré comme de mauvais augure parce qu'il exprimait le rang du mois intercalaire, du mois qu'il fallait ajouter de

---

1. Qui était chez les Chaldéens sexagésimal, c'est-à-dire que le nombre 60 (et non 12 comme on le dit souvent et à tort) jouait dans leur numération le même rôle que le nombre 10 dans la nôtre.

temps à autre aux douze lunaisons pour que l'année ne différât pas trop de la course du soleil. Ce fut en effet une tendance très générale que de redouter les jours qui dérangeaient l'harmonie numérique de l'année : les cinq jours épagomènes des Égyptiens étaient néfastes ; croyance analogue chez les Mexicains [1].

Sayce, suivi par Cantor [2], a considéré le calendrier des pronostics à tirer des éclipses solaires (voir plus haut, ch. V, § 2) comme basé sur les observations de faits réels, ayant suivi des éclipses réelles. De là une antiquité prodigieuse des enregistrements d'éclipses solaires. Conclure ainsi, c'est refuser aux sciences augurales tout pouvoir d'induction, alors qu'elles en ont beaucoup plus que les autres. Les Chaldéens tiraient présage de tout : il est hautement probable qu'à chaque jour de l'année, ils attribuaient une influence sur telles ou telles destinées, sur tel ou tel ordre d'événements ; cela rendait les inductions faciles. Étant donné que tel jour était défavorable à certain monarque de Mésopotamie, une éclipse de soleil tombant ce jour-là annonçait évidemment à ce potentat le désastre irrémédiable.

Les autres arguments produits en faveur d'une antiquité prodigieuse de l'astronomie chaldéenne sont innombrables, mais beaucoup plus mal fondés encore que les deux précédents.

Si l'astronomie chaldéenne était aussi ancienne

---

1. Chabas. *Calendrier des jours fastes et néfastes*. Paris. Maisonneuve, p. 104. — F. K. Ginzel. *Loc. cit.* pp. 69 et 171.

2. Cantor. *Loc. cit.*, p. 38.

que l'affirment les chaldéomanes, elle nous appa-
raîtrait certainement beaucoup plus avancée au
moment où nous commençons à la pouvoir suivre
d'après des documents directs, c'est-à-dire au
VIII° siècle avant Jésus-Christ, ou bien les astronomes de ce siècle auraient été trop inintelli-
gents pour tirer parti de la science accumulée
par leurs ancêtres, ou bien enfin cette science
aurait disparu dans quelque cataclysme tout à
fait ignoré de l'histoire et de l'archéologie.

C'est en effet du VIII° siècle que l'on peut
faire dater une véritable astronomie chaldéenne.
A cette époque, elle avait à sa disposition le
polos à l'état d'horloge solaire, c'est-à-dire le
moyen de mesurer les temps et les angles et
de ramener ces mesures l'une à l'autre. Au
VIII° siècle commencent à paraître les premiers
rapports astronomiques témoignant de l'attente
et de la prédiction des éclipses. Enfin la première éclipse enregistrée avec indication horaire
que nous connaissions est de l'an 721 avant Jésus-
Christ : elle est mentionnée par Ptolémée[1] :
« Dans la première année de Mardokempados
(27 de l'ère de Nabonassar)... eut lieu une éclipse
de lune ; elle commença... à Babylone... grandement une heure après le lever de la lune et fut
totale. » *Grandement une heure*, la précision
était faible. Hipparque et Ptolémée, qui emprun-
tèrent aux annales de Babylone nombre d'observations d'éclipses, n'en utilisèrent pas d'antérieures, ce qui prouve à quel point les observa-

---

1. *Syntaxis*, IV, 5. Abbé Halma, *Ptolémée*.

tions d'avant le VIII siècle, s'il y en avait, étaient dépourvues de valeur.

On assiste donc là à un véritable commencement pour la mesure du temps, et cela se vérifie d'autant mieux que, malgré de grandes lacunes, on peut suivre, au cours des âges, les progrès de cette mesure.

Des tablettes chaldéennes rapportent deux observations d'éclipses de lune datées de l'an 7 de Cambyse, 523 avant Jésus-Christ; elles notent le temps, pour l'une à une dihorie 2 3 après la nuit tombante, pour l'autre à 2 dihories 1/2 avant le matin (la dihorie est le double de notre heure). Une de ces observations a été utilisée par Ptolémée [1].

Enfin, à partir du III siècle avant Jésus-Christ, le temps de production des éclipses de lune est estimé à 4 de nos minutes près [2].

Progrès analogue si l'on compare les quelques fragments de tablettes relatives aux planètes et datées du règne de Cambyse avec celles de l'époque des Séleucides.

§ 2. — L'astrologie chaldéenne.

Personne, je le pense du moins, ne conteste à l'astronomie chaldéenne une origine astrologique.

Il paraît naturel que l'homme ait attribué à certains astres un caractère divin et le pouvoir

1. J. Oppert. *Un texte babylonien astronomique. Zeitschrift für Assyriologie*, vol. VI, 1891, p. 103.

2. Epping et Strassmaier. *Loc. cit.*, pp. 106-107.

de gouverner les événements terrestres, mais il n'en faut pas conclure à la naissance nécessaire d'une véritable astrologie, capable d'engendrer une astronomie : l'évolution chaldéenne est, au contraire, un cas particulier très contingent.

Au point de vue purement religieux, d'abord, le culte des astres a pris, à Ninive et à Babylone, une importance beaucoup plus grande que partout ailleurs. Partout ailleurs, le soleil, la lune et les planètes ont été des dieux, mais ils étaient moins fréquemment considérés sous leur forme directe d'astres. Et l'on donnait plus d'importance, à côté d'eux, aux divinités d'origine totémique, météorologique, terrestre, aux ancêtres, aux héros.

Surtout, en Chaldée, la science de l'avenir s'est développée d'une manière toute spéciale. Qu'on se reporte à ce que nous avons dit au sujet des éclipses. Nulle part les éclipses, les phénomènes célestes, n'ont été supposés sans rapport avec les destinées humaines, mais pour que la certitude que l'on avait de leur influence conduisît à l'astrologie, il fallait deux conditions. En premier lieu, ces phénomènes devaient annoncer tels ou tels événements bien déterminés et n'être pas seulement de bon ou mauvais augure. En second lieu, il fallait encore chercher à annoncer les instants où parleraient ces oracles d'en haut.

Ces deux conditions n'ont été réalisées que par les Chaldéens. Et il faut bien remarquer que l'idée de prédire la date où sera faite une prédiction ne devait pas venir à l'esprit de tout le monde. L'époque où cette idée prit naissance est

le grand tournant de l'astrologie et, par conséquent, de l'astronomie chaldéennes. Il est probable que ce fut au VIIIe siècle. A cette époque,
en effet, on entrait dans une de ces ères astronomiques pendant lesquelles les éclipses de lune
prennent une périodicité relativement facile à
observer (755 à 432 avant J.-C.) [1]. En outre, les
rapports astrologiques connus, lorsqu'on peut en
assigner l'époque, remontent au règne d'Assurbanipal (660-626 avant J.-C.) et il est probable,
pour les autres, qu'ils ne sont pas plus anciens
que l'avènement d'Assar-Haddon, prédécesseur
d'Assurbanipal [2].

Cette astrologie chaldéenne est très bien connue, au moins dans ses traits essentiels, et sous
sa forme la plus évoluée qu'elle avait prise dès
le IVe siècle avant Jésus-Christ C'est l'astrologie
par excellence, qui a persisté à peu près immuable jusqu'à nous, car il y a encore nombre
d'astrologues en notre XXe siècle, où, pour des
prix vraiment abordables, chacun peut se procu-
rer son horoscope, pourvu qu'il fournisse la date
et l'*heure* de sa naissance (voir les annonces des
journaux).

M. Bouché-Leclercq s'est fait l'historien de
l'astrologie [3]. Il a montré comment les Grecs,
tout à fait ignorants de cette science, la reçurent,

---

1. Bigourdan. *Loc. cit.*, p. 35.

2. R.-C. Thompson. *The Reports of the Magicians and Astro-
logers of Niniveh and Babylon in the British Museum*. London,
1900.

3. Bouché-Leclercq. *L'astrologie grecque*, Paris, 1899. *Les précurseurs de l'astrologie grecque*, Paris, E. Leroux, 1897.

avec enthousiasme d'ailleurs, des Chaldéens, au
IV° siècle, lors des conquêtes d'Alexandre. Ils la
transmirent par Ptolémée aux Arabes puis à
notre moyen âge. Les retouches furent insigni-
fiantes et laissèrent intacts les principes et les
méthodes.

On a l'habitude d'*excuser* le grand Kepler
d'avoir fait des travaux astrologiques. Je ne
trouve pas qu'il y ait lieu, à cet égard, de prendre
la moindre précaution pour sauvegarder sa gloire.
Il n'est devenu d'une logique rigoureuse de considérer l'astrologie comme absurde, que le jour
où fut démontrée l'entière analogie de nature
entre les corps et les forces célestes d'une part,
les corps et les forces terrestres de l'autre, c'est-
à-dire après Newton. Si parfois les anciens sages
ont condamné l'astrologie, c'était lorsqu'elle prétendait s'occuper des destinées particulières ;
mais ils considéraient comme évident qu'il y eût
une relation entre les événements d'en haut et
tout ce qu'il y avait sur terre d'historique, notamment les vies des princes et des personnages
importants. Les bons esprits étaient unanimes,
et les mages chaldéens les premiers, à honnir ces
diseurs de bonne aventure, appelés à Rome
Chaldéens (quelle que fût leur origine) qui
lisaient dans les astres la carrière insignifiante
des gens de rien.

Nous rappelons ici en gros en quoi consiste la
prédiction astrologique. L'horoscope d'une personne est déterminé par le point du zodiaque qui
se lève au moment de sa naissance et par la position des planètes relativement à ce point. Divi-

sez le zodiaque en tranches minces et égales par des perpendiculaires à l'écliptique, il s'agit de toujours savoir dans le présent, le passé et l'avenir, et à chaque instant, quelles sont les tranches occupées par les planètes, leurs longitudes. La longueur de la vie du sujet consultant se déduit de la vitesse d'ascension des signes. Les signes, en effet, sont chacun un douzième de la bande zodiacale et s'étendent chacun le long d'un arc de 30° de l'écliptique. Mais, comme l'écliptique est inclinée sur l'équateur, ces arcs ont, entre leurs extrémités, des différences d'ascension droite variables, ils mettent des temps inégaux à surgir au-dessus de l'horizon. Il importe de savoir les projeter, par des méridiens, sur l'équateur ; ces projections estimées en degrés d'angle donneront la durée cherchée (à raison de 1 heure par 15°, 1′ de temps par 15′ d'angle, etc...).

Ces deux problèmes constituent toute l'astrologie et aussi, si l'on y joint la prédiction des éclipses, toute l'astronomie chaldéennes.

§ 3. — Principales méthodes de l'astronomie chaldéenne.

Les Chaldéens rapportèrent toutes les coordonées célestes à l'écliptique. Ils ne s'occupèrent de l'équateur qu'implicitement, comme du cadran où s'inscrivent des temps égaux.

Quand il s'agit pour eux de repérer les positions des planètes, ou bien ils les rapportèrent à un certain nombre d'étoiles de comparaison voisines de l'écliptique, ou bien ils les situèrent dans le zodiaque. Ces deux méthodes revenaient d'ailleurs au même. On peut en suivre le développement historique. Aux VIIIᵉ et VIIᵉ siècles, les rapports des astrologues officiels indiquent dans quelle constellation ou auprès de quelles étoiles brillantes se trouvent la lune et les planètes, sans rien spécifier de plus. Les tablettes de l'an VII de Cambyse nous montrent un zodiaque divisé en douze parties, douze signes égaux, chacun subdivisé lui-même, dans l'ordre du lever et du coucher, en tiers antérieur, moyen et postérieur, ce qui permettait de situer les astres dans un arc de $10°$. Les mêmes tablettes impliquent un catalogue d'étoiles de comparaison, desquelles les PP. Epping et Strassmaier nous ont fait connaître une trentaine dans leurs travaux sur les premières tablettes séleucides où les longitudes des planètes sont toujours estimées par rapport à ces étoiles. C'est enfin à partir du IIᵉ siècle avant Jésus-Christ que prévaut l'usage de désigner les longitudes en degrés d'une écliptique ayant son point d'origine à $0°$ du Bélier.

L'invention du polos comme horloge solaire conduisait les Chaldéens à un résultat d'une importance considérable : l'assimilation du temps au mouvement angulaire, la mesure d'un temps par un angle et réciproquement. Si une étoile de l'équateur est à $15°$ du méridien, nous savons qu'elle passera au méridien dans une heure sidérale et si une heure sidérale s'est écoulée depuis son passage au méridien, nous savons qu'elle est à $15°$ de celui-ci. Dans leurs tablettes astronomiques, les Chaldéens exprimaient les temps par des angles : le système le plus courant chez eux, à l'époque des Séleucides, consista à diviser le nycthémère (nos 24 heures) en six parties, celles-ci en soixante qui étaient donc nos degrés d'angle et les leurs ou 4 de nos minutes de temps, et ainsi de suite par soixante.

On n'a pas de détails sur les procédés qu'employaient les Chaldéens pour mesurer le temps, mais on connaît ces procédés en gros, parce qu'il n'y a pas de choix. Pour le temps solaire, ils avaient le polos ; pour le temps de nuit, ils observaient des différences de position d'étoiles par rapport à l'horizon ou au méridien, car les anciens astronomes ont toujours estimé que la clepsydre ne donnait pas d'indications assez exactes. Celle-ci leur était cependant presque toujours indispensable pour estimer la durée des crépuscules, l'intervalle qui séparait la visibilité du soleil de celle des étoiles et que l'on ne pouvait donc mesurer ni au moyen du polos ni par des déplacements angulaires d'étoiles. Ainsi, puisque le temps donné par la clepsydre équivalait à une distance angulaire, le temps de jour se trouvait raccordé au temps de nuit et la position du soleil à celle des étoiles.

On constate par ce raccord que la durée séparant le coucher du soleil du passage au méridien, du lever ou du coucher de telle étoile diminue de jour en jour, et l'on mesure cette diminution : elle exprime le mouvement propre du soleil, d'Occident en Orient, elle l'exprime en ascension droite, en .R [1], c'est-à-dire, par rapport à l'équateur céleste, comme se traduisent sur terre les déplacements en longitude par rapport à l'équateur terrestre. L'inclinaison de l'écliptique étant connue, un calcul trigonométrique permet de connaître le mouvement du soleil le long de son orbite. Ce calcul, les Grecs le faisaient, les Chaldéens non. Ceux-ci résolvaient cependant le problème, qui revient au problème astrologique de la durée d'ascension (de lever au-dessus de l'horizon) des signes : c'est, en langage moderne, celui de la différence d'.R entre les extrémités d'arcs égaux de l'écliptique ou celui de la projection, par des méridiens, de ces arcs sur l'équateur. Les Chaldéens employèrent à cette fin la méthode suivante qui devint chez eux très générale et s'appliqua à tous les mouvements célestes non uniformes.

Prenons un exemple : soit une lune imaginaire dont la révolution en longitude s'accomplisse rigoureusement en 30 jours. Elle parcourra donc en moyenne $\frac{360}{30}$ ou 12″ de longitude par jour. Mais son mouvement n'est pas uniforme : il passe en 15 jours de 8″30′ par jour minimum à 15″30′ par jour maximum, pour retomber de 15″30′ à 8″30′ pendant les 15 autres jours. Les Chaldéens posaient simplement que le mouvement était uniformément accéléré ou retardé. Ils prenaient la différence 15″30′ — 8″30′ = 7″ et admettaient que l'accélération ou le retard étaient

---

1. L'R et la déclinaison sont respectivement la longitude et la latitude par rapport à l'équateur de la sphère céleste.

chaque jour d'un quatorzième de 7°, soit 30′, et ainsi que la lune, parcourant le premier jour 8°30′, s'avancerait le second jour de 8°30′ + 30′ = 9°, le troisième de 9″ + 30′ = 9°30′, le quatrième de 9°30′ + 30′ = 10°, etc...

Si donc la longitude initiale était, par exemple, de 10°, on inscrivait dans les éphémérides des indications analogues aux suivantes :

LONGITUDES DE LA LUNE

A la fin de tel jour N° 1	18°30′
— N° 2	27°30′
— N° 3	37°
— — N° 4	47° etc.

Cette méthode était, comme on le voit, applicable à tout mouvement céleste, aussi bien à la durée d'ascension des signes qu'à la course du soleil le long de son orbite, aux périodes de rétrogradation et de marche directe des planètes. En fait, les Chaldéens l'appliquèrent toujours à partir d'un certain moment de l'ère séleucide. Lorsque les tablettes d'éphémérides de cette époque présentent des suites numériques, si l'on fait les différences entre les chiffres consécutifs, on s'aperçoit toujours que ces différences croissent ou décroissent en progression arithmétique. En ce qui concerne les époques antérieures, on n'a de documents que relatifs au soleil et à Jupiter : les Chaldéens divisaient alors la révolution de l'astre en deux parties, l'une de marche rapide, l'autre de marche lente, et affectaient à ces deux parties des vitesses différentes mais uniformes.

Nous croyons que le P. F. X. Kugler est le premier qui ait reconnu l'existence et la généralité du procédé de la progression arithmétique[1].

§ 4. — Résultats et valeur de l'astronomie chaldéenne.

Les Chaldéens furent des observateurs minutieux et des calculateurs intrépides, se servant de l'arithmétique la plus élémentaire et ne reculant pas devant les calculs les plus longs et les plus lourds.

Tous les résultats que nous a laissés l'antiquité en fait de mouvements angulaires des astres, marche journalière, durée des périodes, tous, sauf l'unique exception des parallaxes, ont été obtenus avec une exactitude qu'Hipparque et Ptolémée n'ont jamais dépassée et quelquefois même n'ont pas atteinte.

Mouvements de la lune : calculs de la nouvelle lune, des éclipses, des révolutions synodique, sidérale, anomalistique, draconitique ; mouvements du soleil : inégalité des saisons, variation de la vitesse du soleil sur son orbite ; révolutions synodiques des planètes, stations et rétrogradations ; les Chaldéens nous laissent tout cela dans leurs éphémérides.

§ 5. — Caractères de l'astronomie chaldéenne.

En revanche, si l'astronomie chaldéenne est une excellente astronomie des mouvements angu-

---

1. Cf. *Die babylonische Mondrechnung*, pp. 14 et 59.

laires, elle n'est que cela, *rien que cela*. Elle ne contient aucun élément relatif à la détermination de la distance des astres ou à l'agencement géométrique de leurs orbites : c'étaient là des questions qui n'existaient pas pour elle : on en a maintes fois la preuve.

Dans les nombreuses tablettes chaldéennes qui concernent la lune, aucun indice relatif à la parallaxe lunaire. Celle-ci était cependant accessible à l'observation des Anciens : les Grecs la calculèrent. Or les mesures de parallaxe entrent comme élément indispensable dans l'appréciation de la distance des astres.

Les Chaldéens situaient le plus près de la terre la lune, puis le soleil, puis les 5 planètes ; mais, en ce qui concerne celles-ci, ils ne laissent soupçonner aucune considération relative aux distances. Voici, d'après le P. Kugler, dans quel ordre les tablettes astronomiques des diverses époques rangeaient les planètes :

VERS 700 AVANT J.-C.	DE 400 à 7
1. Jupiter.	Jupiter.
2. Vénus.	Vénus.
3. Saturne.	Mercure.
4. Mercure.	Saturne.
5. Mars.	Mars.

Qu'est-ce que les rédacteurs de ces tablettes faisaient entrer en considération : la grandeur apparente, l'éclat, la couleur [1] ? Peut-être aussi y avait-il là une hiérarchie religieuse ou astrologique.

1. F.-X. Kugler. *Sternkunde und Sterndienst in Babel.* I, pp. 13-14.

La méthode, employée par les Chaldéens, des progressions arithmétiques, prouve l'absence chez eux de tout effort pour représenter l'allure variable de la lune, du soleil et des planètes par une forme, un agencement de leurs orbites.

L'astrologie, telle que nous la possédons, fournit à cet égard un renseignement général sur l'astronomie chaldéenne. D'une part, sa filiation chaldéenne est indubitable, d'autre part, elle ne tient aucun compte des distances des astres, elle est purement angulaire. N'est-il pas certain qu'elle porte la ressemblance de l'astronomie dont elle a été à la fois la cause et l'effet, et que celle-ci était aussi purement angulaire? Toutes choses égales d'ailleurs, une planète doit avoir d'autant plus d'influence qu'elle est plus rapprochée de la terre. Si l'application de ce principe n'apparaît nulle part en astrologie, que conclure sinon que les fondateurs de celle-ci négligeaient la question de la distance des astres?

L'astronomie chaldéenne avait un objet : la science de l'avenir. Elle ne pouvait guère au début songer à acquérir cette science que par la détermination des mouvements angulaires (une astronomie de distances et de mécanismes n'est possible en effet qu'après une évolution considérable). La méthode se fixa, sanctionnée par la tradition et, croyait-on, par l'expérience. But et méthode qui furent d'ailleurs considérés comme sérieux et pratiques par toute l'antiquité, y compris la grecque.

Dès lors, tout ce qui eût changé le caractère fondamental de leur astronomie parut aux Chaldéens chimérique. Ils se dirent : — Nous sommes les seuls vrais savants, parce que nous bornons nos études au connaissable, aux données immédiates de nos sens et de nos instruments, et aux conclusions qu'il est utile d'en tirer. — S'ils trouvèrent des points faibles à leur cosmologie, notamment au retournement de la lune, n'avaient-ils pas la ressource d'invoquer ce qu'il doit toujours subsister de mystérieux dans le domaine céleste ? Pratiquement parlant, il était peut-être plus raisonnable de se résoudre à quelques obscurités que de vouloir les dissiper à grands renforts de spéculations comme les Grecs, étant donné surtout que ces spéculations n'aboutissaient jamais à faire l'accord entre tous les philosophes.

ASTRONOMIE GRECQUE.
ASTRONOMIE DES DISTANCES ET DES MÉCANISMES

§ 1. — Caractère et origine de l'astronomie grecque.

Un caractère négatif distingue tout d'abord l'astronomie grecque de la chaldéenne : elle n'est pas astrologique.

Cela ne signifie nullement que les Grecs aient été dépourvus de superstitions : ils en avaient autant que n'importe qui. Il se trouva seulement, circonstance particulière, qu'elles se développèrent peu sur le terrain astronomique.

Les éclipses ne furent pour eux qu'un présage de bon ou mauvais augure, et, avant d'entrer en rapports intimes avec les Chaldéens, ils ignorèrent l'art de lire dans le ciel l'histoire future. Ils rédigèrent cependant des traités appelés *parapegmes* où ils indiquaient les pronostics à tirer de l'aspect des astres (non de leurs situations relatives), mais ces prédictions n'étaient que météorologiques et tout à fait analogues à celles que font encore nos marins et nos paysans : les échancrures des cornes de la lune, les halos, les couleurs diverses et plus ou moins vives des planètes, annonçaient le vent, la pluie, la sécheresse, le calme [1]...

Ce n'était pas de là que pouvait naître une astronomie.

Mais la cosmologie grecque était déjà une astronomie, une astronomie qualitative, si l'on peut dire. J'entends par là que les cosmologues grecs connaissaient le mouvement des astres, mais en gros, comme le peuvent faire des gens qui se contentent de regarder : les phénomènes de peu d'amplitude, comme les stations et rétrogradations des planètes, leur échappaient.

Mais ces cosmologues furent tous géomètres à partir de Platon. Ils tenaient des Chaldéens le polos qui leur donnait l'idée de mesurer le temps et les angles. Dès lors l'astronomie leur apparut comme une mine de problèmes géométriques à résoudre.

En un mot, dans son caractère et son origine, l'astronomie grecque est une géométrie appliquée à la cosmologie.

Que doit-elle aux Chaldéens ? Le polos, nous l'avons vu. Elle leur a pris aussi la division en degrés qui a prévalu jusqu'à nous, et les fractions sexagésimales qu'elle employait concurremment avec les fractions égyptiennes (ayant toujours l'unité comme numérateur) pour exprimer les subdivisions de toutes espèces d'unités.

---

1. Paul Tannery. *Pour l'histoire de la science hellène*, p. 66. — Geminus. *Eisagoge*, ch. xvi dans abbé Halma. *Ptolémée*, vol. II, pp. 79-87. — Aratus de Soles. *Phénomènes*, dans *Ptolémée*, vol. V, pp. 22-30.

Les dodécatomories, ou division de l'écliptique
en 12 parties ou signes égaux, sont aussi chaldéennes d'origine, à moins que les Grecs ne les
aient inventées de leur côté. Après les conquêtes
d'Alexandre, ils eurent à leur disposition les
annales astronomiques de Babylone où, depuis
400 ans déjà, s'accumulaient les observations ;
bien que les plus anciennes fussent peu précises,
elles rendaient de grands services pour l'évaluation des durées des révolutions des astres.

Pour tout le reste, il est vraisemblable que les
deux astronomies se développèrent chacune de
leur côté. La chaldéenne, en tout cas, ne prit
rien à la grecque que vraisemblablement elle
méprisait comme inutile et chimérique. La première chose qu'elle eût dû lui emprunter c'était
la trigonométrie : elle n'en fit pas usage.

§ 2. — Les sphères homocentriques d'Eudoxe.

Ce n'est que du temps d'Eudoxe de Cnide
(408-355 avant J.-C.) que les Grecs eurent la
notion claire des diverses irrégularités des planètes.

Dans leur mouvement apparent, les planètes
ont une marche qui semble capricieuse.

Posidonius (133-49 avant J.-C. *abud* Cléomède)[1]
les comparait aux fourmis sur la roue du potier:
la rotation rapide entraine les fourmis qui marchent avec une relative lenteur en sens inverse

1. Cleomedes. *De motu circulari corporum coelestium. Libri duo.*
Leipzig. Teubner 1891. l. I, ch. III. pp. 30-31.

du mouvement de la roue ; elles sont parties qui
d'une tache, qui d'une bosse, qui d'une fêlure de
la roue, et finissent par revenir chacune à sa
tache, à sa fêlure, à sa bosse ; mais leur course
a été zigzagante et inégale : elles se sont rapprochées, puis éloignées du bord de la roue, elles
ont ralenti leur allure, se sont arrêtées, sont
revenues sur leurs pas, et, après un nouvel arrêt,

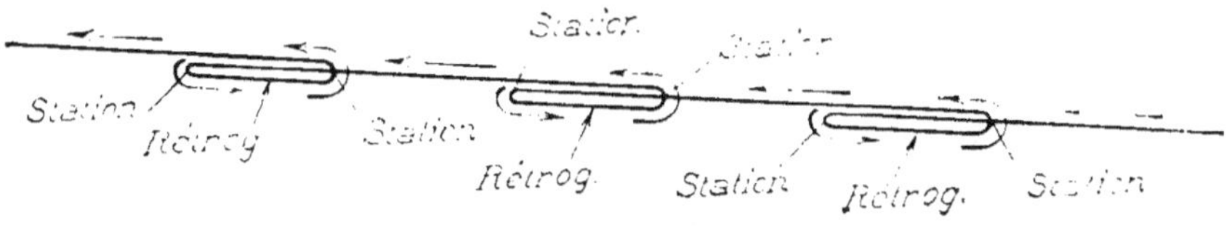

Fig. 12.

sont reparties en avant, cheminant de plus en
plus vite, comme pour rattraper le temps perdu.
De même les planètes : elles se meuvent chacune
de part et d'autre de l'écliptique ; ces écarts en
latitude sont peu considérables pour quelques-
unes d'entre elles et ont alors échappé aux premiers observateurs. Leur révolution se fait
d'Occident en Orient, en sens inverse du mouvement diurne ; au bout d'un certain temps, durée
qui lui est propre, chacune finit par revenir à un
point de la sphère céleste d'où elle était partie.
Mais cette progression est très irrégulière : la planète ralentit sa marche d'Occident en Orient (sens
appelé direct, s'arrête, — *station* de la planète,
— « recule » d'Orient en Occident. — *rétrogradation*, — s'arrête, — nouvelle *station*. — et re-
part dans le sens direct pour fournir encore une
étape avec accélérations, retards, etc. (fig. 12).

Les écarts en latitude s'expliquent simplement par l'inclinaison des orbites planétaires sur l'écliptique.

Pour comprendre les stations et rétrogradations, il suffit de se représenter les mouvements relatifs de la terre, des planètes et du soleil. La manière la plus commode, et qui ne change rien

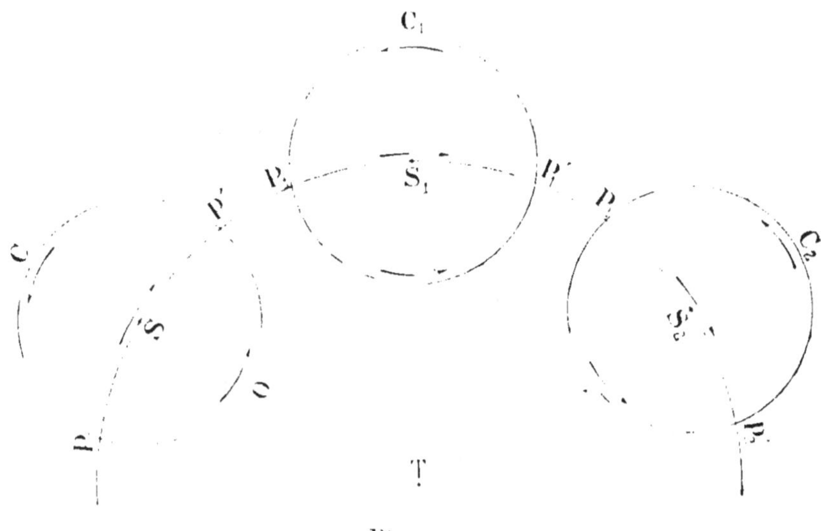

Fig. 13.

à ces mouvements relatifs, consiste à supposer le soleil S tournant en un an autour de la terre T qui tourne sur elle-même en vingt-quatre heures et la planète P tournant autour du soleil (fig. 13). Les flèches indiquent le sens du mouvement. On voit que, tant qu'elle se trouve dans la région P O P' de son orbite, la planète se déplacera dans le sens du soleil et plus vite que lui, car, tandis que le soleil a décrit, par exemple, un arc $S S_1$, la planète a parcouru le trajet $P P'_1$. Quand, au contraire, elle gravitera dans la région P' C P de son orbite, la planète ira moins vite que le soleil, s'étant transportée simplement de P'_1 à P'_2 tandis que le soleil effectuait la course $S_1 S_2 = S S_1$. La vitesse propre de la planète dans la région P C P' de son orbite vient donc en diminution de celle du soleil, elle est de signe contraire, et l'on conçoit que si elle prend des valeurs assez grandes avec ce signe contraire, il y ait station, c'est-à-dire arrêt, lorsqu'elle est égale à celle du soleil, rétrogradation lorsqu'elle est supérieure.

Jusqu'à Kepler, ce fut un dogme pour tous les astronomes, y compris Copernic, que les mouvements des astres devaient toujours se ramener à un agencement de mouvements circulaires et uniformes. Les premiers Pythagoriciens, Pythagore lui-même, sans doute, et quelques-uns des premiers Ioniens introduisirent ce dogme. À leur époque on n'avait observé les planètes que très grossièrement et l'on put expliquer leur mouvement avec simplicité en admettant, par exemple, qu'elles parcouraient des cercles, chacune avec son retard propre mais uniforme, sur le mouvement de la sphère étoilée.

Au temps d'Eudoxe, de qui date une véritable astronomie grecque, les irrégularités des planètes, devenues manifestes, rendaient cette explication caduque. Est-ce lui qui les fit connaître? ce n'est pas impossible, toujours est-il que, le premier, il les ramena à une combinaison de mouvements circulaires et uniformes.

Le système qu'il inventa, système véritablement très beau et très ingénieux, persistait encore à la fin du XVI° siècle de notre ère et s'y trouvait en concurrence avec le système des épicycles et excentriques. C'est celui des sphères homocentriques. En voici le principe :

La machinerie céleste est constituée par un ensemble de sphères ayant toutes pour centre commun le centre de la terre, centre du monde. Chaque planète est fixée à l'équateur d'une sphère n° 1, la sphère *portante*, qui tourne autour d'un certain axe n° 1, cet axe n° 1 est implanté en deux points diamétralement opposés de la paroi intérieure d'une sphère n° 2 enveloppante (fig. 14). La sphère n° 2 tourne d'un mouvement uniforme autour d'un axe n° 2 incliné sur l'axe n° 1. Même agencement de la sphère n° 2 par rapport à une sphère n° 3 et, parfois, de la sphère n° 3 par rapport à une sphère n° 4. C'est donc cette sphère extérieure n° 3 ou n° 4 qui entraîne tout le mécanisme, chaque sphère composante conservant son mouvement propre, mouvement uniforme, différent du mouvement uniforme de chacune des autres sphères.

Dans le cas du soleil et de la lune, trois sphères suffisent. Pour eux, la sphère n° 3 tourne autour de l'axe du monde synchroniquement avec la sphère des étoiles.

C'est, s'il s'agit des cinq planètes proprement dites, la sphère n° 4 qui est animée de ce dernier mouvement.

En calculant les différentes vitesses de rotation uniforme des différentes sphères de chaque système et les inclinaisons relatives des axes, Eudoxe expliqua toutes les irrégularités des planètes conformément aux observations qu'il avait faites lui-même ou recueillies.

Ces observations furent bientôt reconnues in-

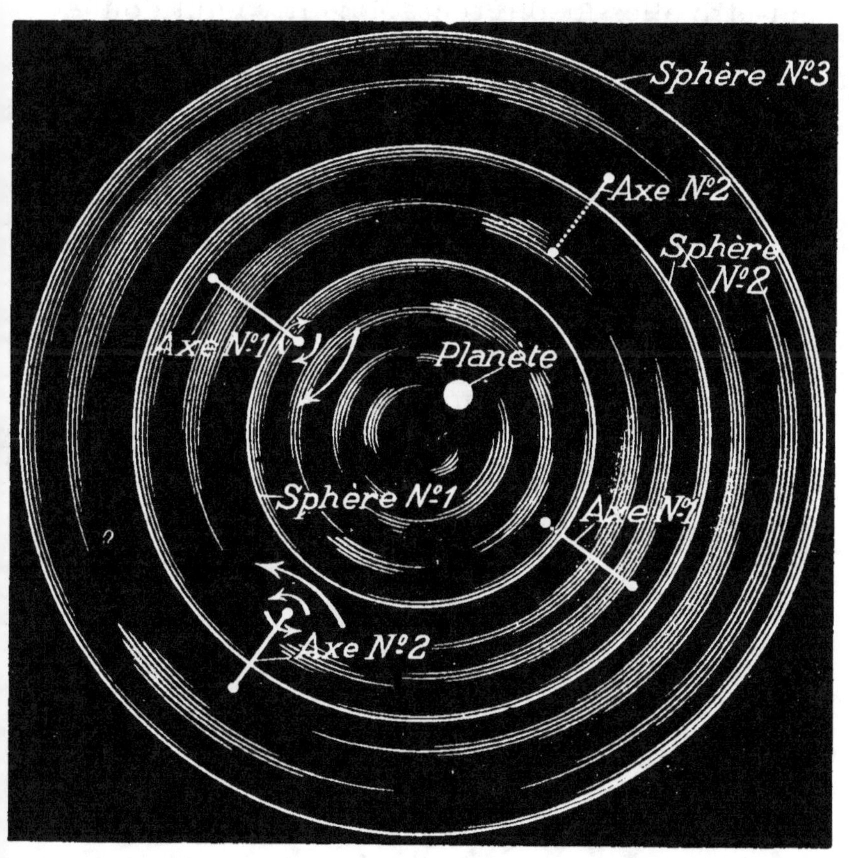

Fig. 11.

suffisantes, et, trente ans après la mort d'Eudoxe, Kalippe améliora son système à l'aide de quelques sphères additionnelles.

Pour Eudoxe et Kalippe, le mécanisme affecté à chaque planète était un système isolé, indépendant des mécanismes des autres planètes.

Aristote adopta les sphères homocentriques, éminemment conformes à sa cosmologie que peut-être elles inspirèrent. Mais il voulut donner plus de liaison à l'ensemble des révolutions célestes, cela en transmettant la rotation diurne depuis les étoiles jusqu'à la lune à travers toute la machinerie interposée. A cette fin, il imagina les sphères *réactives* qui, insérées à l'intérieur de chaque sphère n° 1 ou portante, neutralisaient toutes les rotations qui n'étaient pas la rotation sidérale diurne. Partons de Saturne, par exemple, pour lequel la sphère étoilée elle-même était la sphère extérieure, première motrice, n° 4 : à l'intérieur de la sphère qui portait Saturne, sphère n° 1 de Saturne, il insérait une sphère réactive III ayant son axe dirigé comme celui de la sphère n° 3 de Saturne et tournant d'un mouvement angulaire égal, mais de sens contraire à celui de cette sphère n° 3. L'action de celle-ci sur tout mécanisme situé à l'intérieur de la sphère III se trouvait donc annulée. Une sphère II emboîtée dans III et une sphère I dans II annulaient respectivement, et par le même procédé, les effets des sphères n° 2 et n° 1 de Saturne, de sorte qu'enfin la sphère n° 4 de Jupiter, entraînée à l'intérieur de la sphère réactive I, n'obéissait qu'au seul mouvement de la sphère étoilée. Et ainsi de suite, de proche en proche.

Joignant aux sphères de Kalippe les sphères réactives, Aristote arrivait à un total de 55. Il y ajoutait encore, on ne sait trop pourquoi, le *premier mobile*, sphère extérieure aux étoiles, qui transmettait le mouvement à tout l'ensemble de la machine céleste après l'avoir reçu elle-même du *premier moteur* : Dieu.

On ne voit pas qu'Aristote ou ses partisans se soient préoccupés d'expliquer la transmission du mouvement de sphère en sphère au sein de chaque système affecté en propre à une planète, et cependant la plupart d'entre eux considéraient implicitement cette transmission comme opérée par un mécanisme, par des « causes physiques », ainsi qu'ils le disaient. Ce mécanisme, on peut l'imaginer : soit une sphère intercalée entre la sphère n° 3 et la sphère n° 2 (fig. 14), tangente intérieurement à la première, extérieurement à la seconde, et fixe dans l'espace ; elle équivaut à un engrenage transmettant à la sphère n° 2 le mouvement de la sphère n° 3. Transmission analogue de la sphère 2 à la sphère 1. Le rapport entre le mouvement angulaire de la sphère portante et celui de la sphère animée du mouvement diurne se règle par les positions relatives des *sphères-engrenages* et des axes de rotation des autres sphères.

§ 3. — Excentriques et épicycles.

Les sphères homocentriques avaient un grave inconvénient : elles s'accordaient mal avec la variation périodique de l'éclat des planètes. Ce phénomène, peut-être d'abord inaperçu, suggérait tout naturellement la variation de distance des planètes. Les mathématiciens et astronomes grecs en rendirent compte par les *excentriques* et les *épicycles*.

L'excentrique est tout simplement un cercle

dont la circonférence entoure la terre mais dont le centre O ne coïncide pas avec celui de la terre, celui du monde. T (fig. 15 . En faisant circuler un astre sur un excentrique, et d'un mouvement

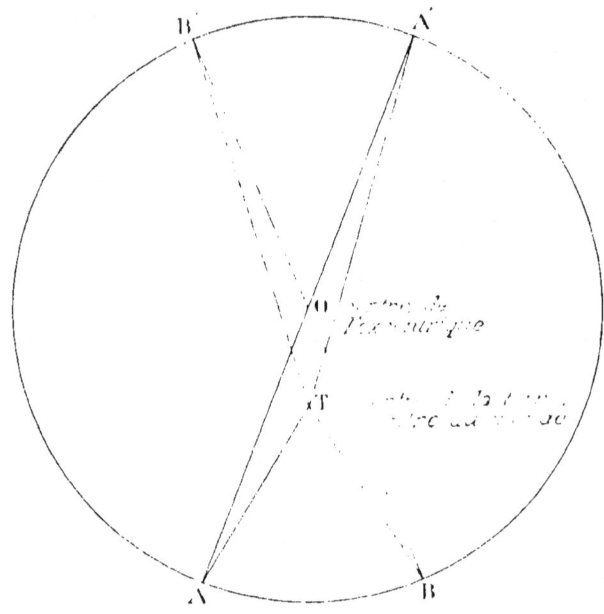

Fig. 15.

uniforme, on rendait compte de deux choses : 1° de la variation de distance de l'astre; 2° de la variation de sa vitesse angulaire vue de la terre : en effet, les arcs égaux A B et A' B', parcourus en des temps égaux, sont sous-tendus à partir de la terre par des angles inégaux : A T B > A' T B'.

L'épicycle est un cercle dont le centre parcourt d'un mouvement uniforme la circonférence d'un autre cercle appelé *déférent* (fig. 16). En général, le déférent était concentrique à la terre, mais,

dans certains cas complexes, on le supposait
excentrique et même mobile, c'est-à-dire que son
centre avait, autour de celui de la terre, un mouvement de rotation. L'astre était assujetti à parcourir, avec une vitesse uniforme, la circonférence de l'épicycle.

Le système de l'épicycle rendait compte de la

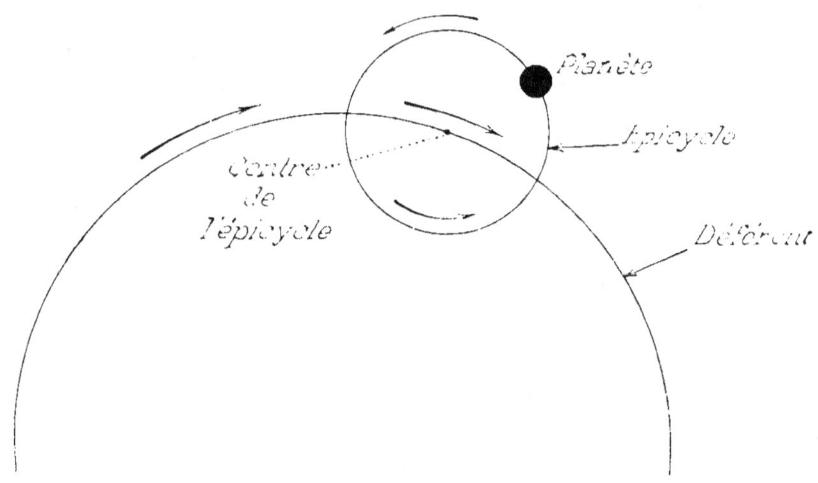

Fig. 16.

variation des distances, de la variation de vitesse
angulaire, et, en outre, ce qui était impossible
par le moyen des seuls excentriques, des stations
et rétrogradations des planètes. On s'en assurera
par ce qui a été montré plus haut (p. 158) : il suffit dans la figure 13 de considérer le soleil comme
un simple centre d'épicycle.

La théorie des épicycles a été inventée par
Apollonius de Perga (fin du IIIe siècle avant
J.-C.), grand géomètre, illustre par son *Traité
des sections coniques*.

Après lui, les excentriques, épicycles et leurs combinaisons continuèrent d'être employés jusqu'à Kepler, c'est-à-dire jusqu'à notre XVII° siècle ; ils se trouvèrent parfois en concurrence avec les sphères homocentriques, mais ils eurent beaucoup plus de succès.

Il n'y eut qu'au soleil que fût appliqué l'excentrique simple ; on faisait graviter les planètes sur des épicycles dont le plan était incliné sur celui du déférent, le déférent lui-même étant incliné sur le plan de l'écliptique, ce qui expliquait les écarts en latitude. A cela Ptolémée ajouta pour la lune et les planètes inférieures (Vénus et Mercure différents dispositifs dont l'exposé nous entraînerait trop loin.

En somme, avec tout ce mécanisme dont nous avons décrit les principaux rouages, l'astronomie ancienne était arrivée à des résultats qui concordaient remarquablement avec les données que pouvait lui fournir son matériel d'observation.

§ 4. — Caractère des mécanismes de l'astronomie grecque.

Quelle idée de grandes intelligences comme Eudoxe, Apollonius de Perga, Hipparque et Ptolémée se faisaient-elles des mécanismes célestes qu'elles avaient inventés ou appliqués ? Tous les auteurs sont unanimes à répondre : une idée purement mathématique ; les sphères homocentriques, les excentriques, les épicycles, n'avaient pour ces illustres savants aucune réalité : ce n'étaient dans leur esprit que des figures de géométrie, des artifices destinés à faciliter les calculs. Il nous répugne, dit-on, que des gens d'une telle valeur aient fait charrier les astres par des sphères en cristal, opinion grossière, s'il en fût.

Pourquoi grossière? c'est nous, modernes, qui décrétons que les sphères étaient en cristal, et nous leur attribuons cette substance parce qu'elles étaient transparentes et, suivant notre langage, solides. Mais nous oublions un point capital : Aristote, qui prêtait aux sphères, et très explicitement, une existence objective, faisait du ciel le lieu d'un cinquième élément, d'une cinquième « nature »; les corps formés de ce cinquième élément avaient des propriétés mécaniques et physiques qui leur étaient propres et différaient entièrement des propriétés mécaniques et physiques des corps sublunaires. La substance des sphères n'avait donc ni cette densité, ni cette fragilité, ni ce poids, qui les rendent en quelque sorte scandaleuses pour ceux qui les croient en vrai cristal. Donc aucune absurdité dans la croyance à l'existence réelle des sphères homocentriques, des épicycles et excentriques. Le dogme de la circularité et de l'uniformité des mouvements célestes fut, comme nous l'avons déjà fait remarquer, profondément ancré dans les esprits depuis Pythagore jusqu'à Copernic. « Il faut confesser, disait celui-ci, que les mouvements du soleil, de la lune et des planètes sont circulaires ou composés de mouvements circulaires... Il ne peut se faire qu'un corps céleste simple soit mû inégalement dans une seule orbite.

Il faudrait en effet que cela se produisît ou à cause de la non-constance de la force motrice, — que celle-ci provînt de quelque chose de surajouté ou de la nature intime, — ou à cause de la non-homogénéité-disparité du corps qui tourne. *Mais l'intelligence répugne à ces deux suppositions et il est indigne d'attribuer quelque chose de semblable à ce qui est constitué en un ordre excellent...* [1] »

L'adhésion à ce dogme supposait nécessairement que l'on affectât, à chacun des mouvements circulaires composants, son agent moteur propre, et que l'on crût à l'existence réelle de ces agents. Autrement, le dogme n'eût été qu'une discipline impérative, arbitraire, incompréhensible, de la décomposition des mouvements : en voici une preuve très frappante : la solution d'un problème de géométrie élémentaire, connue des Grecs, nous apprend que si un cercle de diamètre d roule sur la circonférence d'un cercle de diamètre $2d$ et à l'intérieur de cette circonférence, tout point du petit cercle décrit une droite. Tout mouvement suivant une ligne droite finie peut donc se ramener au mouvement circulaire, et s'il s'était agi d'une simple décomposition de mouvements, les philosophes et les savants, depuis l'antiquité grecque jusqu'à la Renaissance inclusivement, n'eussent eu aucun bon sens à opposer, comme ils l'ont toujours fait, le mouvement circulaire au rectiligne.

1. *Nicolai Copernici Thorunensis De Revolutionibus Orbium Coelestium*, libri VI, Thoruni, sumptibus societatis Copernicanæ, 1873, liv. I, ch. III, p. 15.

Et comment expliquer le peu de faveur dont jouirent, dans l'antiquité grecque, les théories d'Héraclide de Pont et d'Aristarque de Samos? Le premier faisait tourner Mercure et Vénus autour du Soleil, le second avait inventé la théorie héliocentrique copernicienne. C'étaient, au point de vue mathématique, de très grandes simplifications. Si on s'était placé à ce seul point de vue, on les eût acceptées, quitte à noter qu'on les tenait pour de purs artifices destinés à faciliter les calculs, mais qu'elles ne concordaient pas avec la réalité physique.

Les mécanismes planétaires répondaient donc, non seulement à des besoins mathématiques, mais à la préoccupation de ne pas se mettre en désaccord avec ce que l'on considérait comme des faits, en l'espèce l'immobilité de la terre, la situation de celle-ci vers le centre du mécanisme céleste et l'unité de ce centre.

Ptolémée, entre autres, proclame énergiquement que ce sont bien là des faits. S'il a refusé de matérialiser ses épicycles et ses excentriques, ce n'était pas qu'il considérât comme imaginaire l'existence d'une machine céleste à rouages circulaires et animés d'une vitesse uniforme : il ne doutait aucunement de l'objectivité de cette existence, mais il confessait ne pas savoir expliquer la nature, l'agencement et le fonctionnement des rouages réels, c'est pourquoi il les remplaçait par des rouages mathématiques produisant un effet équivalent.

Une seule théorie permettait logiquement de tenir pour virtuels les composants circulaires des mouvements célestes. Elle consistait à pourvoir les planètes d'une sorte d'âme ; cette âme, cet instinct, leur permettait de se diriger conformément aux règles géométriques qui leur avaient été assignées par le Créateur. Ainsi pensèrent d'ailleurs plusieurs philosophes, notamment parmi les non-aristotéliciens de la Renaissance. Était-ce là une opinion beaucoup plus « scientifique » que la croyance à des sphères célestes réelles ?

§ 5. — **Rapports des distances des planètes à la terre**.

Les philosophes grecs se préoccupèrent de bonne heure des rapports qu'il y avait entre les distances des planètes à la terre. Le vieil et ingénieux Anaximandre indiquait déjà leur loi. On les établissait en supposant que quelque progression mathématique avait des titres spéciaux à représenter l'ordre de l'univers, — par exemple la progression musicale, — ou en imaginant un principe *a priori* tel que celui de l'égale vitesse absolue de toutes les planètes ; ce principe admis, on déduisait que le soleil était à douze fois la distance de la lune, puisque celle-ci mettait un mois, celui-là douze mois à faire une révolution complète ; de même Jupiter à douze fois la distance du soleil, puisqu'il mettait douze ans à faire sa révolution, etc...

Mais, avec les progrès de l'astronomie, on reconnut de plus en plus le caractère conjectural de ces spéculations. On calcula les rapports des distances, puis les distances elles-mêmes et les grandeurs du soleil et de la lune, mais il apparut alors, en raison même des méthodes employées, qu'on manquait des éléments nécessaires pour en

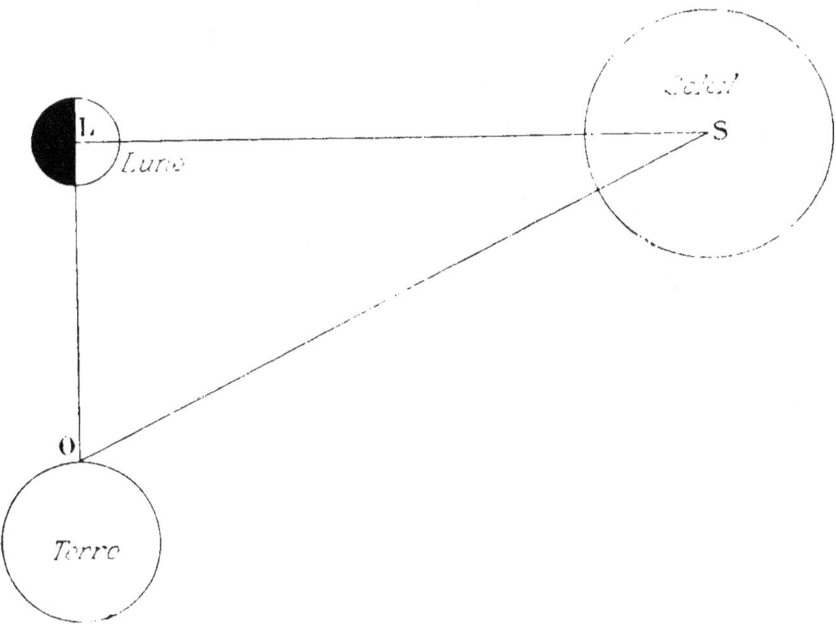

Fig. 17.

savoir autant relativement aux planètes. Il resta seulement acquis que la terre avait un diamètre tout à fait négligeable par rapport à celui des orbites planétaires et de la sphère étoilée et que les planètes et les étoiles, étant dépourvues de parallaxe (pour les instruments d'alors), se trouvaient à des distances considérables et avaient des dimensions énormes.

Les deux méthodes par lesquelles on calcula la relation des distances terre-soleil et terre-lune sont dues à Aristarque de Samos (commencement du III° siècle avant J.-C.).

Voici la première :

Considérons la lune à une quadrature, c'est-à-dire au moment où elle est exactement à son premier ou à son dernier quartier, la lune dichotome, disait Aristarque de Samos lui-même. Le centre de la lune L est alors (fig. 17) au sommet de l'angle droit d'un triangle rectangle dont les autres sommets sont respectivement occupés par le centre du soleil S et l'observateur terrestre O. Aristarque mesurait l'angle LOS, ce qui est possible au printemps et en été, époque où la lune en quadrature et le soleil sont quelques temps visibles ensemble au-dessus de l'horizon.

Nous calculerions tout de suite $\dfrac{OL}{OS} =$ cosinus L O S, et une table trigonométrique nous donnerait la valeur de ce rapport. Mais les tables trigonométriques ne furent pas en usage avant Hipparque (dernière moitié du II° siècle avant J.-C.) qui, sans doute, dressa les premières. Aristarque de Samos ne songea pas non plus à construire graphiquement un triangle semblable à LOS, procédé qui lui parut, à juste titre, peu rigoureux ; il traita la question comme un problème de géométrie pure, problème assez compliqué, dont la solution fut que le soleil était de dix-huit à vingt fois plus éloigné de la terre que la lune.

La méthode est scabreuse car, étant donné que l'angle L O S est très voisin de 90°, la moindre erreur commise sur son évaluation en entraîne

d'importantes sur celle du rapport $\frac{OL}{OS}$. Aristarque d'ailleurs avait estimé l'angle LOS égal à
87° au lieu de 89° 51′ valeur réelle qui correspond
à un rapport $\frac{\text{Distance soleil}}{\text{Distance lune}}$ égal à 400 environ.

La seconde méthode, basée sur l'étude des
éclipses de lune au moment où le soleil et la
lune ont même diamètre apparent, a été développée par Hipparque et Ptolémée[1].

Elle donne, non pas le rapport des distances,
mais la somme $\frac{1}{\text{Distance soleil}} + \frac{1}{\text{Distance lune}}$.

Considérons (fig. 18) une éclipse totale et centrale dans les susdites conditions. Le centre de
la lune va rencontrer l'axe du cône d'ombre
terrestre, et l'on peut admettre, sauf une erreur
insignifiante, qu'il se mouvra sur une section du
cône plane et normale à l'axe. Le diamètre de
celle-ci est avec le diamètre lunaire dans un certain rapport K que l'on peut connaître : il est
égal à la durée de l'éclipse en fonction du temps
que la lune met à se déplacer d'un angle égal à
deux fois son propre diamètre angulaire.

Prenons un exemple : admettons que ce diamètre angulaire soit de 30′, un demi-degré, et

1. Les apports personnels de ce dernier à l'astronomie sont assez
sujets à caution. Maintes fois il prétend avoir fait des observations
personnelles, les avoir traitées par une méthode originale et être
arrivé aux mêmes résultats qu'Hipparque. Il trompe alors évidemment le lecteur : quel hasard extraordinaire pouvait faire que ses
erreurs fussent toujours exactement celles d'Hipparque, alors
qu'elles avaient deux raisons pour en différer : différence d'observateur et différence de méthode ? Et les erreurs devaient toujours être
sensibles, même chez le meilleur astronome ancien, étant donnés
les moyens techniques dont disposait l'antiquité.

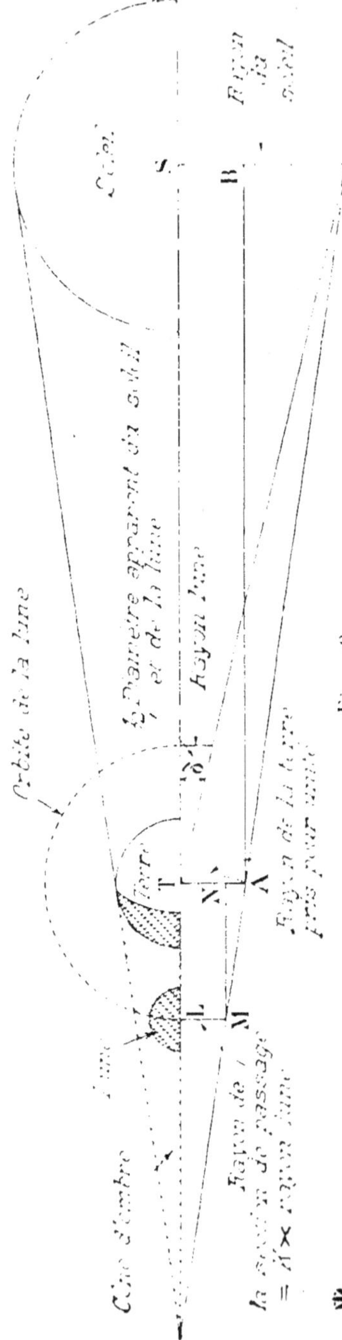

Fig. 18.

que la lune couvre, sur son orbite 12° par jour ; elle mettra donc deux heures pour se déplacer de 1", ce qui est précisément deux fois son diamètre angulaire. Si l'éclipse dure cinq heures depuis le premier contact extérieur jusqu'au second, le rapport K sera donc de 2,5 (ces chiffres sont une approximation, mais grossière .

Si nous appelons δ le demi-diamètre apparent de la lune, lequel, dans les conditions de l'éclipse, est le même que celui du soleil, on trouve la formule

$$\frac{1}{\text{Distance soleil}} + \frac{1}{\text{Distance lune}} = (1 + K)\delta$$

où les distances cherchées sont exprimées en rayons terrestres et δ en fractions de la circonférence ayant pour rayon l'unité de longueur.

Cette relation s'obtient assez simplement par

une construction géométrique : on mène les droites MN et AB parallèles à la ligne terre-soleil qui est en même temps axe du cône d'ombre, et l'on a ainsi deux triangles semblables ABC et MNA. La considération de leur similitude conduit à la relation :

$$\frac{\text{Rayon soleil} - 1}{\text{Distance soleil}} = \frac{1 - K \times \text{Rayon lune}}{\text{Distance lune}}.$$

D'où se déduit la formule annoncée, si l'on remarque que

$$\text{Rayon soleil} = \text{tg } \delta \times \text{distance soleil}$$
$$\text{Rayon lune} = \text{tg } \delta \times \text{distance lune}$$

et si l'on remplace tg δ par δ évalué en fonction de la longueur de la circonférence de rayon $= 1$ (on a le droit de le faire parce que δ est assez petit).

La méthode que nous venons de mentionner était aussi scabreuse que la première. De faibles erreurs commises sur la valeur de K, de δ, de la distance de la lune, entraînaient pour la distance du soleil des erreurs énormes. Les Anciens ont dû s'en apercevoir. Ils ont admis, d'après cette méthode, $\frac{1}{20}$ pour le rapport $\frac{\text{Distance lune}}{\text{Distance soleil}}$, ce qui porte à croire qu'ils ont donné des coups de pouce pour amener l'accord des deux méthodes.

§ 6. — Les parallaxes.

Nous pouvons avoir directement et séparément la distance du soleil et celle de la lune grâce à l'observation de leurs parallaxes respectives, mais le matériel astronomique des Anciens ne permettait de mesurer que la parallaxe lunaire, laquelle leur donnait la distance de la lune; c'était ensuite des relations précédentes qu'ils déduisaient la distance du soleil.

Rappelons d'abord ce que l'on entend par parallaxe

L'effet de parallaxe est un effet de perspective. Quand nous nous déplaçons d'un point A à un point B, les objets éloignés semblent se déplacer par rapport à des objets plus éloignés qu'eux. Le même arbre qui cachait tel clocher de village quand nous étions en A, cache tel pignon de ferme quand nous sommes en B. Ou, ce qui revient au même, l'arbre se projette, pour un observateur placé en A, sur tel clocher de village et pour un observateur placé en B sur tel pignon de ferme.

Il en est de même des astres, bien que cet effet soit tout à fait insensible, sauf pour la lune, quand on n'a pas le secours des lunettes astronomiques. Si on observe un astre en même temps de différents points de la terre, il se projette aussi sur différents points de la voûte céleste; chaque observateur, si l'on suppose qu'il opère un repérage absolument parfait, relèvera pour cet astre des coordonnées astronomiques qui ne seront celles d'aucun de ses confrères; il devra tenir compte de la parallaxe relative à sa station et opérer une correction : celle-ci consiste à ramener les coordonnées à ce qu'elles seraient si on les prenait du centre de la terre : cela est nécessaire pour rendre les observations comparables.

Supposons deux observateurs placés sur le

même méridien terrestre en M et N (fig. 19), à 90° de latitude de distance l'un de l'autre, le point M étant par exemple à 25° de latitude Nord, le point N à 65° de latitude Sud. Supposons encore que, la même nuit, ils relèvent la déclinaison de la lune au moment de son passage au méridien et que ce passage se fasse juste dans la verticale de M.

Pour M, pas d'effet de parallaxe : il verra le centre L de la lune comme on le verrait du centre de la terre, c'est-à-dire suivant la direction TML. La lune lui apparaît placée dans le ciel parmi des astérismes $\alpha\alpha'$. La visée de N fait un angle avec TML et projette le centre de la lune sur une région $\beta\beta'$.

L'angle TLN est non seulement une parallaxe, mais la parallaxe de la lune par excellence. On voit que c'est l'angle soustendu par le rayon terrestre TN pour un observateur placé au centre de la lune ; on dit, par abréviation, l'angle sous lequel on voit, de la lune, le rayon terrestre.

Définition analogue pour tous les astres du système solaire.

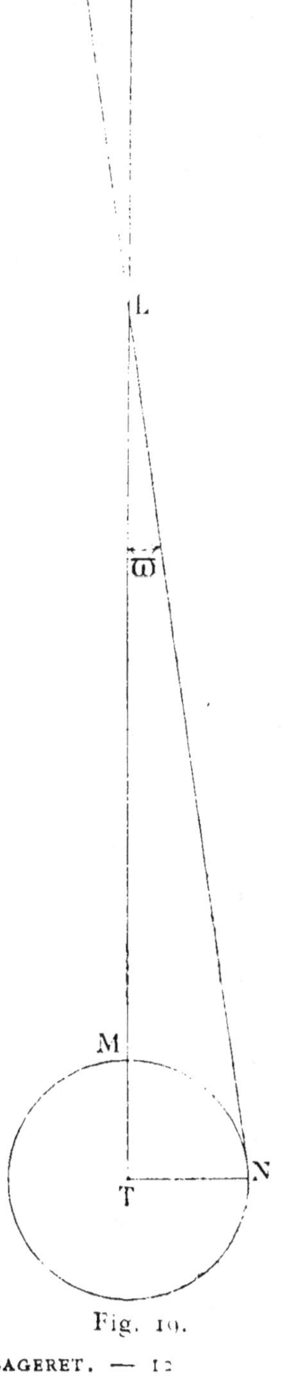

Fig. 19.

Quand il s'agit des étoiles, on remplace le mot « rayon terrestre » par celui de « rayon de l'orbite terrestre ».

La parallaxe d'un astre donne sa distance : connaissant l'angle $\varpi = TLN$, on en déduit $TN = TL \, \mathrm{tg} \, \varpi$, ou enfin TL, distance de l'astre, $= \dfrac{1}{\mathrm{tg} \, \varpi}$ en rayons terrestres.

Ptolémée trouve la parallaxe de la lune par la différence entre les résultats du calcul et ceux de l'observation pour une même position angulaire de la lune.

Il en déduit que la distance moyenne de la lune est de 59 rayons terrestres, la distance maximum étant de 64 1/6 rayons terrestres (au lieu de 60 et 66). Puis, de la relation citée à la fin du paragraphe précédent, il tire, pour la distance maximum du soleil, la valeur de 1210 rayons terrestres, valeur environ 20 fois trop faible.

Quant à la parallaxe solaire, Hipparque fit différentes tentatives pour la déterminer directement, et il semble bien que sa conclusion fut qu'elle était insensible. En quoi il prouva sa supériorité, car cette parallaxe n'atteint pas $9''$, angle trop petit de beaucoup pour les moyens de mesure des Anciens. Toutefois, de la distance calculée du soleil, ressortait une parallaxe déduite égale à $3'$; ce fut celle qu'admirent tous les astronomes, y compris Copernic et Tycho-Brahe, jusqu'à l'invention du télescope.

Cette parallaxe de $3'$ n'est autre que l'angle TCA de la figure 18. On voit donc confirmé ici ce que nous disions (Ire partie, ch. I, § 6) de l'insuffisance de la géométrie empirique, des procédés graphiques, pour la résolution des problèmes astronomiques.

§ 7. — Dimensions des astres.

Connaissant les distances du soleil et de la lune et leurs diamètres apparents, on en déduisait leurs dimensions par rapport à celles de la terre.

Soit δ le demi-diamètre apparent d'un astre, l sa distance, le rayon de l'astre sera égal à $l \operatorname{tg} \delta$.

Ptolémée trouvait que le diamètre de la lune étant de 1, celui de la terre était de 3,4 et celui du soleil 18,8, résultats voisins de la réalité pour la lune, tandis que le diamètre du soleil égale 109 diamètres terrestres et environ 400 diamètres lunaires.

§ 8. — Dimensions de la terre.

Toutes les relations trigonométriques et géométriques, par quoi on détermine les distances et les dimensions des astres, donnent ces grandeurs en fonction des dimensions de la terre. Il fallait donc, pour que le problème fût entièrement résolu, connaître ces dernières.

Aristote mentionne[1] comme évaluation de la circonférence terrestre en stades, le chiffre de 400.000 et il attribue aux mathématiciens cette évaluation. Il faut sans doute la faire remonter à Eudoxe qui avait composé un ouvrage géographique, aujourd'hui perdu.

1. *De Cœlo*, II, 10.

Si on en juge d'après ses connaissances mathématiques et astronomiques, Eudoxe devait vraisemblablement avoir la notion de la latitude ou tout autre analogue et savoir la déduire des indications du polos. Étant connues la distance ll' de deux points l et l' situés sur le même méridien et leurs latitudes respectives λ et λ', le quotient $\dfrac{ll'}{\lambda - \lambda'}$ exprimait la longueur d'un degré de méridien si $\lambda - \lambda'$ était un nombre de degrés ; celle de la circonférence terrestre égalait 360 fois ce quotient.

La difficulté était 1° de reconnaître si deux points éloignés se trouvaient situés sur le même méridien, avaient, dirions-nous, même longitude, ou plutôt d'apprécier leur écart de longitude, pour en déduire les corrections nécessaires : 2° de mesurer la distance ll'.

C'est pourquoi, du temps d'Eudoxe, on ne pouvait faire qu'une évaluation très grossière ; on connaissait, par exemple, les ombres du gnomon à Cyrène et à Athènes ; on supposait que Cyrène se trouvait juste au sud du Pirée ; quant à la distance, elle ressortait de la durée moyenne effective de la navigation, le trajet étant redressé à l'estime.

Eratosthène d'Alexandrie (176-194 av. J.-C.) publia les résultats remarquablement exacts d'un calcul de la circonférence terrestre : 252.000 stades, soit 700 au degré, ce qui revient à 39.690 kilomètres (au lieu de 40.000). Eratosthène prit comme base la distance de Syène à Alexandrie qui pouvait être mesurée avec une assez grande justesse, étant donnée la perfection antique du cadastre égyptien. Il aurait déduit la différence de latitude de la différence des distances zénithales du soleil à midi et au moment du solstice d'été, et ces distances zénithales elles-mêmes lui auraient été indiquées par la gnomonique. Mais s'il fallait s'en tenir au compte rendu, qui est venu jusqu'à nous, de la méthode employée, les données des calculs seraient erronées. Ce compte rendu serait donc une description purement démonstrative et théorique et n'exposerait pas le véritable travail d'Eratosthène.

§ 9. — **Résultats de l'astronomie grecque**.

Les résultats de l'astronomie grecque tiennent en deux mots : elle est encore l'astronomie de la jeunesse de Tycho-Brahe (fin du XVIe siècle) : lui seul, depuis Hipparque, y apporta des perfectionnements sensibles de méthode et d'instrumentation.

L'astronomie grecque a eu un Copernic : Aristarque de Samos.

Les Arabes n'ont été que des transmetteurs : les travaux de l'érudition ajoutent sans cesse une confirmation nouvelle à ce jugement.

Mais le grand mérite de l'astronomie grecque a été d'avoir une conception mécanique et géométrique des mouvements célestes. Elle a inventé des systèmes planétaires. On eût pu s'en tenir à la méthode chaldéenne : se garder de toute « hypothèse »; c'eût été, en apparence, plus sage, mais aussi moins fécond.

Enfin l'idée de l'immobilité et de la centralité de la terre qui a prévalu chez les Grecs avait aussi indirectement sa valeur : elle venait de ce que les astronomes repoussaient, même à des fins purement mathématiques et fût-il supérieur en clarté et en commodité, tout système qui ne leur parût pas fondé « physiquement ». Ce principe de la dépendance réciproque absolue, jusque dans les termes, de l'astronomie et de la science des mouvements et des forces était nécessaire pour que parût un Newton.

TROISIÈME PARTIE

LA GENÈSE DE LA DYNAMIQUE ET DU SYSTÈME HÉLIOCENTRIQUE

CHAPITRE PREMIER

GENÈSE ASTRONOMIQUE DU SYSTÈME HÉLIOCENTRIQUE

§ 1. — De l'évolution qui a conduit au système héliocentrique.

On concevrait *a priori* que l'évolution menant la science humaine au système héliocentrique eût pu être la suivante :

D'abord choix de ce système comme pure hypothèse mathématique, plus simple et plus commode que tout autre, pour exprimer et prévoir le mouvement des astres.

Puis, les progrès de la physique et de la mécanique aidant, il aurait cessé d'être une hypothèse pour passer à l'état de vérité scientifique.

L'énoncé d'une telle évolution n'est-il même pas celui du procédé de recherches qui aurait dû s'imposer à la volonté réfléchie des savants?

Et l'on regrette que la belle suggestion d'Aristarque de Samos n'ait pas triomphé d'emblée.

Il faut au contraire, à mon sens, se féliciter de ce que l'évolution qui a mené à notre système planétaire actuel n'ait pas suivi cette voie incontestablement plus méthodique.

Les esprits eussent été invités à supporter le désaccord essentiel entre l'astronomie d'une part, la physique et la dynamique de l'autre; provisoirement, sans doute; mais que ce provisoire durât quelques siècles, comme cela devait presque nécessairement arriver, et l'habitude se fût prise de le considérer comme définitif, d'admettre la séparation entre ces sciences comme fondamentale, comme correspondant à des *ordres* différents de réalités, tels, aujourd'hui, pour la théologie chrétienne, l'ordre naturel et l'ordre surnaturel. La méthode scientifique, résultat d'une lente élaboration et d'une expérience prolongée, n'était pas encore là pour introduire le correctif nécessaire. Et quels progrès eût faits cependant la dynamique, base de la physique, puisqu'elle résulte de la construction de la mécanique terrestre sur le modèle de la mécanique céleste ? Cette considération, très importante, sera développée plus loin.

Enfin, nous verrons qu'il est facile d'imaginer un système géocentrique avec terre immobile, ayant, au point de vue strictement astronomique, la même valeur que notre système héliocentrique. La commodité et la clarté mathématiques n'imposaient donc pas exclusivement celui-ci.

Au surplus, regrettable ou non, le fait est là : les évolutions respectives de l'astronomie, de la cosmologie, de la dynamique, telles qu'elles se sont produites réellement, forment un seul et même tissu. Ce n'est que la facilité de l'exposition qui nous a engagés à développer séparément l'évolution de l'astronomie. On ne devra jamais perdre de vue ce qu'il y a d'artificiel dans cette division.

§ 2. — Légende du système héliocentrique.

Avant d'aborder l'histoire du système héliocentrique, revenons à sa légende : le sujet ne manque pas d'importance, comme nous l'avons fait remarquer à propos de Philolaos.

Des égyptologues et assyriologues ont pensé que c'était faire tort aux sages de Thèbes et de Babylone que de leur attribuer une science « grossière » et notamment l'ignorance du système héliocentrique, et ils trouvèrent deux ou trois textes propres, pensaient-ils, à les laver de cette tache ; ils traduisirent « faire tourner la terre en cercle dans le ciel » ce qui s'entend aussi bien et même mieux, d'après d'autres égyptologues et assyriologues, par « mettre le ciel en cercle autour de la terre » ; « circuler » disent les uns, « encercler » répondent les autres [1]. Ce n'est pas à nous de résoudre ce débat : il y a ambiguïté, voilà tout ce que nous avons besoin de constater. Pour attribuer à des Anciens une conception aussi éloignée du bon sens initial que l'est celle du système héliocentrique, il faut quelque chose de plus que ces deux ou trois textes ambi-

---

1. P. Jensen. *Kosmologie der Babylonier*, p. 162. — *Revue égyptologique*, vol. I, 1880, pp. 191-192.

gus, alors que des centaines de textes clairs affirment la croyance en une terre immobile, pas même sphérique.

On a invoqué le passage de Diodore de Sicile que nous avons cité plus haut (II⁰ partie, chapitre I, § 7), passage traitant des idées des Chaldéens sur la terre. La terre, dit-on, y est comparée à une barque : cela signifie évidemment qu'elle se meut, puisque les barques sont faites pour naviguer. Nous avons vu qu'il s'agit de la forme. Au surplus, une barque peut flotter sans bouger si elle repose sur des eaux calmes comme pouvait l'être l'*apsu*.

Phérécyde de Scyros, contemporain d'Anaximandre, auteur à moitié poète, à moitié philosophe, un mystique du genre d'Epiménide, pourvoyait la terre d'une paire d'ailes, symbole manifeste, conclut-on, d'une translation dans l'espace ; mais quelle terre c'était ! un tronc de chêne recouvert par les dieux d'une étoffe dont les broderies représentaient la surface bigarrée des continents et des mers[1]. Tout là dedans est d'ordre purement mythique ; pourquoi les ailes le seraient-elles moins que le bois et l'étoffe ? Si elles l'étaient moins, ne pourraient-elles signifier que la terre planait, supportée par l'air, comme l'enseigna depuis, plus explicitement, l'Ionien Anaximène ?

Et voilà toutes les raisons sérieuses que l'on a de faire remonter au delà de Pythagore la connaissance du système héliocentrique. On était porté à leur attribuer une grande importance, puis-

---

1. Ed. Zeller. *La Philosophie des Grecs*, vol. I, pp. 82 et sqq.

que Pythagore passait pour avoir pris le soleil comme centre unique des mouvements planétaires, et l'on songeait à juste titre qu'une telle conception ne pouvait avoir surgi sans préparation et sans antécédents lointains dans le cerveau d'un homme, même génial.

Quant à l'opinion qui érige Pythagore en champion du système héliocentrique, nous avons vu, à propos de Philolaos, ce qu'il fallait en penser ; elle est basée sur une légende, et une légende moderne dont la date de formation doit se placer probablement entre Copernic et Kepler. Copernic, en effet, cite in-extenso et en grec ce texte d'Aétius, joint autrefois aux œuvres de Plutarque (*De Placitis Philosophorum*) : Οἱ μὲν ἄλλοι μένειν τὴν γῆν, Φιλόλαος δὲ πυθαγόρειος κύκλῳ περιφέρεσθαι περὶ τὸ πῦρ κατὰ κύκλου λοξοῦ ὁμοιτρόπως ἡλίῳ καὶ σελήνῃ[1] ». — Les autres (pensent) que la terre demeure immobile, mais Philolaos le Pythagoricien qu'elle est portée en cercle *autour du feu*, suivant un cercle oblique, de la *même manière que le soleil* et la lune... (Voir plus haut IIe partie, ch. II, § 2), citation qui ne laisse place à aucun doute ; et nulle part ailleurs Copernic ne fait la moindre allusion, ni à un système planétaire de Pythagore, ni à une doctrine pythagoricienne ou autre du mouvement héliocentrique.

Kepler, lui, ne s'en réfère qu'au livre II du *De cœlo* d'Aristote et dit que les Pythagoriciens ont entendu par « feu » le soleil lui-même[2].

---

1. Nic. Copernicus. *De Revolutionibus...* Préface au pape Paul III. p. 6.

2. *Kepleri Opera omnia*. t. III, p. 150.

Depuis lors, ce fut chose acquise : Pythagore faisait tourner la terre autour du soleil. Les auteurs de notre XVIIe et de notre XVIIIe siècle le répétèrent, et, sur leur foi, ceux du XIXe et même du XXe. Les astronomes, s'occupant de l'histoire de leur science, n'approfondissaient pas ces questions d'origine, et c'était de leur part, assez naturel. Ce qu'il y a de surprenant, c'est que les érudits aient tant tardé à prendre la peine de remonter aux sources. Th.-H. Martin ayant exposé la cosmologie de Philolaos conclut : « Tels sont, d'après le témoignage de Philolaos et les témoignages antiques, les traits principaux de ce système que tant de critiques modernes s'obstinent encore d'une part à faire remonter jusqu'à Pythagore, d'autre part à confondre avec celui de Copernic[1]. » « Même aujourd'hui, dit Dreyer (1906), on commet souvent cette méprise de croire que les Pythagoriciens enseignèrent le mouvement de la terre autour du soleil...[2] »

« Pythagore, dit, en effet, l'illustre Joseph Bertrand, osa chercher dans la rotation de la terre l'explication du mouvement diurne et faire du soleil immobile le centre de tout l'univers.[3] »

D'après M. Painlevé... « Pythagore a enseigné en astronomie un système qui n'est autre que celui de Copernic. » Et le brillant mathématicien fonde son affirmation sur un texte d'Archimède

---

1. *Dictionnaire des antiquités grecques et romaines.* Mot *Astronomia* par Th.-H. Martin. p. 481.

2. J. L. E. Dreyer. *Loc. cit.*, p. 40.

3. Joseph Bertrand. *Les fondateurs de l'astronomie moderne*, Paris, 1865. *Préface* pp. XIII-XIV.

qui se rapporte, non aux Pythagoriciens, mais à Aristarque de Samos [1]. Nous citons ce texte plus bas (§ 4 du présent chapitre).

M. Bigourdan, lui aussi, partagea d'abord l'opinion qui était devenue traditionnelle parmi les astronomes. « Hipparque, écrivait-il, abandonna le système de Pythagore qui plaçait le soleil immobile au centre du monde... [2] » Puis, lorsqu'il composa son beau livre, que nous avons plusieurs fois cité, l'*Astronomie*, il reconnut que le mouvement pythagoricien de la terre était autour du feu central, non du soleil.

Cet exemple est le meilleur que l'on puisse invoquer pour montrer à la fois la ténacité et le peu de fondement de la légende.

Comment se forma-t-elle ? Il eût été trop long de le rechercher. Je ne puis que hasarder une conjecture. Copernic cite surtout Philolaos parmi les Anciens qui professaient *quelque* mouvement de la terre (chose étrange il mentionne à peine Aristarque de Samos) ; cette préférence pour Philolaos venait de ce que celui-ci faisait mouvoir la terre autour d'un centre qui n'était pas son centre à elle. La doctrine copernicienne prit de là une couleur pythagoricienne ; on lui donna l'épithète de pythagoricienne. Puis les théologiens scholastiques en firent la « peste » pythagoricienne, *la* doctrine pythagoricienne par excellence. Ils n'y

1. P. Painlevé. *De Pythagore à Newton. Bulletin de la Société astronomique de France*, août 1906, p. 354.

2. G. Bigourdan. *Les distances des astres et particulièrement des étoiles fixes*, dans *Annuaire du Bureau des longitudes*, 1908, p. A, 27.

regardaient pas de si près. On confirma cette opinion en interprétant, comme Kepler, un texte d'Aristote. Et ce serait ainsi à Copernic que Pythagore devrait l'invention du système héliocentrique.

§ 3. — Caractères du progrès astronomique jusqu'à Newton.

L'astronomie moderne ne peut plus être considérée comme une science indépendante de la physique et de la dynamique, quand bien même on voudrait abstraire une astronomie proprement dite dont ne feraient partie ni l'astronomie physique, ni la dynamique, une astronomie réduite à la stricte étude des mouvements célestes.

On sait qu'un des éléments de la vitesse des étoiles par rapport au système solaire est fourni aujourd'hui par la spectroscopie. Plus anciennement, l'aberration des étoiles, mouvement annuel apparent qui leur est commun à toutes, les avances ou retards d'occultation des satellites des grosses planètes, tout cela fut reconnu comme une conséquence de la vitesse de la lumière. Les perturbations des planètes, légères irrégularités de leurs orbites, ne peuvent s'interpréter et se prévoir qu'avec le secours de la dynamique newtonienne.

Mais, jusqu'à Newton exclusivement, il était parfaitement loisible de donner à la science astronomique cette autonomie absolue dont nous avons parlé, de laisser complètement de côté la nature des corps et des forces célestes, leur relation avec les choses de la terre, pour ne s'occuper que de la mesure et de la prévision des mouvements des astres ; en un mot, on pouvait, jusqu'à Newton, faire de l'astronomie une simple cinématique.

En quoi consistait le progrès pour une telle science ?

Il y avait le progrès de l'observation ; mais, avec le meilleur outillage imaginable, et tant que la lunette et le télescope n'étaient pas inventés, ce progrès ne pouvait guère aller au delà de ceux qu'avaient réalisés les Grecs ; Tycho-Brahe seul les dépassa un peu grâce à d'ingénieux dispositifs, mais il avait atteint la limite qui était celle de la puissance de la vision humaine.

La continuité des observations constituait aussi, et à elle seule, un progrès ; des mouvements très lents, ceux qui sont dus à la précession des équinoxes, par exemple, deviennent nettement perceptibles au bout de quelques siècles. La durée d'une période astronomique, comme nous avons eu l'occasion de le voir, est estimée avec une exactitude qui augmente proportionnellement au nombre de périodes observées.

Mais ce n'est pas de ces progrès que nous voulons parler. Ceux qui nous intéressent ici sont ceux que l'on peut appeler proprement cinématiques, et nous en formulerons le but comme il suit : exprimer les mouvements célestes avec le minimum de données initiales.

En prenant les choses à l'origine, on peut considérer la cinématique des Chaldéens comme nulle : leur prévision des mouvements célestes était basée sur le renouvellement de ces mouvements après certaines périodes, mais sur rien d'autre ; nulle tendance de leur part à exprimer ces périodes par des agencements géométriques.

L'invention, par les Grecs, des excentriques et épicycles constituait un progrès énorme : la connaissance de quelques rapports de rayons de cercle, de quelques directions, de quelques inclinaisons, suffisait pour qu'on pût représenter d'avance et avec une exactitude remarquable pour l'époque, la marche apparente, si compliquée, si capricieuse, des planètes. On ne connut rien de mieux, jusqu'à Kepler, c'est-à-dire jusqu'au commencement du XVIIe siècle, que ces équipages de cercles. Leur emploi était d'ailleurs imposé par le dogme universellement accepté de la « perfection » des mouvements célestes : perfection impliquant la circularité et l'uniformité. Notons ici, en passant, la répercussion, sur l'astronomie, d'idées cosmologiques qui, d'autre part, avaient pour conséquence certaines idées dynamiques.

Jusqu'à Kepler donc, le progrès est facile à définir : il consiste, à égale exactitude, à simplifier les équipages de cercles, à leur donner le minimum de cercles. De là vient la supériorité des systèmes de Copernic et de Tycho-Brahe où les planètes tournent autour du soleil : ils suppriment, en effet, dans le mécanisme de chaque planète, tout ce dont elle avait besoin pour remplacer sa liaison avec le soleil.

Nous avons dit « à exactitude égale » ; cette restriction n'a rien à faire avec les prédécesseurs de Tycho-Brahe qui, au point de vue de l'exactitude, ne dépassèrent pas Hipparque et Ptolémée.

Tycho-Brahe, lui, amassa un grand nombre
d'observations nouvelles faites avec plus de soins
et avec un outillage amélioré. Le temps lui
manqua pour présenter, en assemblages d'excentriques et d'épicycles, les résultats de ses travaux.
Ce qu'il y a de certain, c'est qu'il aurait dû compliquer ces assemblages : le système des combinaisons de cercles avait en effet ce grave inconvénient que si l'on arrivait à serrer de plus près la
réalité des mouvements planétaires, il fallait
ajouter des rouages.

Ici apparaît la valeur du progrès cinématique
réalisé par Kepler. En faisant graviter les planètes le long d'ellipses et en prenant comme
centre de gravitation un des foyers de l'ellipse,
il arrivait à représenter les mouvements planétaires avec une exactitude qui fût demeurée absolue pendant des millénaires, si l'ont eût conservé
l'outillage de Tycho-Brahe. Elle est demeurée
absolue jusqu'à ces dernières années, sauf les
perturbations que seule pouvait déceler l'application de la lunette ou du télescope aux mesures
astronomiques. Le mécanisme planétaire était
donc à l'abri des rectifications possibles : elles
n'eussent pas nécessité qu'on l'alourdît d'organes
supplémentaires. En admettant même que les
améliorations réalisées par Tycho-Brahe eussent
permis de s'en tenir aux cercles de Copernic, le
système keplérien n'en eût pas moins présenté
une grande simplification : au lieu d'un mécanisme différent pour chaque planète, deux relations communes à toutes permettant de déterminer leurs vitesses en fonction de leurs rayons

vecteurs et les rapports de leurs distances, puis, pour chacune d'elles, les éléments d'une seule ellipse au lieu de ceux d'un équipage de cercles : Copernic combinait 7 cercles pour Mercure, 5 pour Vénus, 3 pour la Terre, 4 pour la Lune, 5 pour chacune des planètes extérieures : Mars, Jupiter et Saturne[1].

Remarquons ici que, jusqu'à la découverte des perturbations, la théorie copernicienne du mouvement de la terre n'était pas du tout par elle-même un progrès. Selon Tycho-Brahe, les 5 planètes tournaient autour du soleil, le soleil lui-même tournait autour de la terre en un an, et tout ce mécanisme, avec la sphère étoilée, participait au mouvement diurne. Ce système avait identiquement la même valeur que celui de Copernic. L'équipage de cercles qui servait dans un cas à faire tourner la terre autour du soleil était aussi bon dans l'autre pour faire tourner le soleil autour de la terre. Le système de Tycho-Brahe, à le supposer pourvu des orbites keplériennes, n'offrait ni plus ni moins de commodité que le nôtre pour prévoir et enregistrer les révolutions célestes, ou plutôt ces deux systèmes ne diffèrent en rien au point de vue cinématique.

Le progrès astronomique jusqu'à Newton est donc en réalité le suivant : simplification du mécanisme de Ptolémée par le rattachement au soleil des mouvements planétaires, puis suppression des équipages de cercles et leur remplace-

---

1. J. L. E. Dreyer. *Tycho-Brahe. A picture of scientific life and work in the sixteenth century*, Edinburgh, 1890, p. 175.

ment par les orbites elliptiques. *Pendant toute cette étape, le mouvement de la terre est indifférent au progrès astronomique.*

Pendant toute cette étape, la théorie de Copernic et de ses prédécesseurs était, non pas une valeur actuelle réalisable, mais une valeur de placement, très grande à la vérité, puisque, héritée par Newton, elle ne cessa de fructifier : dynamique, gravitation universelle, perturbations planétaires, aberration et parallaxes d'étoiles, astronomie physique.

Les partisans du mouvement de la terre n'eurent à invoquer, avant le XVIIᵉ siècle, aucune raison vraiment scientifique. Il leur était loisible de ne pas trouver satisfaisant le système aristotélicien, mais ils ne pouvaient remporter scientifiquement sur lui que des victoires de détails, et ils étaient incapables de le remplacer ; bien souvent même ils lui opposèrent des arguments pitoyables. Faut-il donc restreindre leur mérite à celui des gens qui « ont parié pour le bon cheval » ? Ce serait les diminuer injustement. Si on étudie leur pensée, on reconnaît qu'ils ont été poussés par un sentiment : celui de l'unité du monde ; au fond, ils ne pouvaient se défendre de concevoir que la matière céleste fût analogue à la matière terrestre ; deux suggestions découlaient de là : si la voûte céleste tournait autour du centre de la terre en vingt-quatre heures, elle serait animée d'une vitesse vertigineuse et se disloquerait ; si les cinq planètes étaient analogues à la terre comme substance et comme dimensions, aucune raison pour attribuer à la terre une situation qui n'aurait rien de commun avec la leur.

Ce qu'il y avait là de scientifique, c'était non une question de faits mais une question de méthode. La science ayant pour but de rechercher les relations entre les choses, il faut commencer par supposer qu'il y a toujours de telles relations, qu'il n'existe jamais entre les choses de cloisons étanches. Ce principe méthodique est d'une efficacité à toute épreuve, car le pis qui pût arriver serait qu'il n'existât pas ici ou là de telles relations : mais comment en être averti ? Une expérience maintenant assez longue empêchera de désespérer de leur découverte, et d'ailleurs leur recherche sera féconde : chemin faisant on trouvera des relations ailleurs. Le principe opposé amènerait au contraire à ne pas chercher de relations là où il y en a en effet, il paralyserait l'essor scientifique vers des domaines immenses.

Rappelons que la parenté de substance entre les cieux et la terre était proclamée par un grand nombre de philosophes grecs : les Ioniens, les Pythagoriciens, les Atomistes.

§ 4. — Les précurseurs grecs de Copernic et de Tycho-Brahe.

En ce qui concerne le système philolaïque et l'hypothèse, chez les Grecs, de la rotation de la terre sur elle-même, nous renvoyons à ce qui a été dit plus haut.

Nous avons déjà mentionné la théorie d'Héraclide de Pont lequel faisait tourner Mercure et Vénus autour du soleil. Cette théorie était une grande simplification, pour les raisons déjà indiquées et parce que les deux planètes « intérieures » nécessitaient, dans le système strictement géocentrique, un appareillage particulièrement compliqué. Elle eut toujours quelques adhérents dans l'antiquité, comme le montre Dreyer[1], et, parmi eux, Martianus Capella, un auteur du Vᵉ siècle de notre ère, qui fut assez lu au moyen âge et à la Renaissance. Toutefois elle ne fut pas en faveur parmi les astronomes, même les plus grands : Hipparque et Ptolémée n'y font pas la moindre allusion. Ils la connaissaient sans doute et la rejetaient, malgré sa supériorité mathématique évidente, comme non conforme à la « physique ».

Aristarque de Samos (commencement du IIIᵉ siècle avant J.-C.) fut le premier au monde à émettre l'hypothèse héliocentrique. Remarquons que l'apparition de cette idée géniale n'a pas ici le caractère abrupt et soudain qui la rendrait invraisemblable : elle ne manquait pas d'une certaine préparation : rotation de la terre sur elle-même déjà professée, et mouvement, imaginé par Philolaos, de la terre hors du centre du monde.

« ... Aristarque de Samos, dit Archimède dans l'*Arénaire*... suppose que les étoiles et le soleil sont immobiles, que la terre tourne autour du soleil comme centre, et que la grandeur de la sphère des étoiles fixes, dont le centre est celui du soleil, est telle que la circonférence du cercle qu'il suppose décrite par la terre est à la distance des

---

1. *Planetary systems*, pp. 126-134.

étoiles fixes comme le centre de la terre est à la surface. »

Sans émettre, par le moindre mot, un jugement sur ce système, Archimède souligne l'incorrection mathématique de la dernière phrase[1]. Elle ne prête, en tout cas, à aucune ambiguïté, et signifie que l'orbite de la terre n'est qu'un point par rapport à la sphère des fixes. Aristarque de Samos répondait ainsi par avance à la *seule* objection astronomique opposée par Ptolémée à la translation de la terre, savoir qu'elle entraînerait une variation apparente périodique dans l'espacement des étoiles, qu'il y aurait pour toutes les étoiles des effets de parallaxe très sensibles.

Il est probable qu'Aristarque de Samos ne donna aucun autre développement au système héliocentrique et qu'il se borna à une exposition guère plus longue que celle d'Archimède lui-même. Son idée semble avoir fait peu d'impression dans l'antiquité : trois ou quatre textes seulement y font allusion, dont un dans le *De Facie in Orbe Lunae* de Plutarque : « Aristarque le Samien supposait que le ciel demeurait immobile et que c'était la terre qui se mouvait le long du cercle oblique du zodiaque et en tournant autour de son axe[2]. »

Et un autre de Stobée ou d'Aétius et figurant dans le *De Placitis Philosophorum* autrefois joint aux œuvres de Plutarque : « Aristarque place le soleil parmi les étoiles fixes et il meut la

1. F. Peyrard. *Œuvres d'Archimède traduites littéralement*. Paris. 1807, pp. 348-349.

2. VI, 3. Didot. *Plutarque*, IV. *Moralia*, II. p. 1130.

terre le long du cercle solaire...[1] ». On mentionne aussi quelque part Aristarque de Samos comme partisan de la rotation de la terre sur elle-même, et c'est tout. Ptolémée ne le nomme pas à propos de la translation de la terre, comme c'eût été naturel, et rien ne dit qu'il ne fasse pas allusion plutôt à Philolaos.

Le système héliocentrique eût pu être connu dès notre XIIIe siècle, époque où parut en Italie (1269) une traduction latine des œuvres d'Archimède, y compris l'*Arénaire*. Mais personne ne remarque le texte précité. Copernic laisse dans le vague les idées d'Aristarque de Samos, écrivant de lui : « De telles raisons ou d'autres semblables furent probablement celles qui conduisirent Philolaos à croire au *mouvement de la terre, opinion qui*, suivant quelques auteurs, *fut aussi celle d'Aristarque de Samos...* » Ces lignes ne figurent que dans les manuscrits de Copernic et raturées par lui-même[2].

§ 5. — L'astronomie de Ptolémée à Copernic.

Jusqu'à Copernic, l'astronomie ne fit aucun progrès notable.

Les Arabes eurent des observatoires, enregistrèrent des positions d'astres, introduisirent dans la technique des améliorations dont le mérite leur est le plus souvent contesté. Les travaux des érudits tendent de plus en plus à restreindre l'importance de leur apport scientifique.

1. *Ibid.*, p. 1086.
2. Nic. Copernic. *De Revolutionibus...*, p. 34. Note.

Ils ne furent guère que des transmetteurs de la science grecque. Les traductions, abrégés et commentaires qu'ils avaient faits des œuvres de Ptolémée et d'Aristote furent retraduites en latin dès la fin du XIIe siècle. Au XIIIe siècle, on connaissait déjà dans ses grands traits la cosmologie de Ptolémée, lequel, par une confusion avec les successeurs grecs des Pharaons, on appelait « le roi Tolomeus ».

Avec Ptolémée et Aristote s'introduisaient du même coup les opinions qu'ils avaient combattues.

Il ne faut donc pas s'étonner de rencontrer, dès le XIVe siècle, un homme tel que Nicole Oresme qui professa la rotation de la terre sur elle-même. Les écrits où il soutenait cette opinion furent découverts par M. Pierre Duhem au cours de ses recherches parmi les manuscrits inédits du moyen âge [1]. Il serait fort possible qu'en poursuivant ce dépouillement on exhumât d'autres précurseurs de Copernic et même des partisans du système héliocentrique, puisqu'il put y avoir, dès le XIIIe siècle, des lecteurs d'Archimède.

Comme autres auteurs qui combattirent sans conteste, et avant Copernic, le dogme de l'immobilité de la terre, on ne peut guère citer que deux noms : d'abord celui de Nicolas de Cues ou de Cusa (1401-1464) ; encore ce penseur, au cerveau original et puissant et un peu fumeux, proposait-il un système qui faisait perdre à la fois

---

1. Pierre Duhem. *Un précurseur français de Copernic. Nicole Oresme*, 1377. Paris 1909.

les avantages de la doctrine classique et de la doctrine contraire : se basant sur une conception métaphysique excellente en elle-même, il soutenait que le mouvement était universel ; donc la terre se mouvait, mais aussi la sphère des fixes. Pour concilier ces deux affirmations, Nicolas de Cues imagina de faire accomplir à l'ensemble du ciel, de l'est à l'ouest, et en douze heures, une révolution, tandis que la terre tournait sur elle-même dans le même sens en vingt-quatre heures. Cette combinaison produisait le même effet que l'immobilité de la terre et la rotation du ciel en vingt-quatre heures [1].

Outre Nicolas de Cues, on peut citer Celio Calcagnini (1479-1541) qui, dans son essai (écrit vers 1525) *Quod cœlum stet, terra moveatur...* professa la rotation diurne de la terre.

Ni Oresme, ni Cues, ni Calcagnini, n'étaient cependant astronomes ; ils ne faisaient que spéculer sur la cosmologie.

L'astronomie véritable ne s'introduisit d'ailleurs que fort tard en Europe et avec Johann Müller, dit Regiomontanus (1436-1476), auteur d'éphémérides fameux à son époque, mais qui suivit intégralement Ptolémée. Après lui, on commença en Allemagne, puis en Italie, à faire des observations astronomiques.

Bien que ce soit en somme affaire de cosmologie, nous parlerons ici des spéculations des Arabes sur les systèmes planétaires, en raison des influences qu'elles eurent en Europe. Ils s'ef-

---

1. Dreyer. *Planetary system*, pp. 284-286.

forcèrent de traduire en réalités objectives les cercles purement mathématiques de Ptolémée. On s'imagine *a priori* la possibilité de cette entreprise : un équipage formé par un épicycle de rayon r dont le centre se meut sur un déférent de rayon R peut être remplacé par une sphère de rayon r roulant sur une autre sphère de rayon $R-r$. Nous n'insisterons pas davantage sur ce point. Qu'il nous suffise de noter que les systèmes essayés à cette fin furent assez nombreux, parce que nul ne s'avéra satisfaisant. Les mêmes tentatives, connues en Europe par la traduction des traités arabes, y furent poursuivies avec le même insuccès : Fracastoro, dans son traité *Homocentrica* 1538, et Giovanni Battista Amici, dans un ouvrage publié indépendamment (1536), reprirent les vieilles sphères homocentriques d'Aristote. Ils expliquaient la variation d'éclat des planètes par celle de l'épaisseur des sphères interposées.

§ 6. — Copernic (1473-1543).

Copernic se trouva donc en présence d'opinions divergentes (relativement au mécanisme planétaire). Cela prouvait bien qu'un système satisfaisant du monde céleste restait encore à trouver et qu'il fallait le chercher hors des voies classiques d'Aristote et de Ptolémée. Telle fut la pensée qui détermina Copernic à entreprendre ses travaux, comme il prend soin de l'exposer lui-même.

Il commença par compulser tout ce qu'il eut à

sa disposition d'auteurs anciens pour voir s'ils ne lui suggéreraient pas une solution au problème qu'il abordait. Il rencontra, dans cette étude, le mouvement de la terre : sa translation en cercle hors du centre du monde enseignée par Philolaos, sa rotation sur elle-même, et il a su certainement qu'Aristarque de Samos avait émis l'hypothèse héliocentrique : aurait-il dit sans cela que quelques-uns, *nonnulli*, lui attribuaient la croyance au mouvement de la terre ? Si peu nombreux sont les textes sur ce sujet que, parmi seulement deux d'entre eux, il y en a nécessairement un d'explicite. D'ailleurs Copernic avait lu les *Placita Philosophorum*, comme en fait foi sa citation grecque relative à Philolaos. Or ce même recueil contient la mention très nette de l'idée héliocentrique d'Aristarque (voir à la fin du § 4 du présent chapitre). Le vague et la brièveté de Copernic en ce qui concerne Aristarque de Samos, la radiation faite par lui sur ses manuscrits, prêtent à craindre qu'il n'ait voulu se réserver la gloire de l'invention.

Mais, quand bien même il se serait approprié sciemment une idée ancienne, son mérite n'en resterait pas moins très grand. Alors qu'Aristarque de Samos ne fit sans doute rien pour établir en détail l'accord de son hypothèse avec les observations, Copernic consacra une grande partie de sa vie à une telle tâche, rédigeant un traité et dressant des tables : il releva lui-même toutes les positions de planètes qui lui étaient nécessaires pour déterminer les éléments de ses épicycles et excentriques.

Il n'y a pas à revenir sur la valeur astronomique du système copernicien. Notons cependant chez Copernic une erreur mécanique que tout le monde commettait de son temps et qui datait

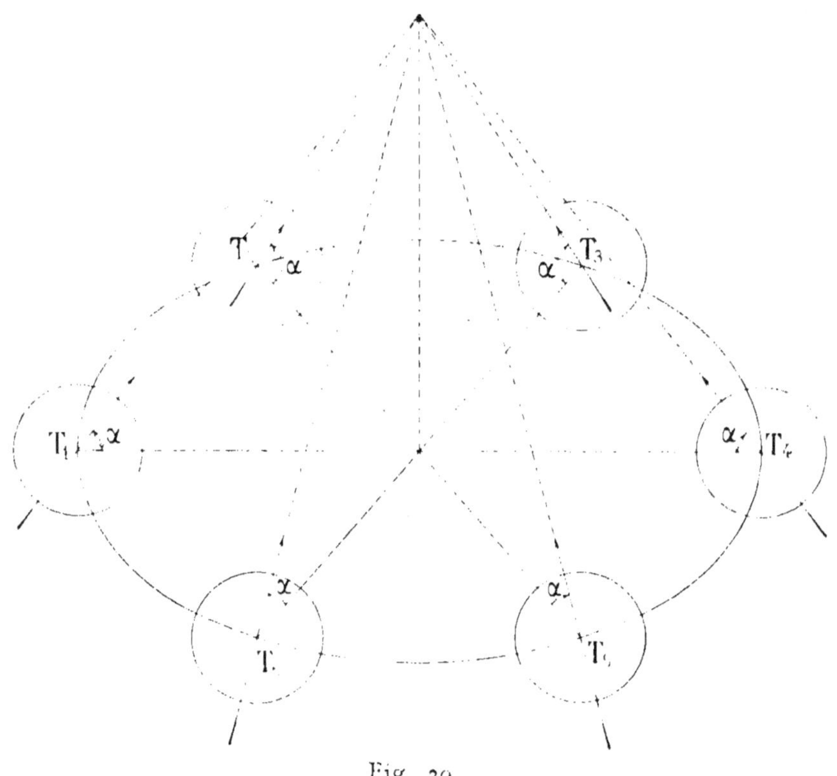

Fig. 20.

des origines mêmes de la science : il croyait que la translation héliocentrique de la terre eût dû, si elle était simple, s'accomplir de telle sorte que l'angle formé par l'axe des pôles et le rayon vecteur (fig. 20) demeurât constant. Pour expliquer l'immutabilité de la direction de cet axe dans l'espace, il imaginait donc un troisième mouvement terrestre qui lui faisait décrire un cône de révolution ayant le centre de la terre pour sommet.

Cette conception défectueuse de la rotation d'un corps autour d'un centre extérieur fut corrigée pour la première fois par Kepler et Galilée.

§ 7. — Tycho-Brahe (1546-1601).
Kepler (1571-1630).

Comme Tycho-Brahe n'était pas copernicien, on a l'habitude de le tenir pour rétrograde. En réalité, il fit faire à la science des progrès considérables. Au point de vue strictement astronomique, nous l'avons vu, son système planétaire valait *à son époque* le système de Copernic, ou, pour mieux dire, c'était le même ; et l'on n'a pas oublié que Tycho fut le premier à introduire dans la technique ancienne des perfectionnements importants.

Sa méthode l'emportait de beaucoup sur celle de Copernic. Le choix que faisait celui-ci parmi les positions des planètes rendait impossible tout contrôle sérieux de son système d'excentriques et d'épicycles. Tycho-Brahe, lui, s'attacha à faire des observations continues ; il dressa des élèves, leur distribua la tâche.

L'un d'eux, Kepler, révisa la théorie, déjà ébauchée par Tycho, de la planète Mars, théorie particulièrement difficile en ce temps-là. Grâce au grand nombre et à la précision des observations du maître, Kepler trouva impraticable de faire concorder avec exactitude les déplacements mesurés de la planète et les déplacements résultant d'un mécanisme classique. Il songea donc à une autre solution, et ce fut après un immense labeur qu'il finit par formuler ses trois célèbres lois, découverte admirable et qui, avec celles de Galilée, était le premier bond au delà de la science antique.

CHAPITRE II

LA DYNAMIQUE ARISTOTÉLICIENNE[1]

§ 1. — Caractères de la dynamique aristotélicienne.

Comme toute l'œuvre d'Aristote, sa dynamique est avant tout une logique. Le Stagyrite prend pour bases l'observation des phénomènes et la définition des mots, celle-ci toujours conforme à leur acception la plus courante : il poursuit l'édification de son système par des classifications d'abord, puis en montrant les relations existantes entre les catégories qu'il a établies et en pourchassant la contradiction partout où elle pourrait se glisser.

C'est ainsi que sa cosmologie et sa dynamique forment un tout d'une cohésion remarquable. Ses disciples fervents du moyen âge ont modifié sa doctrine en l'interprétant, et bien que ce ne fût pas sur des points en apparence essentiels, ils en ont ainsi détruit la solidité, tant chaque pierre de la construction était solidaire de toutes les autres. Jusqu'à Newton, aucun ensemble pareil n'exista.

---

1. Cf. Aristote, *Physique*, surtout livres IV et VIII, et *de Coelo*, *passim*.

Les cosmologues anciens les plus géniaux et les plus « précurseurs » de la science moderne n'ont jamais eu le même soin qu'Aristote de souder la cosmologie à la dynamique ; du moins certaines de leurs hypothèses, aujourd'hui confirmées, étaient-elles inconciliables avec quelques-unes des idées qui eurent universellement cours avant Galilée, et qu'ils professaient eux-mêmes.

Les vieux Ioniens, qui admettaient l'identité de la matière céleste et de la matière terrestre, introduisaient un principe méthodique dont nous avons signalé l'excellence. C'était au nom d'un principe méthodique non moins nécessaire, la non-contradiction, qu'Aristote proclamait la différence essentielle de ces matières.

Nous sommes tentés de dire : — Il fallait suivre les vieux Ioniens et se tenir, vis-à-vis des difficultés que soulevait leur doctrine, dans une position d'attente. — Était-ce une attitude supportable, était-ce même conforme à la première nécessité de la science, bien plus impérieuse que toute méthode : la nécessité de vivre ? Non, très certainement. Demeurer inerte volontairement en face d'un problème qui se pose, c'est, pour peu que cela dure, s'infliger une inertie habituelle, puis naturelle, définitive.

Il est donc absurde d'accuser Aristote d'avoir enrayé les progrès de la science, d'être une personnification de l'obscurantisme. Il représente au contraire une étape de concentration, de coordination, qu'une saine évolution imposait à la pensée humaine de fournir.

§ 2. — Classification des mouvements.

Aristote classe les mouvements comme les objets eux-mêmes, chaque classe d'objet ayant l'espèce de mouvement qui lui est propre.

Mettons à part, tout d'abord, comme étrangers à notre sujet, les mouvements des êtres animés.

Des quatre éléments ou manières d'être entre lesquels se répartissent les choses sublunaires, deux sont pesants : la terre et l'eau, deux sont légers, l'air[1] et le feu. Pesanteur et légèreté sont des qualités purement intrinsèques comme la couleur et la consistance, indépendantes de l'action des corps extérieurs, ce que nous pourrions appeler, en notre langue scientifique moderne, de la masse positive et négative. Voilà ce que proclament l'expérience courante, l'observation immédiate : nul ne peut, par le témoignage direct de ses sens, constater la moindre altération de la pesanteur d'un corps par le voisinage d'autres corps. (Aujourd'hui même, il faut pour cela aller à un musée de Berlin où l'on voit une énorme masse de plomb faire dévier de la verticale une petite balle de sureau.)

La pesanteur et la légèreté impliquent une tendance au mouvement rectiligne, centripète pour les corps pesants, centrifuge pour les corps légers ;

---

1. Aristote admettait la pesanteur de l'air, mais il ne fut pas suivi : son commentateur Simplicius et, après lui, tous les savants et philosophes, même non péripatéticiens, du moyen âge et de la Renaissance (y compris Léonard de Vinci), firent de l'air un élément léger. Ce fut seulement au xviie siècle qu'on commença de revenir à l'opinion d'Aristote.

ces mouvements toutefois ne sont pas indéfinis : ils cessent lorsque les corps atteignent leurs *lieux*, régions de l'espace où ils demeurent naturellement en équilibre. Supposons que les éléments terre et eau soient transportés dans le ciel, les éléments air et feu au centre du monde : une fois libres, la terre et l'eau vont en ligne droite au centre du monde et s'y arrêtent, le feu monte en ligne droite vers la sphère lunaire au-dessous de laquelle il s'arrête, l'air s'immobilisant entre le feu et les éléments pesants ; les arrêts se produisent à l'arrivée des éléments dans leurs lieux respectifs.

A partir de la sphère lunaire inclusivement, les objets et substances jouissent de propriétés toutes différentes. Ils sont soustraits au régime de la génération et du changement, incorruptibles, éternels. Leur qualité dynamique intrinsèque les prédispose au mouvement circulaire.

Ces mouvements, rectilignes de haut en bas pour les corps pesants, rectilignes de bas en haut pour les corps légers, circulaires pour les corps célestes, sont les *mouvements naturels*, ceux que n'accompagnent ni effort de la part du moteur, ni résistance de la part du mobile, par opposition aux *mouvements forcés*, effets d'une contrainte extérieure. Citons, parmi ces derniers, les mouvements des projectiles et tous ceux dont la production répondrait, suivant notre langage moderne, à une consommation *actuelle* d'énergie : élévation d'objets pesants, etc... Approcher du centre ou en écarter un fragment de sphère céleste, serait un mouvement forcé.

De cette classification, parfaitement conforme à l'observation et au bon sens, et dont une longue expérience n'a prouvé que la stérilité, résulte une conséquence immédiate : la négation de la pluralité des mondes, de la pluralité des centres d'équilibre de la matière.

Puisqu'en effet la pesanteur et la légèreté, tendances des corps vers certains lieux déterminés de l'espace, sont des qualités purement intrinsèques à ces corps, jamais ils ne se formeront en agrégat, sinon dans leurs lieux respectifs ou autour de ceux-ci ; des pierres situées quelque part dans le ciel resteraient tout à fait indifférentes les unes aux autres, incapables de s'influencer réciproquement ; rien ne subsisterait que l'impulsion naturelle qui les précipite vers un point, un seul point : le centre du monde, centre, par conséquent, des choses « terreuses », de la terre. Impossible donc qu'il subsiste hors de la terre un assemblage quelconque de matières pesantes, solides ou liquides, une planète, un monde, avec des mers et des continents. Mêmes conclusions relativement à l'air et au feu, à cela près qu'ils se portent, aussitôt qu'on ne les en empêche plus, vers des surfaces sphériques concentriques à la terre.

Je n'ai pu trouver les raisons logiques pour lesquelles il n'y aurait pas d'autres cieux en dehors de ceux que nous voyons. Les sphères de substance céleste, n'étant sujettes qu'à tourner sur elles-mêmes, resteraient là où elles sont en quelque région de l'espace qu'on les suppose situées.

Aristote a sans doute obéi à un sentiment de symétrie et de généralisation lui commandant d'étendre le plus possible à une partie du monde les lois qui s'imposaient à l'autre. Quoi qu'il en soit, l'unité de l'univers céleste, l'unité de son centre, furent les dogmes les plus en faveur dans l'antiquité, comme en témoigne le peu d'accueil que l'on fit au système planétaire d'Héraclide de Pont.

Et à quoi bon s'occuper de ces autres cieux purement hypothétiques? A nous, en particulier, ils n'importent guère : la possibilité admise de leur existence ne modifierait pas la dynamique d'Aristote.

§ 3. — Mouvement circulaire et mouvement rectiligne.

Par mouvement circulaire, il faut entendre celui d'un cercle tournant dans son plan autour de son centre ou d'une sphère tournant autour d'un axe passant par son centre. C'est le seul, dit Aristote, qui *puisse* être éternel : la sphère ou le cercle se recouvrent continuellement eux-mêmes ; il n'y a ni point de départ ni point d'arrivée, *pas de changement* géométrique, la figure demeurant toujours pareille à elle-même, ainsi qu'il le faut dans les cieux, séjour de l'inaltérable. Une conséquence cosmologique de ce qui précède est que les astres doivent être fixés à des sphères : toute autre combinaison ne satisferait pas à l'inaltérabilité céleste, et cela n'offre aucune difficulté, puisque les astres n'ont ni poids ni légèreté.

Considérons maintenant le mouvement rectiligne. Une droite réelle est toujours finie ; le mobile qui la parcourt a donc toujours une course limitée. Cette dernière proposition, qu'Aristote appuie de pas mal d'arguments métaphysiques, est en somme l'expression de l'observation courante : rien dans la réalité, directement accessible à nos sens, ne nous donne même l'idée d'un mouvement rectiligne indéfini.

Le mouvement circulaire étant le mouvement naturel des corps célestes, suivant le Stagyrite, on serait porté à croire, ou bien qu'ils tournent tout seuls, par cela même qu'ils existent, ou bien qu'une impulsion initiale momentanée a suffi pour leur communiquer une giration éternelle.

Il n'en est rien : Aristote veut que Dieu, le premier moteur, exerce une action constante sur le *premier mobile*, sphère qui entraîne tout l'ensemble de la machinerie céleste. Une seule caractéristique mérite à ce mouvement le nom de naturel : il n'exige aucun effort physique.

L'idée d'Aristote, que nous venons de mentionner, est conforme à un principe général de sa dynamique : la négation implicite de notre principe d'inertie.

Appliqué aux cieux, le mouvement circulaire est uniforme, sans quoi il faudrait imaginer une variation quelconque des agents supralunaires : c'est ce que Copernic lui-même, comme nous l'avons vu, ne se résolvait pas à admettre.

Nouveau contraste avec le mouvement rectiligne naturel qu'Aristote conçoit comme toujours sujet à l'accélération par le fait qu'il ne peut pas être éternel ; partant, en effet, du repos à un moment déterminé de la durée, un mobile ne passe d'une vitesse nulle à une vitesse donnée qu'en vertu d'une accélération, et cette accélération a, pour persister, les mêmes raisons qu'elle a eues de commencer. Elle ne cesse qu'au moment où le mobile atteint son but, son lieu.

Tout mouvement qui n'est ni circulaire ni rectiligne est composé de circulaire et de rectiligne. En posant ce principe, la dynamique aristotélicienne présente, chose curieuse, une analogie avec notre analyse moderne des mouvements qui se base sur la possibilité de toujours décomposer un déplacement quelconque infiniment petit en une translation suivant une droite et une rotation. Le Stagyrite confirme ainsi que la mécanique céleste doive exclure tout mouvement qui n'est pas strictement circulaire.

§ 4. — Le mouvement rectiligne naturel : chute des corps.

Il n'existe qu'un seul mouvement rectiligne naturel : celui qui anime les corps composés d'un ou plusieurs des quatre éléments lorsque, déplacés de leur station d'équilibre et abandonnés à eux-mêmes, ils se précipitent vers leur lieu. Nous n'avons à considérer ici que les corps pesants, donc leur chute.

Rien de plus complexe, pour l'observation immédiate, que la chute des corps, même dans un air que nous supposons toujours calme. A volume extérieur et à poids égaux, elle varie suivant la forme : une feuille de tôle très mince et pesant un kilo tombera moins vite qu'une boule creuse de fer du même volume et pesant aussi un kilo. A volumes extérieurs égaux, les corps les plus lourds ont la chute la plus rapide : une bulle de savon tombe beaucoup moins vite qu'une sphère de plomb pleine et du même diamètre. A formes pareilles et à poids inégaux, les corps de la même densité tombent d'autant plus lentement qu'ils sont plus légers : un grain de cendrée, lâché de haut en même temps qu'une balle de plomb grosse comme le poing, arrivera à terre bien après elle.

Nous savons que toutes ces inégalités sont dues à la résistance de l'air et que, dans le vide, elles cesseraient d'être. Elles n'en constituent pas moins des faits d'expérience journalière.

Aristote les enregistre et les réunit sous les lois suivantes :

La pesanteur étant une qualité intrinsèque des choses, un objet, s'il ne change pas de milieu, parcourra à partir du commencement de sa chute, le même espace dans le même temps, et cela n'importe où on suppose transporté le point origine de la chute. Tombant de la sphère du soleil ou de celle des étoiles fixes (si cela était possible), un corps donné parcourrait toujours le même mombre m de stades et fractions de stade dans les n premières minutes de sa chute.

La chute, étant un mouvement rectiligne, est nécessairement accélérée. L'accélération s'inscrit à la fois dans la nature des objets pesants et dans celle des droites réelles.

A formes semblables, la vitesse de la chute ne dépend que de deux facteurs : le poids du « grave » et la résistance du milieu. Dans un milieu donné, la vitesse de chute est proportionnelle au poids, et, pour un corps pesant, un grave donné, la vitesse de chute est inversement proportionnelle à la résistance du milieu, laquelle varie comme la densité : si la densité de l'air était le millième de celle de l'eau, un même corps tomberait mille fois plus vite dans l'air que dans l'eau.

Aristote concluait de là que, dans le vide, la vitesse serait infinie pour tous les corps, et c'est un des arguments qu'il invoque pour nier l'existence du vide au sein de l'univers réel.

Le Stagyrite indiqua bien le *sens* suivant lequel variaient les phénomènes de chute ; son erreur fut de les soumettre à la proportionnalité. Il voulait une loi et, du moment que c'était une loi, qu'elle fût simple. L'observation lui aurait montré que si un grain de sable tombe beaucoup plus doucement qu'une pierre pesant une livre, celle-ci tombe sensiblement aussi vite qu'une pierre de deux livres. Mais que serait devenue la la loi et sa simplicité ? Plutôt que de la sacrifier, on préféra sans doute imaginer quelque subtile réaction aérienne.

La recherche des lois de la chute ne devait se montrer féconde qu'une fois éliminée la résistance de l'air, et cette élimination n'a pu se faire que d'une manière détournée vérifier directement les lois de la chute en faisant tomber les corps au sein d'un vide effectif, ce n'est, encore

aujourd'hui, qu'un procédé qualitatif et grossier).
Rien absolument n'était propre, dans l'antiquité,
à faire prévoir cet avenir. Voilà l'excuse d'Aristote.

§ 5. — Négation implicite du principe moderne d'inertie. Mouvement des projectiles.

Ce fut une grave pierre d'achoppement pour la
pensée humaine que le mouvement des projectiles. Notre principe actuel d'inertie a supprimé
petit à petit le sentiment de mystère qui s'y atta-
chait. Nous disons que la matière ne peut par
elle-même modifier, ni en grandeur, ni en direction, le mouvement qu'elle a reçu, et cela nous
paraît un axiome : en réalité, l'illustre et regretté
Henri Poincaré l'a fort bien montré, ce n'est
qu'une convention méthodique dont on ne peut
pratiquement se passer pour l'analyse des phénomènes mécaniques. Chez les Anciens, l'inertie
— conception tout à fait raisonnable — était l'in-
capacité radicale de la matière à se mouvoir par
elle-même : comment donc un objet, sur lequel on
n'agissait plus, conservait-il de la vitesse ?
Passe encore pour les graves de tomber : ils
obéissaient à une tendance naturelle ; la main
qui les lâchait ne leur ajoutait rien qui ne fût déjà
en eux. Mais les projectiles ! on leur communiquait quelque chose qui, non seulement était
étranger à leur être, mais contrariait leur nature,
et ce quelque chose, ils le conservaient pendant
un temps appréciable ! Morts, pour ainsi dire, ils
vivaient ! De très grands esprits de la Renais-

sance ne sortirent de la difficulté qu'au prix d'explications tout à fait mystiques.

Aristote, lui, la résolut plus rationnellement. Il posa en principe que, dans tout mouvement forcé, le moteur demeurait en contact avec le mobile; et, en effet, n'est-ce pas le cas général : traction de véhicules, portage de fardeaux, etc.? Pour expliquer l'exception apparente que constituait le mouvement des projectiles, Aristote imagina une suite de réactions du milieu sur le mobile et du mobile sur le milieu : « Il est vrai, dit-il, que le mobile cesse d'être mu en même temps que le moteur cesse de mouvoir; mais le mobile est encore moteur et il meut quelqu'autre chose qui est à la suite. Même raisonnement pour cette seconde chose... » L'impulsion s'arrête « quand le terme antérieur ne peut plus faire que le corps meuve, mais seulement qu'il soit mu [1] ». Le choc du départ détermine une première vague aérienne qui réagit sur le projectile et le pousse, nouveau choc, nouvelle vague, etc...

Cette nécessité du contact entre le moteur et le mobile s'étend aussi aux sphères célestes, bien que leur mouvement soit naturel. Elles sont en leur lieu, en équilibre : elles n'ont donc rien qui les sollicite à se mouvoir. Cette sollicitation ne peut leur venir que de l'extérieur et doit être permanente. Si, par impossible, Dieu cessait d'agir sur elles, elles s'arrêteraient, sans quoi il faudrait voir en elles des êtres animés, puisque

1. Aristote. *Physique*, l. VIII, ch. xv, 14, 15.

rien, ni en elles, ni hors d'elles, ne les entraînerait plus à tourner.

§ 6. — Composition des mouvements.

L'antiquité connaissait le problème de la composition des mouvements. Elle l'envisageait et le
traitait comme nous, mais à condition que le
mobile soumis à un mouvement composé demeurât en contact avec un moteur ou un agent résis-
tant. On ne trouve pas un seul auteur avant
Galilée qui ait admis nettement le mouvement
composé pour un mobile abandonné à lui-même.
Qu'un corps en chute libre participât à la rotation
de la terre, cela, jusqu'au XVIIe siècle, fut toujours très mal expliqué par les partisans de cette
rotation. Eux-mêmes ne comprenaient pas la
superposition de deux impulsions distinctes dans
un même corps : si la terre tournait, c'était un
mouvement naturel ; la chute en était un aussi ;
comment se figurer qu'un objet réunît, parmi les
propriétés intimes de son être, deux tendances
inconciliables comme celle à se mouvoir en ligne
droite et celle à tourner en cercle ? Même difficulté en ce qui concernait les projectiles.

La dynamique aristotélicienne repoussait la
composition des mouvements dans le cas considéré. L'impulsion d'une flèche lancée par l'ar-
cher, pensait Aristote, ne se combinait pas avec
la pesanteur de la flèche ; elle était un empêche-
ment au mouvement naturel : celui-ci ne commençait de se produire qu'une fois l'obstacle
entièrement supprimé.

§ 7. — Objections au mouvement de la terre [1].

Nous réunissons ici les objections au mouvement de la terre que l'on trouve dans Aristote et Ptolémée et implicitement dans la doctrine péripatéticienne. Ptolémée était à peu de chose près aristotélicien au point de vue cosmologique et physique, comme aussi la grande majorité des philosophes et savants de l'antiquité. Aristote, en effet, n'a pas apporté dans sa doctrine beaucoup de ce qu'on pourrait appeler des opinions personnelles : il est surtout le critique et le coordinateur logique de la pensée et de la science de ses contemporains ; or la science grecque avait posé du temps d'Aristote toutes ses bases essentielles, de sorte que l'œuvre du Stagyrite conserva, longtemps après lui, toute sa valeur. A la vérité, il ne connut pas les excentriques et épicycles, qu'il eût sans doute adoptés, mais ceux-ci n'obligent pas à introduire dans son système de changements notables, puisqu'ils peuvent, en principe du moins, être remplacés par des sphères.

A peine a-t-on besoin de mentionner l'antinomie radicale qu'il y a entre la dynamique aristotélicienne et le mouvement du globe terrestre : la terre étant composée d'éléments dont la tendance naturelle est de se mouvoir en ligne droite, sa rotation sur elle-même ou sa translation circulaire seraient des mouvements forcés. Or d'où viendrait cette contrainte ? Et à supposer qu'on

1. Aristote. *De Coelo*. l. II, ch. xiv. — Ptolémée. *Syntaxis*, l. I, ch. vi ; dans Halma : *Ptolémée*, vol. I, pp. 17-21.

lui trouvât une origine, comment son effet ne cesserait-il pas bientôt? Tout mouvement s'épuise, excepté s'il est dû à un moteur éternel, mais Aristote répugnait à réclamer de Dieu un effort physique direct qui équivaudrait à supprimer chez l'homme tout effort scientifique.

Si la terre tournait, elle volerait en éclats, disloquée par sa vitesse prodigieuse. On ne pouvait pas rétorquer que cet accident était encore plus à craindre pour les sphères célestes, puisque celles-ci, indifférentes à la pesanteur ou à la légèreté, incorruptibles, immuables, constituées par une substance qui ne ressemblait en rien aux substances terrestres, n'avaient aucune raison pour craindre les causes de ruine qui menaçaient les choses sublunaires. L'objection tirée de la force centrifuge subsistait donc, et elle était des plus sérieuses. A l'équateur, la vitesse linéaire est de plus de 1 600 kilomètres à l'heure (plus de 400 mètres à la seconde), à la latitude de 60°, de plus de 800. Comment les quadrupèdes et bipèdes n'étaient-ils pas projetés dans l'espace, faute d'avoir aux pieds des ventouses tenaces? On ne put en rendre compte avant Huyghens qui, en 1669 seulement, analysa et mesura la force centrifuge. Il montra qu'elle dépendait de deux vitesses : la linéaire et l'angulaire. Celle-ci, dans le cas de notre globe, est très faible, — la moitié de celle des petites aiguilles d'une horloge, — et compense ainsi la première.

On constatait, en laissant tomber un grave du haut d'une tour bien droite, qu'il tombait toujours (l'air étant calme) au pied de la tour. Cela paraissait une preuve de la non-rotation de la terre. Le grave, en effet, une fois abandonné à lui-même, ne pouvait, pensait-on, obéir qu'à son mouvement naturel qui était rectiligne de haut en bas. Il suivait, en toute hypothèse, une verticale fixe dans l'espace : la verticale de la tour, au contraire, si l'on supposait celle-ci entraînée par la giration terrestre, était mobile dans l'espace ; pendant le temps de la chute, ces deux verticales devaient donc s'approcher ou s'écarter l'une de l'autre, et le grave frapper les parois de la tour, si on le lâchait à l'est, tomber loin du pied de la tour, si on le lâchait à l'ouest[1]. Même raisonnement dans le cas des projectiles, et basé sur ce fait qu'une flèche, par exemple, tirée verticalement, retombait toujours, quand il n'y avait pas de vent, à la place d'où on l'avait lancée[1]. Nous savons déjà de quelle erreur, relative à la composition des mouvements, provenait ce raisonnement. Les « rotationnistes », avons-nous dit, la partageaient le plus souvent ; ils avaient recours à l'explication suivante : l'atmosphère tout entière obéit à la giration ter-

---

1. Lâché à l'ouest, du haut d'une tour de 45 mètres, un corps pesant met trois secondes environ à atteindre le sol ; pendant ce temps et dans nos climats (latitude inférieure à 60°), la verticale de la tour s'éloigne de plus de 600 mètres de sa position initiale. Le grave devrait donc, suivant l'objection antique, toucher terre à plus de 600 mètres du pied de la tour.

2. En réalité, il se produit bien, dans les chutes, une déviation hors de la verticale, mais elle est infinitésimale par rapport à celle qu'escomptaient les partisans de l'immobilité terrestre. Et même, dans le cas de la tour, on constaterait l'effet inverse (rapprochement du pied de la tour à l'Ouest, éloignement à l'Est) s'il n'était pas pratiquement impossible de le mesurer.

restre, et c'est l'air qui entraîne les graves au cours de leur chute, les flèches quand elles ont quitté la corde de l'arc. Ils répondaient ainsi dès le temps de Ptolémée, ou plutôt, vraisemblablement, dès l'origine, puisque l'auteur de l'Almageste examine les plus vieilles opinions cosmologiques, et que la science, à son époque, ne vivait plus guère que de souvenirs. Cette explication, d'ailleurs mauvaise, était meilleure pour rendre compte de ce qu'il n'y eût pas toujours, de l'est à l'ouest, un vent formidable, un transport constant et rapide des nuages. Ptolémée rétorquait à son tour que si l'air participait à la rotation de la terre, les volatiles ne pourraient plus avoir de mouvement propre, s'écarter les uns des autres, suivre des directions différentes. Il néglige d'exposer pourquoi. Il imaginait, je pense, que l'atmosphère eût été, dans ce cas, pareille aux flots d'un torrent impétueux, à un courant irrésistible.

Sur ce chapitre, Ptolémée paraît compiler sans discernement toutes les opinions émises avant lui ; heureusement qu'avec les mauvaises il ramasse les bonnes. Voici, contre la translation de la terre, une objection grave qui conservait encore toute sa force au commencement du XVIIe siècle : si la terre avait un mouvement de translation, sa masse lui ferait devancer tous les corps plus légers qui entourent sa superficie : l'atmosphère, les pierres détachées, les hommes, les animaux, seraient semés en arrière et resteraient sans support dans l'espace. On en jugea ainsi d'abord par analogie avec la chute des graves, les très petits poids tombant moins vite que les gros ; la doctrine de *l'impetus* telle que l'admettaient encore Galilée et Kepler venait à l'appui de l'objection de Ptolémée : elle posait que les corps lancés allaient d'autant plus vite et plus loin qu'ils étaient plus lourds.

Rappelons qu'à la translation de la terre, Ptolémée opposa *un seul* argument astronomique réfuté d'avance par Aristarque de Samos. A part cet argument, toute son opposition n'est basée que sur des raisons tirées de la physique et de la dynamique.

CHAPITRE III

ÉVOLUTION DE LA COSMOLOGIE
ET DE LA DYNAMIQUE
DEPUIS L'ANTIQUITÉ JUSQU'A NEWTON[1]

§ 1. — Transmission au moyen âge
de la science grecque.

Le christianisme, ayant triomphé de la pensée
païenne, poussa quelquefois la réaction contre
elle jusqu'à rejeter en bloc toute la tradition
antique, science et philosophie comprises. Certains auteurs affirmèrent que seules, et inter-
prétées littéralement, les Saintes Écritures contenaient la vérité sur la structure de l'univers.
Lactance (IVe siècle) jeta le ridicule sur la notion
d'une terre sphérique où il y aurait des hommes
marchant la tête en bas[2]. Comme lui, Severianus,
évêque de Gabala (IVe), Diodore, évêque de
Tarse (IVe), Kosmas l'Indicopleuste (VIe), celui-
ci s'appuyant sur nombre d'écrivains patristiques,

1. Cf., outre les ouvrages déjà cités de Bigourdan et de Dreyer,
P. Duhem, *Les origines de la statique*, 2 vol., Paris, 1905-1906.
Études sur Léonard de Vinci, ceux qu'il a lus et ceux qui l'ont lu.
2 vol., Paris, 1906-1907. — Ch. Langlois, *La connaissance de la
nature et du monde au moyen âge*, Paris, 1911.

2. *Divinæ Institutiones*. L. III, ch. XXIV. Dans Migne, *Patrolo-
giæ cursus completus*. T. VI, pp. 125-127.

revinrent à la notion primitive de la terre plate : ils se rencontraient, chose piquante, avec les Épicuriens.

Ce ne fut pas toutefois leur opinion qui prévalut : à l'imitation de saint Augustin et de saint Ambroise, les dirigeants les plus éclairés de l'Église chrétienne, surtout en Occident, demeurèrent attachés à la civilisation antique. Ils en subissaient le prestige. Ils en conservèrent tout ce qui leur semblait conciliable avec la foi, notamment la principale donnée cosmologique : sphéricité des cieux et de la terre. Comment se justifiait-elle ? on ne tarda pas à l'oublier : les œuvres des Grecs se perdirent, ou, quand on les possédait, on était incapable de les lire. Sauf de très rares exceptions, on ne se remit à apprendre le grec qu'à la fin du XVe siècle, et c'est le recommencement de cette étude qui fit, en somme, toute la Renaissance et tout l'humanisme.

Mais la croyance à la sphéricité du monde ne sombra pas dans ces ténèbres : elle fut professée par Isidore de Séville (VIe-VIIe siècles), Bède le Vénérable (VIIe-VIIIe), Gerbert (fin du IXe). Quelques bribes de science antique se conservaient d'ailleurs par les auteurs latins dont les œuvres subsistaient, tels Pline, Boèce, Chalcidius, Macrobe, Martianus Capella et quelques compilateurs assez obtus.

Un véritable renouveau eut lieu à la fin du XIIe siècle, quand, traduites de l'arabe en latin, se répandirent les œuvres d'Aristote, de Ptolémée et de leurs commentateurs.

Les principales données de l'astronomie et de

la cosmologie antiques furent professées dès lors.
non seulement dans les traités « savants », mais
dans les ouvrages de vulgarisation : voir les
extraits et résumés, par M. Ch. V. Langlois, de
l'*Image du Monde*, de *Barthélemy l'Anglais*,
de *Sidrach*, de *Placides et Timéo*, du *Livre
du Trésor* (XIIIᵉ siècle) [1].

§ 2. — Nature des corps célestes.

La doctrine aristotélicienne ne s'installa pas
sans résistance, ni sur une table entièrement rase.

On commença par interdire formellement la
lecture du Stagyrite et de ses commentateurs, et
ce ne fut qu'en 1254 qu'il prit place dans l'enseignement de l'Université de Paris, grâce principalement à l'influence d'Albert le Grand
(1193-1280) et de saint Thomas d'Aquin (1227-
1274).

Déjà existaient des germes d'opinions cosmologiques qui contribuèrent sans doute à faire
naître plus tard la critique du système péripaté-
ticien. Pendant toute la fin de l'antiquité, on
accorda un grand crédit aux idées des Stoïciens
sur l'univers : ces philosophes admettaient la
doctrine d'Aristote, sauf sur un point : ils professaient la nature ignée des astres. C'était illo-
gique, comme le démontrait Plutarque dans le
De Facie [2]... Pour qui adoptait la théorie des
lieux naturels, le feu eut dû, non pas se distri-

1. Ch. V. Langlois. *Loc. cit.*, pp. 77-80, 142-147, 225, 231, 295-
297, 349-355.
2. VIII, 5. Didot. *Plutarque* IV, *Moralia*, II, p. 1132.

buer entre des centres épars, mais s'agglomérer en une seule couche sphérique.

Beaucoup de docteurs chrétiens pensèrent aussi que les astres étaient de feu.

L'autorité des Écritures leur commanda d'introduire encore dans les cieux une autre matière terrestre. Revenant par la Bible à l'antique conception chaldéenne des eaux supracélestes, ils s'ingénièrent diversement à les tenir suspendues parmi les régions éthérées. La solution de saint Anselme fut de les congeler et d'en faire l'immense globe creux où étaient attachées les étoiles fixes.

Cette conception des cieux liquides demeura plus ou moins latente pendant l'époque du règne d'Aristote. On la voit réapparaître au XVIIe siècle : « Les cieux étant liquides ainsi que jugent presque tous les astronomes de ce (notre) siècle... », écrivait Descartes au P. Mersenne, le 13 juillet 1638 [1].

Une fois conquis au péripatétisme, les auteurs médiévaux posèrent, comme l'exigeait la logique du système, une distinction essentielle entre les quatre éléments et la substance de tout ce qui n'était pas sublunaire. Il y eut toutefois des dissidences ouvertes ou indirectes. Les premières ne vinrent que de Duns Scott et de Guillaume d'Ockam. Celui-ci professait que les corps célestes avaient les mêmes propriétés que les autres. Son opinion, il l'avouait, ne se basait sur aucune preuve ; un principe seul la justifiait, à

---

1. Ch. Adam et Paul Tannery. *Œuvres de Descartes*, Paris, 1897-1909. *Correspondance*. t. II. p. 225.

savoir qu'on ne doit pas introduire la pluralité là
où elle est inutile ; or l'incorruptibilité des astres,
bien que terreux ou ignés, pouvait s'expliquer en
admettant l'absence, pour eux, d'agents de corruption. D'Ockam oubliait toutes les difficultés
dynamiques qu'engendrait sa doctrine, aussi ne
fut-il pas suivi.

Si cohérent qu'apparaisse l'édifice d'Aristote,
il n'est cependant pas exempt de points faibles.
La théorie des comètes, en particulier, y constitue une véritable lézarde. Comme l'apparition
des comètes était essentiellement transitoire et
variable, Aristote ne pouvait localiser ce phénomène dans le domaine céleste où tout était
immuable ; il abaissa donc les comètes au rôle
de météores sublunaires ; d'autre part, elles participaient à la rotation diurne. Pas d'autre explication possible que de les faire entraîner par les
couches supérieures de l'atmosphère en supposant
celles-ci entraînées elles mêmes par le mouvement du ciel [1].

Ainsi l'air de tout en haut tournait en vingt-
quatre heures, donc l'air d'en bas pouvait aussi
bien tourner lui-même ; l'air d'en haut était mis
en branle à la suite du feu par une sphère d'un
poli absolu, à plus forte raison la rotation en
vingt-quatre heures de la terre, d'un globe rempli
d'aspérités, se fût-elle communiquée à l'air d'en
bas. Enfin l'atmosphère supérieure, motrice des
comètes, était soumise à un mouvement forcé et
le recevait d'un corps animé d'un mouvement

1. Aristote. *Météorologie*, l. I, ch. VIII, 11-21.

naturel exclusif de l'effort. Il y avait là une contradiction funeste pour le système.

C'est ce que comprit et expliqua fort bien Nicole Oresme[1], partisan, on le sait, de la rotation terrestre.

Les arguments de celui-ci furent repris brièvement par Copernic[2].

Tycho-Brahe montra, par des mesures de parallaxe, que la comète de 1577 était au moins à 6 fois la distance de la lune[3], c'est-à-dire en plein dans les cieux d'Aristote ; donc ceux-ci, puisque les comètes sont changeantes, n'étaient pas l'exclusif séjour des choses immuables.

La lune, par son simple aspect, inspira de bonne heure cette conclusion à plusieurs philosophes. Elle a une tache : cela paraissait assez surprenant de la part d'un corps inaccessible à la corruption. En voulant expliquer une si inquiétante irrégularité, les Scolastiques eux-mêmes en vinrent à comparer le corps lunaire à certaines matières terrestres, comparaison dangereuse au point de vue aristotélicien, puisqu'elle introduisait des analogies entre le sublunaire et le non-sublunaire. Albert de Saxe (XIV° siècle) combattit l'opinion de ceux qui faisaient de la lune un miroir : selon eux, la tache était, soit l'image de la terre, soit une exhalaison de vapeurs obscures. La conclusion d'Albert de Saxe fut que la lune ressemblait à un globe d'albâtre non homogène, les parties denses et opaques parais-

1. P. Duhem. *Nicole Oresme*, pp. 17-18.
2. *De Revolutionibus...* l. I, ch. VIII, p. 22.
3. Dreyer. *Tycho-Brahe*, p. 165.

sant plus blanches, les autres plus noires. (En quoi Albert ne faisait que répéter un commentateur.)

Et si cela était, reprit à son tour Léonard de Vinci, la tache changerait suivant la position relative du soleil et de la lune. La lune ne ressemble pas non plus à un miroir : un corps sphérique et parfaitement poli ne nous renverrait qu'une image très petite et excessivement brillante du soleil. Elle doit être conçue comme hérissée d'une infinité de petites surfaces réfléchissantes : les plus lumineuses sont les vagues d'une mer agitée, la tache représente des continents.

La belle discussion de Léonard sur la nature de la lune[1] reproduit en partie celle de Plutarque dans le *De Facie...* Remarquons ici qu'on souligne à peine la place qui revient à Plutarque dans l'histoire de la science. C'est à tort : elle est considérable ; le grand écrivain n'a sans doute rien inventé, mais il sait agiter les questions scientifiques avec une intelligence et une rigueur aisée qui ne furent jamais égalées après lui pendant l'antiquité et qui n'avaient jamais été dépassées avant lui. Son *De Facie...* est le seul traité parvenu jusqu'à nous où soient coordonnées et défendues une cosmologie et une dynamique non-aristotéliciennes, et dites, pas tout à fait exactement, pythagoriciennes. Il contient l'essentiel des principes scientifiques que les auteurs de la Renaissance opposèrent, avant

1. Ravaisson. *Les manuscrits de Léonard de Vinci*. Paris, 1883-1891. *Manuscrits* A : fol. 64 (recto), F : 85 r, G : 20 r, K : 1 r.

Galilée, à la doctrine du Stagyrite, et comme c'est au début de la Renaissance qu'il put être traduit, on peut avancer *grosso modo* que la chaîne évolutive aboutissant à la dynamique newtonienne se noue directement de l'antiquité à Galilée par l'intermédiaire de Plutarque. (Ceci n'est vrai qu'au point de vue cosmologique et dynamique, et encore, répétons-le, *grosso modo*: en réalité, le moyen âge, du moins à partir de la fin du XII⁰ siècle, fut loin d'être la période stagnante que l'on croit : il fit beaucoup pour ameublir le terrain où devait lever la semence apportée par le *De Facie*... Ce n'est qu'au XVI⁰ siècle ou à la fin du XV⁰ que les Scolastiques méritèrent leur réputation d'obscurantisme inintelligent et entêté).

Les inductions, très anciennes, on le voit, sur la nature « terreuse » de la lune, furent confirmées par Galilée dans les premières années du XVII⁰ siècle. Sur la simple nouvelle qu'on avait trouvé en Hollande le moyen de rapprocher les objets éloignés en les regardant à travers une combinaison de lentilles, il construisit de son côté la lunette astronomique. Il s'en servit pour étudier la lune et y observa très nettement des apparences de montagnes.

Il découvrit aussi les taches du soleil, reconnut qu'elles appartenaient à la surface de l'astre, qu'elles variaient de formes et de dimensions. Il montra que Vénus avait des phases, preuve qu'elle tournait autour du soleil, n'était pas lumineuse par elle-même et pouvait donc avoir la même nature que la lune.

Tout cela, joint à l'apparition, en 1605, d'une étoile temporaire, d'une *Nova* dénuée de parallaxe appréciable, tout cela ruinait le principe fondamental de la cosmologie et de la dynamique aristotéliciennes : la différence substantielle radicale impliquée entre les corps par leur habitat, suivant qu'il était d'un côté ou de l'autre de l'orbite lunaire.

§ 3. — Classification des mouvements.

La théorie péripatéticienne des mouvements naturels était commandée par la logique et la cohésion du système, mais elle avait en elle-même quelque chose de peu satisfaisant. Rien de commun entre les deux espèces de mouvements naturels, le rectiligne et le circulaire. Le premier animait les corps lorsqu'on écartait d'eux tout obstacle, il résultait d'une tendance vers un lieu ; le second, au contraire, s'appliquait seulement à des objets qui demeuraient en leur lieu, et il ne correspondait à aucune tendance : un corps sujet au mouvement circulaire fût demeuré en repos si son Créateur n'eût fait que de le laisser entièrement libre. En un mot, le mouvement circulaire ne méritait l'épithète de « naturel » que négativement, qu'en ce qu'il *n'était pas* mouvement forcé.

Pouvait-il donc *jamais* être mouvement forcé pour un corps fixé en son lieu, comme, par exemple, l'ensemble de la terre et de l'atmosphère ? Non, évidemment. Que la terre fût animée d'une rotation sur elle-même, et elle n'en recevrait nulle contrainte : rien ne changerait dans sa position d'équilibre par rapport au centre de l'univers. En fait d'obstacles, lequel imaginer ? Le milieu infiniment fluide et subtil des régions célestes n'était apte à produire aucun frottement, aucune résistance.

Donc, à elle seule, la théorie des mouvements naturels ne constituait pas une objection contre la rotation de la terre. C'est ce que comprit très bien Nicole Oresme [1]. Copernic reprit les arguments de ce dernier [2].

Galilée soutint le premier, et de bonne heure, que le mouvement circulaire n'était ni naturel ni violent [3], ce qui ressort en somme de la définition qu'en fait Aristote lui-même.

« Ne me dis pas, écrit enfin Kepler, que la faculté motrice (de la planète)... est née apte au mouvement circulaire, de même que la nature de la pierre est de descendre en ligne droite.

« Je nie qu'aucun mouvement éternel non rectiligne ait été donné par Dieu à un corps privé d'esprit [4]. »

La découverte des orbites elliptiques n'allait pas en effet sans ruiner le dogme des mouvements circulaires ; ceux-ci, ne présidant plus à l'ordre des cieux, perdaient tout titre à l'appellation de mouvements naturels, et Kepler commençait de

1. P. Duhem. *Nicole Oresme*, pp. 15-16.

2. *De Revolutionibus...* liv. I, ch. VIII, p. 21-23.

3. *De Motu. Le Opere di Galileo Galilei*. Edizione nationale. Firenze (1890-1898), vol. I, pp. 304-307.

4. *Kepleri Opera Omnia*, vol. III. *De motibus stellæ Martis*, I, ch. II p. 177.

formuler notre principe d'inertie que les Anciens
eussent sans doute traduit en disant : le seul mouvement naturel est le mouvement rectiligne, uniforme et de durée indéfinie.

§ 4. — **Chute des corps**.

On n'a aucun indice, dans l'antiquité, d'une
opposition à la loi aristotélicienne de la chute
des corps. De bons observateurs pouvaient reconnaître que cette loi était inexacte, mais comment
en eussent-ils proposé une autre ? La complexité
des phénomènes de chute est extrème. Et d'autre
part, aujourd'hui encore, — les professeurs de
physique le voient par l'exemple des commen-
çants, — on accepte avec peine l'égalité de vitesse
de toutes les chutes dans le vide : elle implique,
semble-t-il à première vue, qu'une force de
100 kilos ne produise pas plus d'effet qu'une
force de 1 gramme. Pour ne pas être choqué de
cette conception, il faut admettre que si la première force est 100 000 fois plus grande que la
seconde, elle a aussi à vaincre une résistance
100 000 fois plus grande.

En somme, on est excusable de ne pas se
représenter bien clairement la coexistence, en un
même corps, d'une cause de mouvement et d'une
cause de non-mouvement.

Aussi ne faut-il pas être surpris de ce que la
première attaque contre la loi de la gravité for-
mulée par Aristote se soit fait attendre jusqu'à
la moitié du XVIᵉ siècle, jusqu'à Jean-Baptiste
Benedetti (1530-1590).

Celui-ci admit que la vitesse des graves en chute libre était proportionnelle à l'excès de leur densité sur celle du milieu ambiant, mais que, s'ils avaient la même densité, ils tombaient tous avec la même vitesse, quel que fût leur volume.

Sa démonstration n'est basée que sur le raisonnement. Elle prend comme point de départ, d'ailleurs à tort, l'hydrostatique. La vitesse de chute, pense Benedetti, comme Aristote, est proportionnelle au poids du corps et en raison inverse de la résistance du milieu ; mais — et ici Benedetti va s'écarter du péripatétisme — la résistance du milieu se mesure au volume de ce milieu déplacé par le grave. Si donc l'on prend deux graves de même densité, l'un pesant 4, l'autre pesant 1, le premier ayant ainsi un volume égal à 4 fois celui du second, voici comment ils vont se comporter en chute libre, dans l'air, par exemple : le premier grave tendra, en vertu de son poids, à tomber 4 fois plus vite que le second, mais il déplace un volume d'air 4 fois plus grand, et, par conséquent, éprouve une résistance 4 fois plus grande : des deux seuls facteurs de la chute, l'un multiplie sa vitesse par 4, l'autre la divise par 4 ; elle sera donc égale à celle du second grave. On prouverait de la même manière que la vitesse de chute des corps de densité différente est proportionnelle à l'excès de leur densité sur celle du milieu ; d'où il suit que, dans le vide, elle deviendrait proportionnelle à leur densité[1] : importante conclusion ruinant la

1. Benedetti. *Diversarum speculationum Mathematicarum et Phy-*

conception aristotélicienne de la vitesse infinie dans le vide.

Les lois de Benedetti sont fausses : Stevin, en collaboration avec Jean Grotius, le prouva expérimentalement. La résistance du milieu diminue en effet comme la surface, non comme le volume, donc beaucoup moins vite que le poids, donc elle est proportionnellement beaucoup plus grande pour un très petit corps que pour un très grand : un grain de poussière provenant du sciage d'une pierre de taille tombe beaucoup moins vite que la pierre de taille elle-même.

Benedetti réalisait cependant un progrès sérieux, même directement. Indirectement, il faisait faire à la dynamique un très grand pas, puisqu'il inspira Galilée. Galilée professa, en effet, tout d'abord (1590), les idées de Benedetti, et partit de là pour faire ses immortelles recherches.

Celles-ci sont classiques : nous ne les décrirons pas. Notons seulement que le grand savant n'ignora aucun détail du phénomène de la chute : il reconnut tous les effets de la résistance du milieu, sa croissance avec la vitesse, le retard que subissent les graves suivant leur surface : il les mesura et en rendit compte[1].

§ 5. — Mouvement des projectiles.
Principe d'inertie. Composition des mouvements.

La théorie péripatéticienne de la nécessité, pour

sicarum Liber. Taurini, apud Hœredem Nicolai Bevilaquæ. 1585, pp. 168-170.

1. *Discorsi e Dimostrazioni. Le Opere*. VIII, pp. 105-137.

tout mobile, de garder contact avec un moteur fut sans doute combattue dès l'antiquité. Jean Philopon d'Alexandrie (commencement du VI⁰ siècle après J.-C.) donne lieu de le croire : cet auteur écrivit sur la *Physique* d'Aristote un commentaire critique où apparait pour la première fois la thèse de l'*impetus*. En lançant un projectile, dit Philopon, nous lui communiquons une puissance de se mouvoir qui est incorporelle, une impulsion, un élan, un *impetus*. De telles communications, ajoute-t-il, ne sont pas impossibles ; on en voit des exemples dans la nature : ainsi un rayon de soleil, qui traverse une vitre colorée, transmet aux corps sur lesquels il tombe la couleur de cette vitre, chose bien dûment incorporelle.

Les idées de Philopon parvinrent en Occident, vers le XIII⁰ siècle, par l'intermédiaire des savants et philosophes arabes qui les combattaient.

Saint Thomas d'Aquin n'admit pas la notion de l'*impetus*. Elle impliquait, selon lui, une contradiction dans les termes, à savoir qu'un projectile, corps essentiellement soumis à la contrainte, fût, une fois lancé, animé d'un mouvement naturel ; argument qui n'était pas seulement verbal ; au fond, le grand théologien estimait incompréhensible qu'un corps retint, fût-ce momentanément, deux qualités exclusives l'une de l'autre : la tendance à monter et la tendance à descendre ; c'eût été le cas des graves projetés vers le zénith, si vraiment ils n'eussent été livrés qu'à eux-même à partir de l'impulsion initiale. Objection irréfutable tant que la pesanteur n'était pas conçue elle-même comme quelque chose d'extérieur aux graves ; or l'expression de cette dernière idée ne devint complète qu'avec la dynamique newtonienne.

Albert de Saxe répliqua : l'*impetus* ne serait un mouvement naturel que si le mobile était dénué de toute tendance au mouvement contraire. Au point de vue scientifique, cette riposte valait ce que peut valoir une passe de logomachie, mais elle servait à défendre une intuition physique très saine. Imaginons que l'on perfore la terre de part en part suivant un diamètre et que, dans l'immense puits ainsi creusé, on laisse choir un corps pesant ; il faudrait, pour rester dans la logique du système aristotélicien, concevoir que ce corps, animé d'une vitesse toujours croissante, s'arrêtât net au centre de l'univers, en l'espèce au centre de la terre. C'est ce qui répugnait à la pensée d'Albert de Saxe : il avait évidemment trop de peine à se représenter un point géométrique, immatériel, et capable cependant de jouer le rôle d'un mur d'acier ; aussi professa-t-il que le grave, emporté par son élan, dépasserait le centre, y reviendrait, le dépasserait encore, oscillerait de part et d'autre, jusqu'à ce que cet élan, cet *impetus*, fût épuisé.

Guillaume d'Ockam avait fait, de la doctrine aristotélicienne sur le mouvement des projectiles, une critique purement négative. La cause de ce mouvement, disait-il, ne peut être dans l'air, car si deux archers tiraient l'un contre l'autre, de telle façon que leurs flèches se heurtassent, l'air serait donc animé, entre les tireurs, de deux mouvements contraires.

Il est probable que les Péripatéticiens orthodoxes répondirent en assimilant la propulsion
aérienne des projectiles à une ondulation : quand
on jette des pierres dans une eau calme, faisaient-
ils remarquer, il se produit, autour du point de
chute de chacune d'elles, un ensemble d'ondes
circulaires concentriques ; ces ensembles se croi-
sent sans se confondre, ni s'annuler, ni se con-
trarier.

Galilée, en effet, réfute cette explication : les
ondes, dit-il, ne sont nullement motrices : un
corps léger, sur leur passage, ne fait que monter
et descendre[1].

L'*impetus* d'Albert de Saxe avait de l'analogie
avec le combustible emmagasiné dans le tender
d'une locomotive : il alimentait le mouvement,
mais le mouvement le consommait : c'était une
provision limitée de « vertu » motrice et qui, une
fois épuisée, laissait obéir le projectile à sa tendance naturelle vers le centre du monde.
« *Comme une pierre*, ajoutait le philosophe, *a
plus de matière qu'une plume*, et qu'elle est
plus dense, elle reçoit davantage de cette vertu
motrice ; elle la garde plus longtemps. C'est
aussi pour cela qu'elle produit une percussion
plus violente[2]. »

Cette doctrine est la seule très grave altération
de la dynamique aristotélicienne qui ait eu du
succès parmi les Scolastiques : enseignée par
Albert de Saxe à l'Université de Paris, elle s'y

1. *Le Opere*, I. p. 313.
2. P. Duhem. *Etudes sur Léonard de Vinci*, II, p. 203.

implanta, fut qualifiée de parisienne et se propagea dans les autres universités [1].

Comme elle voyait dans l'*impetus* un agent d'essence physique, elle eût dû, en suivant la simple logique, rejeter la doctrine aristotélicienne de la pesanteur, car la difficulté soulignée par saint Thomas d'Aquin subsistait tout entière (voir le début du présent paragraphe) : c'était si vrai que Nicolas de Cues, répété en cela par Léonard de Vinci, conçut l'*impetus* des projectiles comme une certaine quantité de principe vital, d'âme pour ainsi dire, que les hommes leur communiquaient. Réponse de deux grands esprits à l'objection de l'Ange de l'École, réponse non scientifique, si l'on veut, mais très raisonnable à cette époque [2], et, en tout cas, moins inconséquente que l'arrêt d'Albert de Saxe et de ses disciples à mi-distance de l'aboutissement nécessaire de leur doctrine.

Cette première théorie de l'*impetus* n'acheminait vers notre principe moderne d'inertie qu'en détruisant la notion ancienne d'inertie. La matière recevait une capacité que lui refusait Aristote : il ne lui était plus impossible, lorsqu'elle se trouvait livrée à elle-même, de se mouvoir indépendamment de sa tendance naturelle.

La cosmologie et la dynamique dites pythagoriciennes, introduites avec Plutarque, firent faire un pas de plus. Elles attribuaient aux astres la même nature qu'aux quatre éléments ; de là découlait que la matière pût être douée d'une im-

---

1. P. Duhem, *Ibid.*, p. 203.
2. Voir plus haut, ch. II, § 5.

pulsion qui ne cessait pas ; cet *impetus* éternel nécessitait l'absence d'obstacles et ne s'appliquait qu'au mouvement circulaire.

Nicolas de Cues étendit ce principe d'inertie au mouvement en ligne droite, dans le cas d'un cercle ou d'une sphère roulant sur un plan : une fois lancés, ils ne s'arrêteraient pas et ne changeraient ni de vitesse ni de direction.

Cette idée est émise dans l'étude que fait Nicolas de Cues du « jeu de globe », sorte de jeu de quilles. En l'espèce, elle s'applique donc très mal : une boule qui roulerait indéfiniment sur le sol parcourrait un cercle de la sphère terrestre et non une droite. Mais admettons qu'il s'agisse d'un cas théorique, d'un espace soustrait à la pesanteur, pourquoi le plan ? Il serait encore nécessaire : il empêcherait le mobile de graviter suivant une orbite circulaire, comme il le ferait si, très éloigné de la terre et une fois lancé, il était entièrement abandonné à lui-même : la conception que Nicolas de Cues avait des corps célestes et de leur nature nous impose cette interprétation.

Quoi qu'il en soit, le raisonnement de Nicolas de Cues est intéressant : il procède d'une affirmation initiale très parente de celle qui est une des bases de la dynamique newtonienne : — un mouvement commencé se poursuit, toujours semblable à lui-même, si rien ne change dans les conditions où se trouve le mobile. — Ces conditions invariables sont ici, d'après Nicolas de Cues, les situations relatives du plan et de toutes les parties du mobile, sphère ou cercle.

Galilée adopta la théorie de Nicolas de Cues,
mais avec un degré de généralité de plus : c'est,
selon lui, *un corps quelconque* qui, projeté le
long d'un plan horizontal parfaitement uni, pour-
suivrait une course rectiligne, éternelle et uniforme, si toutes les résistances étaient suppri-
mées [1]. En outre, dans l'application, Galilée
s'affranchit de l'erreur de Nicolas de Cues : son
plan horizontal est bien un plan purement géométrique, un simple repère de l'inertie : la preuve
en est que, dans l'analyse du mouvement des
projectiles, Galilée considère indépendamment,
d'une part la composante horizontale, rectiligne,
uniforme, du mouvement dû à leur inertie, d'autre
part la pesanteur. Cette analyse n'est compatible
qu'avec le principe moderne d'inertie dans son inté-
gralité, puisqu'elle suppose tacitement l'effet de la
pesanteur soustrait d'une ascension verticale uniforme ; mais ce principe n'intervient ici qu'implicitement ; il manquait encore que Galilée
montrât la composante verticale de l'*impetus*
d'un projectile comme un mouvement uniforme
et étendît sa démonstration à toute espèce d'*impetus*.

Nous avons vu plus haut que Kepler trouva
implicitement de son côté ce principe moderne
d'inertie dont la formule explicite est due à Descartes. Pour Kepler, le mouvement « naturel »,
le seul propre à la matière inerte et dégagée de
toute contrainte, était le mouvement uniforme,
en ligne droite. Il s'ensuivait une conséquence

---

1. *Le Opere*, VIII, pp 198-200.

assez curieuse : la rotation de la terre, pour laquelle Kepler ne voyait pas de cause physique extérieure, était incompatible avec l'inertie ; d'où il conclut à la non-inertie, à la *vie* de la terre.

L'*impetus* rotatoire du globe décelait, selon Kepler, une âme ni intelligente, ni sensible, purement motrice ; communiqué par Dieu dès l'origine, cet *impetus* s'était insinué profondément dans le corps de la terre qu'il avait organisée en un faisceau de fibres annulaires analogues aux muscles du corps humain[1]. Nous aurions tort de voir là une rêverie absurde : la solution vitaliste s'imposait, tant que l'on n'était pas en pleine possession des principes newtoniens de la composition des forces. Il y a là, en tout cas, une preuve intéressante de la difficulté que les plus hautes intelligences rencontraient dans la solution physique du problème de l'*impetus*.

L'*impetus* « pythagoricien » laissait cependant subsister par ailleurs celui d'Albert de Saxe. Nicolas de Cues, Léonard de Vinci, professèrent que les corps emmagasinaient d'autant plus d'*impetus*, étaient lancés d'autant plus loin, pour une même vitesse et une même direction initiales, qu'ils étaient plus lourds. Telle fut aussi l'opinion de Galilée et de Kepler.

En assignant aux projectiles, lancés à travers un milieu sans résistance, une trajectoire parabolique, Galilée introduisait le principe de la composition des mouvements. Il combinait un mouvement uniforme, — la composante horizontale

---

1. *Opera Omnia*, III, pp. 176-179.

du mouvement du projectile, — avec un mouvement uniformément retardé, — la composante verticale de ce même mouvement. — Galilée montra qu'on pouvait traiter chacun de ces mouvements comme s'il était seul, chacun conservant ses lois propres.

Avant la découverte par Galilée de la trajectoire parabolique des projectiles, on ne concevait pas la combinaison, avec un autre mouvement, du mouvement résultant de l'*impetus*. En ce qui concernait la pesanteur en particulier, on admit d'abord, avec Albert de Saxe et conformément à l'esprit de l'ancienne doctrine d'Aristote, que l'*impetus* des projectiles était un obstacle à la gravité et que celle-ci ne reprenait son pouvoir qu'une fois l'obstacle supprimé, c'est-à-dire l'*impetus* épuisé; en un mot, *impetus* et gravité ne pouvaient agir ensemble. Léonard de Vinci améliora un peu cette conception : il considéra trois phases dans le mouvement d'un projectile : l'ascension, le repos, la descente; annihilation complète de la gravité pendant la première, de l'*impetus* pendant la troisième; mais, au cours de la seconde, les deux agents luttaient l'un contre l'autre [1].

Cette idée de la non-composition des mouvements était, comme nous l'avons vu, une grave objection à la rotation de la terre : si la terre tournait, un corps pesant, lâché du haut d'une tour verticale, ne devait pas tomber au pied de la tour. A cet argument, dont ils admettaient la valeur,

1. *Manuscrit* A, fol. 4, recto.

les « rotationnistes » de l'antiquité, d'après Ptolémée, et, après eux, Nicole Oresme[1], répondirent que l'air participait par contact à la giration terrestre, et qu'il entraînait avec lui les graves pendant leur chute et les projectiles pendant leur trajet dans l'atmosphère. Mauvaise raison, car, en l'absence de vent, tous les corps tombaient au pied de la tour : comment se faisait-il que l'air fît toujours exactement le même transport d'une balle de plomb ou d'une paille ? Copernic[2] et Rothmann[3] (un Copernicien qui correspondait avec Tycho-Brahe répondirent, à la vérité, et en apparence plus scientifiquement, qu'à tous les instants les graves et les projectiles participaient à la vertu motrice de la terre. Mais leur conception, à coup sûr, était bien vague, et malaisée à mettre d'accord avec l'idée que leurs contemporains les plus avancés se firent de l'*impetus*. Celui-ci, même chez Kepler et Galilée, passait pour beaucoup moindre en une paille qu'en une balle de plomb. La première, lâchée de haut et par un temps calme, devait donc tomber avec plus de retard que la seconde sur la rotation terrestre.

En somme, on avait confondu entre elles, en les mettant sous le même nom d'*impetus*, la vitesse acquise et la force vive. Le malentendu qui en résultait ne pouvait se dissiper entièrement qu'après la constitution de la dynamique newtonienne.

1. P. Duhem. *Nicole Oresme*, pp. 11-14.
2. *De Revolutionibus*, liv. I, ch. VIII, p. 23.
3. Dreyer. *Tycho-Brahe*, p. 176.

§ 6. — Pluralité des lieux des graves. Pesanteur. Attraction. Gravitation universelle.

Parmi les partisans anciens de la nature « terreuse » des astres, il y en eut beaucoup, si ce n'est la presque totatité, qui renoncèrent à la vieille hypothèse ionienne du tourbillon cosmique. L'idée d' « attraction » s'imposait à eux aussitôt ; disons plutôt l'idée de la pluralité des lieux des graves. Ils songeaient que les pierres de la lune, par exemple, demeuraient en place par l'effet d'une tendance qui sollicitait les diverses parties de cet astre à s'agglomérer entre elles. La terre, ajoutait Plutarque dans le *De Facie*, est un lieu des graves ; pourquoi n'en serait-il pas de même des astres, s'ils ont même nature que la terre [1] ?

Cette question de la pluralité des lieux se posa au moyen âge d'une manière incidente, sous forme théologique. En 1277, Étienne Tempier, évêque de Paris, condamna, parmi quelques autres, la proposition péripatéticienne suivante : — la cause première ne peut créer plusieurs mondes. — Plusieurs mondes, plusieurs lieux des graves. La doctrine d'Aristote fut sauvée par saint Thomas d'Aquin. Il expliqua que l'impossibilité de plusieurs mondes est d'ordre naturel, que Dieu pourrait assurément leur donner l'existence, mais au prix d'une action surnaturelle, d'un miracle [2].

---

1. VIII et IX, 2. — Didot, *Plutarque*, IV, *Moralia*, II, p. 1132.
2. P. Duhem, *Études sur Léonard de Vinci*, II, pp. 72-82.

Guillaume d'Ockam, l'adversaire impénitent du Stagyrite, soutenait la possibilité de plusieurs lieux du même élément : deux feux allumés aux deux pôles, disait-il, tendaient à deux lieux opposés; si on interchangeait ces feux, le premier irait au lieu du second et réciproquement. Mauvais argument : il était facile de répondre, comme le fit en effet Albert de Saxe, que le lieu du feu étant donné comme une sphère creuse, concentrique au globe terrestre, l'exemple de d'Ockam ne prouvait rien là contre.

La discussion sur ce point ne dura pas.

Ce fut, ici encore, l'introduction de Plutarque qui la ranima.

Nicolas de Cues émit des théories, au fond « pythagoriciennes », mais d'un caractère original. Il tenait pour la pluralité des mondes, il pensait que chacun des astres avait ses habitants, mais il retenait l'idée péripatéticienne de pesanteur et de légèreté « en soi », absolues; et pour expliquer comment les astres ne tombaient pas, il supposait la pesanteur de certains de leurs éléments compensée par la légèreté des autres.

La Terre, notait plus tard (1508) Léonard de Vinci, n'est pas au milieu du cercle du soleil, ni au milieu du monde, mais bien au milieu de ses éléments qui l'accompagnent et lui sont unis [1]. Rapprochée de la discussion sur les taches de la lune, cette réflexion implique bien nettement la croyance à la pluralité des lieux des graves. Il ne faut pas y lire l'hypothèse du mouvement de la

1. *Manuscrit* F, fol. 41, recto.

terre sur lequel, d'après ses autres notes, le Vinci n'avait pas d'idées arrêtées, mais plutôt l'affirmation suivante : — en tant que « lieu », le centre de la terre n'en est un que pour les parties de la terre. — On reconnaît là l'idée de Plutarque : « Ce n'est pas comme milieu de l'univers que la terre fait tendre vers elle des masses pesantes, mais parce qu'elle est le tout dont ces masses sont les parties.[1] »« Je pense, écrivait Copernic, que la gravité n'est pas autre chose qu'une certaine appétence naturelle aux parties et assignée par la divine providence de l'artisan de l'univers afin que se réunissant en forme de globe elles conservent leur unité et leur intégrité.[2] »

La doctrine « pythagoricienne » demeura sur ce point très confuse, tant que Galilée, et surtout Kepler, ne la clarifièrent pas. Comment fallait-il se représenter la tendance de corps semblables de nature vers un point plutôt que vers un autre? Était-elle due à une affinité élective résultant de qualités inscrites dans les corps eux-mêmes, ou fallait-il y voir une action extérieure, ou les deux à la fois? On n'a répondu tout à fait à cette question que lorsqu'on a su distinguer dans la pesanteur deux éléments, l'un intérieur, la masse, ne dépendant pour chaque corps que du corps lui-même, l'autre extérieur, l'attraction, la force, fonction d'une relation entre chaque corps et tous les autres corps.

La logique du système d'Aristote voulait que

1. *De Facie in orbe lunæ*, VIII, et IX, 2. *Plutarque* IV, *Moralia*, II, p. 1132.

2. *De Revolutionibus…* liv. I, ch. IX, pp. 24-25.

l'élément extérieur de la pesanteur n'existât pas, qu'il n'y eût pas d' « attraction ». Sans doute la nécessité de cette conséquence échappait à certains péripatéticiens médiévaux, puisque Jean de Jaudun et Albert de Saxe crurent nécessaire de nier, avec arguments à l'appui, que le lieu exerçât lui-même une action à distance. Jean de Jaudun montra que si un tel effet se produisait, il faudrait considérer les graves comme des mobiles et le centre de l'Univers comme un moteur; que deviendrait alors la doctrine d'Aristote sur la nécessité du contact entre le moteur et le mobile (doctrine qu'Albert de Saxe n'avait pas encore ébranlée)?

— L'attraction du lieu, dit Albert de Saxe, serait comparable à celle de l'aimant, et au delà d'une certaine distance, elle ne se ferait plus sentir du tout. Abandonnés à eux-mêmes à différentes hauteurs, les graves se mettraient en mouvement avec des vitesses différentes, et le même corps lourd péserait davantage auprès du sol qu'au sommet d'une montagne. — C'était fort bien comprendre où menait la doctrine de l'attraction [1].

Sans l'adopter, d'autres Scolastiques admettaient une variation intime de la tendance des graves vers leur lieu. Simplicius avait déjà écrit, dans son commentaire du *De cœlo* d'Aristote : « Les corps tendent au centre par leur seule nature sur laquelle la distance n'influe aucunement; toutefois, quand les corps sont plus éloignés de

---

1. P. Duhem, *Études sur Léonard de Vinci*, II, pp. 84-88.

leur lieu, ils se mettent en mouvement vers lui avec plus de lenteur. » Il y a là une contradiction due peut-être à une simple étourderie. Saint Thomas d'Aquin défend une théorie semblable; il explique l'accélération des graves par la proximité croissante de leur lieu.

Il y eut donc, au sein même du péripatétisme médiéval, des partisans de la mutabilité de la pesanteur. Qu'on l'interprétât d'une manière ou de l'autre, leur opinion détruisait l'argument décisif contre la pluralité des mondes. Tendance intime ou attraction venant du dehors, du moment que la pesanteur variait avec la distance, un grave se fût dirigé vers le centre d'un autre monde s'il en eût été plus rapproché que du centre de notre monde.

Mais, pour les partisans de la similitude entre la matière céleste et les éléments terrestres, les astres (au moins la lune) étaient pesants. De là surgissaient une foule de difficultés dynamiques qui sont la meilleure justification de la doctrine d'Aristote. Pourquoi ne tombaient-ils pas, ou plutôt pourquoi ne se précipitaient-ils pas les uns sur les autres?

Plutarque esquissait la théorie newtonienne en comparant la lune à la pierre d'une fronde : son mouvement contrebalançait sa tendance à la chute[1]. Très belle intuition, mais explication bien sommaire pour l'époque : on ne savait rien encore de la composition dynamique des mouvements, et l'on crut, jusqu'à Kepler, aux mécanismes

---

1. *De Facie in orbe lunæ*, VI, 9-10. Didot. *Plutarque*, IV. *Moralia*, II, p. 1130.

compliqués d'excentriques et d'épicycles. Quelle
était cette fronde dont la lanière invisible faisait
tourner le point d'attache de la lanière, non
moins invisible, d'une autre fronde?

Les « Pythagoriciens » de la Renaissance se
tiraient d'affaire en annihilant pour les astres
l'effet de la pesanteur. On a vu quel était l'artifice de Nicolas de Cues. Quelques-uns, sans
doute, émirent l'idée de Descartes [1], à savoir que
l'éloignement des planètes rendait leur pesanteur
insensible.

Ainsi libérés, les astres n'avaient plus à obéir
qu'à leur nature propre, nous dirions à leur inertie. Celle-ci, — tout le monde, partisans et adversaires d'Aristote, l'admit jusqu'à Kepler, — était
liée au mouvement circulaire. S'ils avaient obéi
au mouvement circulaire simple, passe encore,
mais c'était à des combinaisons de mouvements
circulaires. Alors, de deux choses l'une, ou les
rouages de cette machinerie étaient purement
virtuels, et alors le principe duquel on partait
devenait un leurre, un *flatus vocis*, ou ils avaient
une existence objective, et, faute d'accepter les
sphères d'Aristote, nul n'eût raisonnablement
expliqué en quoi ils consistaient; il ne restait
d'autre ressource, en bonne logique, que d'assigner aux planètes un instinct spécial capable de
les faire obéir à un complexus de sollicitations
cinématiques. Tant que le dogme de la circularité
restait en vigueur, il ne se présentait aucun
moyen de donner au système héliocentrique une

1 *Œuvres de Descartes. Correspondance*, vol. II (mars 1638 à
décembre 1639), pp. 225-226. Descartes à Mersenne, 13 juillet 1638.

base tant soit peu solide, ni de lui marquer aucune supériorité scientifique sur l'hypothèse de Tycho-Brahe, et le péripatétisme, déjà très ruineux, conservait, malgré tout, cet avantage qu'on ne pouvait le remplacer par une synthèse aussi étendue que lui. Le beau génie de Galilée concevait, sans nul doute, que, puisque les astres étaient pesants, la loi de la chute des corps devait s'appliquer à eux ; mais comment? impossible de le soupçonner avant la découverte des orbites elliptiques.

Du reste Kepler, intelligence aussi haute que Galilée, demeura encore assez loin de la loi de la gravitation universelle.

Il conçut l'action réciproque des astres comme une attraction, laquelle il assimila à la force magnétique. Les Scolastiques, nous l'avons vu, prouvèrent, ne fût-ce qu'en la combattant, que cette idée leur était déjà familière; il est même permis de conjecturer qu'elle remonte à l'antiquité. Mais Kepler eut, sur ce point, un précurseur plus immédiat, dont, avec sa grande honnêteté, il reconnut les droits d'auteur : « Je félicite votre nation, écrit-il, en mai 1605, à l'Anglais Heydon, de la philosophie magnétique de William Gilbert, car elle a été inventée pour moi et ma planète Mars... [1] »

Selon ce William Gilbert (1540-1603), la terre et la lune agissent l'une sur l'autre comme deux aimants, mais l'influence de la terre doit être plus grande à cause de sa masse plus grande.

1. *Opera omnia*, t. III, p. 37.

Bien que cette influence soit magnétique de sa nature, elle ne se manifeste pas comme dans les aimants ordinaires ; elle n'est pas telle que les corps s'unissent comme deux aimants, mais telle qu'ils puissent se mouvoir dans une course continue. Et Gilbert attribue le phénomène des marées à l'influence magnétique de la lune[1].

Kepler ne fit, à l'égard de cette attraction, que préciser. « Si deux pierres, dit-il, étaient placées en un lieu du monde, proches l'une de l'autre et hors de la sphère de la vertu d'un troisième corps de même nature, ces pierres, à la ressemblance de deux corps magnétiques, se rejoindraient dans un lieu intermédiaire, chacune s'approchant de l'autre d'un aussi grand intervalle que la masse de l'autre est en comparaison avec la sienne... » C'est ainsi, que « si la Lune et la Terre n'étaient retenues, par leur force animale ou quelque autre équivalente, chacune dans son circuit, la Terre monterait vers la Lune de la 54ᵉ partie de l'intervalle, la Lune de 53 parties de l'intervalle, et là elles se joindraient, étant posé cependant que la substance de l'une et de l'autre fût de la même densité.[2] »

Et Kepler explique comme Gilbert, peut-être avec plus de détails, le phénomène des marées.

Quant à la gravitation, elle est aussi pour lui un phénomène magnétique. Le soleil, placé au centre de l'univers, est dénué de mouvement de translation, mais il tourne sur lui-même, par l'effet

1. J.-J. Fahie, *Galileo, His Life and Work*, London, John Murray, 1903, pp. 59-62.

2. *Opera omnia*, t. III, p. 151.

sans doute d'une faculté vitale. Les rayons magnétiques qui émanent de lui (nous dirions les lignes de force de son champ) tournent en même temps et entraînent les planètes d'autant plus vite qu'elles sont plus légères et plus proches. Si la distance des planètes au soleil est variable au cours d'une révolution, cela tient à ce que chaque planète a, elle aussi, son flux magnétique et à ce que son axe est incliné sur le plan de l'orbite tout en se déplaçant parallèlement à lui-même. Il résulte de ce déplacement et de cette inclinaison que l'axe fait avec le rayon vecteur un angle variable; de là aussi une variation périodique dans la réaction mutuelle des deux flux magnétiques, celui du soleil et celui de la planète, donc une variation de l'attraction. La diminution de la distance imprime une accélération à la planète parce que celle-ci subit de la part du magnétisme solaire une impulsion plus vive; effet inverse avec l'augmentation de distance [1].

On voit ce qui sépare encore Kepler des lois newtoniennes.

1° Il admet que les corps s'attirent en raison directe de leur masse et en raison inverse de leur distance, non du carré de leur distance.

2° Il ne rend pas compte, si ce n'est par un obscur vitalisme, de la cause qui contrebalance, pour les planètes, l'attraction du soleil et les empêche d'y céder jusqu'au bout.

3° Il cherche une force actuelle motrice des

---

1. *Opera omnia*, t. III, pp. 35-37 et 157.

planètes au lieu de les supposer entraînées par leur seule inertie.

Ces lacunes subsistèrent jusqu'à Newton, sauf en ce qui concerne la loi d'attraction : Ismaël Boulliaud, en 1645, critiqua l'hypothèse de Kepler. La « vertu motrice » du soleil, argua-t-il, étant corporelle, a de l'analogie avec la lumière ; elle agit suivant la surface, elle diminue à mesure que la distance augmente, « et la raison de cette diminution est la même que celle de la lumière, c'est-à-dire dans la raison double de l'intervalle, mais renversée[1] » (inversement proportionnelle à la deuxième puissance, au carré de la distance).

Puisque la force attractive de Kepler était la même que la force motrice, Ismaël Boulliaud achevait de découvrir et de formuler la loi d'attraction ; mais il faut ajouter : quand il y avait attraction. Or, précisément, Boulliaud niait qu'il y eût rien de semblable dans le cas des planètes ; il imaginait pour elles une vertu motrice intérieure, une sorte de mouvement naturel tendant à les faire obéir à certaines lois géométriques ; quant à l'influence mutuelle des astres, il admettait implicitement qu'elle était réduite à rien par la distance.

1. Ismaelis Bullialdi *Astronomia Philolaïca*, Parisiis, sumptibus Simeonis Piget, 1645, liv. I, p. 25.

CHAPITRE IV

LA DYNAMIQUE NEWTONIENNE[1]
ET LE SYSTÈME HÉLIOCENTRIQUE

§ 1. — Caractères de la mécanique newtonienne.

Quand on entre tant soit peu dans le détail de l'œuvre newtonienne, elle perd beaucoup de son merveilleux, en même temps qu'elle grandit prodigieusement. Newton n'était pas le personnage semi-divin que nous représente la légende populaire, cet inspiré en qui la vision de la chute d'une pomme allumait soudain une flamme divinatrice, déterminait, par intuition pure, la pénétration des secrets du monde.

Certes Newton a bien trouvé les lois de la gravitation universelle, mais on peut dire que *tous* les matériaux de cette découverte lui avaient été apportés par ses prédécesseurs[2]. Ce n'étaient toutefois que des pierres ; il en fit un édifice. Il montra que les lois de Kepler et les lois de l'attraction, proportionnelle directement aux masses, inversement au carré des distances, étaient une seule et même loi.

1. Cf. Léon Bloch. *La Philosophie de Newton*. Paris, F. Alcan, 1908.

2. A ceux que nous avons énumérés, il convient d'ajouter les études de Huyghens (1669) sur la force centrifuge.

En passant de l'apogée au périgée, la lune se rapproche de la terre, elle « tombe » en quelque sorte sur la terre, de même qu'un pendule « tombe » pendant qu'il va d'une des extrémités de sa course à son point le plus bas. Newton fit voir que les lois de Galilée se vérifiaient pour cette « chute » aussi bien que pour les chutes qui nous sont familières, que l'accélération de cette chute eût été la même pour n'importe quel corps pesant transporté à la distance de la lune.

En un mot, Newton établissait le lien universel qui existe entre tous les objets sensibles, tant ceux de la terre que ceux du ciel. Déjà, sans doute, et plusieurs fois, on avait soutenu que la substance percevable de l'univers avait partout la même « nature », mais il était impossible d'apporter à cette affirmation une preuve précise, faute de savoir la faire correspondre à une relation entre grandeurs mesurables.

Je n'estime donc pas que la gloire de Newton soit le moins du monde amoindrie du fait qu'il doive à d'autres tous les matériaux de sa grande découverte. (Remarquons en passant qu'il reconnaît lui-même ses dettes, toutes ses dettes, — plus que ses dettes, dit M. Léon Bloch —). Cette gloire serait-elle d'ailleurs moins éclatante par là qu'elle reçoit d'un autre côté une centuple compensation.

Newton dut en effet se créer son outillage scientifique, et cet outillage est resté le nôtre ; la science moderne s'appuie tout entière sur la méthode newtonienne dont rien, au fond, n'a été répudié, car on a commis une exagération colos-

sale, pour ne rien dire de plus, en prétendant que
les récentes découvertes scientifiques ont boule-
versé de fond en comble le vieil édifice (pas bien
vieux en somme) de Newton. Il se fait bien une
révolution, mais les révolutionnaires scientifiques
respectent ici l'ancien régime. Voici comment on
se rend compte de cette apparente contradiction.
La nécessité d'innovations mécaniques est apparue lorsque l'on a considéré les choses à l'échelle [1]
atomique. A cette échelle, en effet, la matière
devient entièrement différente de ce qu'elle est
d'après les données de nos sens : elle se réduit
en grains de poussière, très rares, perdus dans
un espace immense, et animés de vitesses comparables à celle de la lumière. Quoi de surprenant si le langage dynamique de notre monde
ne s'applique pas à un monde aussi singulier ?
Mais les savants atomistes s'imposent une condition formelle, c'est que les lois de leur mécanique
se confondent avec les lois newtoniennes dès
que l'on passe de l'échelle atomique à l'échelle
humaine.

Considérons cependant notre mécanique moderne, newtonienne, à l'échelle humaine.

Il y a en elle quelque chose de singulier,
c'est qu'elle s'appuie sur des principes contraires à l'expérience brute, au moins à l'expé-

---

1. La notion d'échelle, en philosophie scientifique, a été introduite et développée par M. Félix Le Dantec. Elle est d'une importance fondamentale : ce qui, nous montre-t-elle, a un sens très
précis pour exprimer les phénomènes, si on les considère à une
échelle donnée, change de sens ou même perd toute espèce de sens
quand on change d'échelle. Qu'est-ce, par exemple, que la température ou la capacité calorifique d'un atome ?

rience terrestre ; le meileur exemple en est le
principe d'inertie ; que certaines étoiles suivent
une trajectoire longtemps rectiligne et avec une
vitesse uniforme, c'est possible, mais nous n'avons
pas le moyen de le constater, et, d'autre part, les
mouvements célestes, quand ils sont accessibles
à des mesures un peu précises, se trouvent n'être
jamais ni rectilignes, ni uniformes ; bien moins
rectilignes, bien moins uniformes encore, sont
tous ceux, sans exception, qui ont pour théâtre
l'habitat humain ; la boule de billard, que l'on
prend comme exemple démonstratif du principe
d'inertie, ne pourrait se mouvoir indéfiniment que
sur un cercle de la sphère terrestre. Et cependant
le principe d'inertie est aussi solide que les vérités
expérimentales les mieux établies. C'est qu'il a
une valeur méthodique considérable ; il fournit
un procédé d'analyse permettant de considérer
dans le mouvement d'un corps matériel deux
facteurs, l'un qui dépend des réactions actuelles
entre ce corps et les autres corps, l'autre qui ne
dépend que des réactions passées.

Et la mécanique tout entière, en ce qui concerne du moins les mouvements et les forces terrestres, est une méthode d'analyse : elle sépare
des autres tous les éléments qui sont dus à la
résistance du milieu et au frottement. De là,
puisque rien ne se déplace ici-bas sans frottement ni sans résistance, l'aspect de prime abord
antiexpérimental de la mécanique.

Comment parvenir à une dynamique dont les
principes fussent si opposés à notre observation
familière, instaurer une méthode postulant l'éter-

nité du mouvement alors que tous les mouvements des objets terrestres s'épuisent et s'épuisent vite ?

Il fallait prendre comme base de la dynamique les lois des mouvements célestes ; ceux-là précisément s'accomplissent dans un milieu où des observations séculaires ne décèlent encore ni frottement ni résistance. Mais le choix de cette méthode était une véritable révolution, comme il apparaîtra par un coup d'œil d'ensemble et rétrospectif.

Les Ioniens et quelques Pythagoriciens conçurent la mécanique céleste comme construite sur le patron de la mécanique terrestre : les astres furent des météores atmosphériques, puis des masses solides qu'entraînait la giration du tourbillon cosmique pareil à un grand cyclone.

Ensuite prédomina l'idée de bâtir les deux mécaniques, la sublunaire et la céleste, sur deux patrons différents. Aristote et ses disciples furent ceux qui effectuèrent la séparation avec le plus de rigueur, mais leurs adversaires eux-mêmes ne parvenaient pas à traiter les astres comme ce qui est sur terre ; ils étaient obligés de leur supposer une force vitale ou des aptitudes innées à se mouvoir suivant certaines combinaisons géométriques.

Quant à Descartes, il en revenait à la méthode ionienne : ses tourbillons sont inspirés en effet par des analogies que fournissent notre atmosphère et nos cours d'eau.

Nul donc, avant Newton, n'avait eu l'idée de prendre dans les cieux cet inconnu qu'on nomma la « force » et d'en faire le modèle et l'étalon de toutes les puissances mécaniques qui agissent autour de nous.

On ne saurait trop insister sur la grandeur et l'importance de cette idée. Bien qu'elle soit simple, il faut reconnaître qu'elle n'était pas immédiate, et qu'il fallait un grand détour pour y parvenir. Le bon sens initial de notre primitif logicien eût été tout droit à la solution des Ioniens ou d'Aristote.

Et cependant la mécanique newtonienne n'est nullement artificielle. Elle est même expérimentale en ceci : les phénomènes mécaniques réels suivent ses lois d'autant plus près qu'on en élimine davantage les frottements et les résistances du milieu ; on peut donc la considérer comme un ensemble de lois expérimentales-limites. Comme d'autre part nous savons souvent calculer d'avance l'effet des dispositifs destinés à diminuer les frottements et les résistances, ces lois-limites correspondent bien à une réalité objective.

Sans parler même des travaux proprement physiques de Newton, nous devons le considérer comme le principal fondateur de la physique.

Une science physique n'atteint à l'âge adulte que si elle est capable de mesurer, et la mesure n'est féconde, ou même possible, que moyennant un choix avisé de grandeurs aptes à servir d'unités. Il s'en faut que ce choix et cette définition soient toujours faciles, comme en témoignent les longs tâtonnements de la mécanique pendant l'antiquité, le moyen âge et la renaissance.

Or les unités physiques fondamentales sont

celles de la dynamique, et elles ont été fixées par Newton. Nous les employons toujours comme l'eût fait celui-ci, ce qui prouve que leur définition implicite n'a pas varié, même quand il y a eu des changements de définitions verbales.

Il importe de fixer une attention particulière sur deux de ces grandeurs, la force et la masse, car elles sont caractéristiques de la dynamique newtonienne.

§ 2. — La force.

Descartes entreprit, comme on le sait, de construire une théorie mécanique de l'univers, mais il n'y réussit pas, du moins scientifiquement. La raison de cet échec vient de ce que notre grand philosophe pensa ici en métaphysicien : il se dit qu'il n'y avait dans l'univers sensible que de la matière (ayant elle-même comme essence l'étendue) et du mouvement, et il partit de là, suivant sa méthode, comme d'une prétendue table rase : il négligea la force, toute force *devant* provenir de la matière en mouvement.

Newton, lui, ne raisonna pas ainsi. Son génie était égalé par son bon sens pratique : il ne procédait pas *a priori*, il voulait que, tout en se prêtant le mieux possible à l'analyse mathématique, les fondements de sa doctrine eussent une origine expérimentale et répondissent à des notions facilement accessibles.

La *force* newtonienne remplit admirablement ces conditions. Sa véritable définition implicite est la suivante : lorsqu'un corps est animé d'un

mouvement non à la fois rectiligne et uniforme,
on dit qu'il est soumis à une force. La force se
mesure à la masse du corps sur quoi elle agit et
à la modification dont elle affecte sa vitesse en
grandeur et en direction. On voit que la valeur
analytique de cette notion est la même que celle
du principe d'inertie : elle en est le complément,
elle permet de représenter à part, dans le mouvement d'un corps, ce qui est dû à la réaction
actuelle entre lui et les autres corps. Elle n'est
que la généralisation de la pesanteur. Elle a donc
une origine expérimentale, et on se la représente
facilement, parce qu'elle a de l'analogie avec la
notion de l'effort humain.

§ 3. — La masse.

Comme on est toujours obligé de définir un
mot par d'autres mots, il y a toujours, en fin de
compte, — à moins qu'on n'emploie un langage
composé d'un nombre infini de mots ou que l'on
ne tourne dans un cercle vicieux, — il y a des
mots que l'on ne peut plus définir : ceux-ci paraissent alors signifier des choses mystérieuses :
c'est le cas du temps et de l'espace, c'est aussi,
aujourd'hui, le cas de la masse. Newton jugeant
que nos sens nous donnaient une représentation
plus directe de la densité, définissait la masse
par la densité : la masse avait ainsi pour mesure
le produit du volume par la densité, ce qui suggérait à Newton le qualificatif de « quantité de
matière ».

Enfermons du gaz dans un cylindre sous un

piston bien étanche, comprimons-le ; il changera de volume et de densité, et cependant quelque chose en lui sera demeuré permanent ; on dira à volonté qu'on a toujours affaire à la même quantité ou à la même masse de gaz. On ne s'exprime pas autrement dans le cas d'un corps liquide ou solide dont on fait varier le volume et la densité sous l'action de la température.

Mais il s'élève une difficulté : en quoi un kilo de cuivre est-il la même quantité de matière qu'un kilo d'air ? On peut jusqu'à un certain point s'en rendre compte par les gaz. Prenons deux cylindres de diamètres rigoureusement égaux, enfermons dans l'un un volume V donné de chlore et dans l'autre le même volume d'hydrogène, puis comprimons l'hydrogène jusqu'à ce qu'il ait la même densité que le chlore ; il occupera un volume v ; on dira que l'hydrogène a même masse que le volume v de chlore. On sent qu'il y a même quantité, sinon de matière, du moins de « quelque chose », dans le volume v de chlore et dans le volume V d'hydrogène.

Ne nous occupons pas du plus ou moins de ténèbres que ceci laisse subsister dans la notion de masse, constatons seulement l'existence de l'idée de quantité.

Mais, d'autre part, sous le même mot de masse, on met quelque chose de tout à fait différent : l'idée de masse implique alors celle d'inertie, de résistance au changement de mouvement ; la masse, dit Henri Poincaré, est un coefficient d'inertie, la masse entre comme facteur dans toutes les grandeurs dynamiques, facteur constant pour un corps donné, quels que soient les autres facteurs mécaniques (sauf pour les molécules cathodiques ou leurs analogues).

La masse-quantité et la masse-inertie sont-elles une seule et même chose ? On n'en sait rien et on ne parviendra sans doute jamais à le savoir ; ce qu'il y a de certain, c'est que la mesure de l'une et de l'autre peut s'exprimer par le même nombre, et que, par conséquent, il n'y a aucun inconvénient à les confondre.

Newton fut le premier à faire ce rapprochement (il ne le fit, à la vérité, que d'une manière implicite), rapprochement sans lequel toute communication manquerait de la matière à la force, et dont la portée ne saurait donc être exagérée.

§ 4. — **Les preuves du système héliocentrique.**

C'est depuis Newton seulement, et par Newton, qu'est apparue la vérité du système héliocentrique ; jusque-là, on n'avait démontré que la possibilité, tout au plus la probabilité de ce système.

Pour nous en rendre compte, voyons ce que nous répondra un homme intelligent, éclairé par une bonne instruction secondaire, si nous nions devant lui que la terre tourne sur elle-même et autour du soleil.

— Si la terre est immobile, répondra-t-il, on devrait admettre que les étoiles gravitent autour d'elle à des vitesses extravagantes, supérieures à celle de la lumière, puisque leur lumière met des années à nous parvenir.

— Pétition de principe, riposterons-nous : la distance des étoiles a été mesurée en prenant pour base le rayon de l'orbite de la terre, en supposant donc que la terre tourne autour du soleil, ce qu'il s'agit précisément de démontrer. Les étoiles sont peut-être beaucoup plus près qu'on ne croit. Au surplus, on ne saurait parler de vitesse extravagante produite au sein d'un milieu dont on considère la résistance comme rigoureusement nulle.

— N'est-il pas absurde cependant de croire que le soleil tourne autour de la terre, lui qui est un million de fois plus volumineux qu'elle ?

— S'il est plus léger, qu'importe ? Verriez-vous un inconvénient à faire graviter, autour d'une masse de plomb grosse comme une citrouille, une masse d'hydrogène grosse comme l'Arc de Triomphe ?

— Justement le soleil est infiniment plus lourd que la terre.

— Oui, trois cent mille fois et davantage, mais à condition que la terre tourne autour de lui ; si c'est lui qui tourne autour de la terre, il sera trois cent mille fois plus léger qu'elle.

Ce dialogue reproduit fidèlement les preuves sur lesquelles les gens instruits et intelligents, mais sans instruction spécialement scientifique, ont coutume de fonder leur croyance à la gravitation de la terre. Elles sont empêtrées dans des cercles vicieux. Il faut bien dire que, jusqu'à la fin de notre XVIIe siècle, on ne pouvait pas en imaginer de beaucoup meilleures ; nous avons vu qu'un système géocentrique de Tycho-Brahe perfectionné par les orbites keplériennes, avait alors la même valeur que notre système héliocentrique ; astronomiquement il était indifférent d'adopter l'un ou l'autre, et ni l'un ni l'autre n'avait de fondement dynamique ; le second ne s'imposait que par une simplicité (non pratique, mais théorique) plus grande, plus de symétrie, plus d'harmonie.

Vérifions une fois de plus par ces observations, et en passant, que ni les anciens Chaldéens, Chinois, Égyptiens ou Hindous, ni Pythagore, ne sont diminués par leur ignorance du système héliocentrique, système en faveur duquel l'homme instruit des siècles modernes, et sans doute un grand nombre d'éminents assyriologues, égyptologues, sinologues... ne fourniraient pas d'arguments valables.

Comment cependant Newton a-t-il apporté une preuve du système héliocentrique, et laquelle ? Nous allons l'exposer sommairement.

Supposons connues les lois de Kepler, lois qui traduisent des observations, et subsistent, par conséquent, dans n'importe quel système cosmologique ; soyons, en outre, partisans de l'hypothèse générale de Tycho-Brahe : la terre est immobile ; les planètes tournent autour du soleil, le soleil autour de la terre en un an et la lune en un mois : première gravitation composante ; en même temps, tout l'ensemble du ciel, y compris les étoiles fixes, est entraîné par la rotation diurne : deuxième gravitation composante. Les lois de Kepler inclinent sans doute à faire nier cette dernière : pourquoi la lune, par exemple, obéirait-elle dans sa gravitation mensuelle à des lois qui ne sont pas celles de sa gravitation journalière ? Il y aurait donc deux ensembles de rouages célestes régis chacun par une mécanique différente. Soumettre gratuitement le monde à la dualité là où, par la rotation terrestre, on peut obtenir l'unité, cela n'a pas de sens. La preuve, sans être nulle, manque de rigueur. En l'absence d'une dynamique constituée, il était parfaitement loisible de rester fidèle aux antiques doctrines, car Kepler lui-même introduisait la dualité dans le ciel quand il attribuait le mouvement des planètes, pour une part à des causes toutes physiques, pour l'autre aux impulsions d'une âme, d'un fluide vital. Entre les deux manières de compliquer le monde, le choix de la manière traditionnelle n'avait rien que de légitime. Mais ici l'intervention de Newton était décisive. Comme il montrait la possibilité de traiter les corps célestes en êtres strictement matériels, il supprimait l'alternative dont nous venons de parler : c'était désormais sans raison d'aucune sorte que les partisans de l'immobilité terrestre préféreraient exprimer en deux langages mécaniques, intraduisibles l'un par l'autre, ou plutôt contradictoires, ce qui s'exprime aussi bien en un seul langage.

Mais cela ne prouve en rien le déplacement de la terre. On peut imaginer qu'elle ne fait que tourner sur elle-même en 24 heures et que le soleil, tout en demeurant le centre des révolutions planétaires (celle de la terre non comprise).

met une année à tourner autour d'elle le long de l'écliptique. Appelons ce système Longomontanus-Kepler [1].

Avant d'aller plus loin, faisons une remarque importante. Soient deux astres a et A. Le premier tourne autour du second en 365 1/4 environ de nos jours, son orbite est rigoureusement semblable à l'écliptique, son mouvement est conforme aux lois de Kepler. On en déduit tout de suite que la masse de A est considérable par rapport à celle de a ; en effet, si a ne « tombe » pas sur A, c'est qu'il est soumis à une force centrifuge $\dfrac{m\,V_a^2}{r}$, r étant le rayon de l'orbite et V_a et m respectivement la vitesse et la masse de a. D'autre part, A est aussi empêché de « tomber » sur a par une force centrifuge $\dfrac{M\,V_A^2}{r}$, V_A et M étant respectivement la vitesse et la masse de A. Ces deux forces centrifuges sont égales comme contrebalançant toutes deux une même force, l'attraction newtonienne entre a et A ; on a donc $\dfrac{V_a^2}{V_A^2} = \dfrac{M}{m}$. Or tandis que V_a est très grand, V_A est imperceptible, A étant pratiquement immobile ; M est donc très grand par rapport à m. On calcule la valeur de ce rapport $\dfrac{M}{m}$ en fonction des éléments de l'orbite, et on le trouve égal à 300.000 environ. Il est bien clair qu'il demeurera le même si a est la terre et A le

---

1. Parce que Longomontanus conserva l'hypothèse de son maître Tycho-Brahe, mais en attribuant à la terre la rotation diurne, et que nous adoptons les lois de Kepler non admises par Longomontanus.

soleil ou a le soleil et A la terre, puisque ni l'aspect, ni les dimensions, ni les noms des astres en présence n'entrent dans sa détermination.

Ceci posé, revenons au système de Longomontanus-Kepler ; ni plus ni moins que l'héliocentrique, il obéit aux lois de Kepler ; il demeurait défendable jusqu'à l'apparition de la dynamique newtonienne. Admettons-le comme vrai un instant : puisque les lois de Kepler se vérifient, on va pouvoir en déduire la gravitation universelle : si l'on considère les planètes par rapport au soleil et le soleil par rapport à la terre, on trouvera bien que l'attraction est proportionnelle directement aux masses, inversement au carré des distances ; cela sera-t-il encore vrai quand il s'agira des relations dynamiques entre la terre et les planètes ? Prenons Mars en particulier, au moment de son opposition, c'est-à-dire quand il se trouve le plus près de la terre ; l'observation nous montrera une planète Mars se comportant comme si la terre n'existait pas [1], comme si le soleil était seul. Par hypothèse, en effet, c'est le soleil qui tourne autour de la terre, d'où résulte que la masse de la terre vaut plus de 300.000 fois celle du soleil ; il est facile de calculer d'après cela que si Mars subissait l'attraction de la terre, il devrait se déplacer, lors des oppositions, et sur son orbite, au moins 910 fois plus vite qu'il ne fait en réalité, c'est-à-dire marcher au taux

---

1. Sauf une légère « perturbation » non directement observable au temps de Kepler, et, en tout cas, tout à fait insignifiante par rapport à celle qui devrait se produire dans le système Longomotanus-Kepler et dont nous allons parler.

de plus d'un tour du ciel par jour, au lieu de 31′ approximativement, par jour aussi. Remarques analogues pour les autres planètes. La terre serait donc sans action appréciable sur elles et il faudrait conclure que le soleil et la terre sont pesants l'un par rapport à l'autre, de même que les planètes par rapport au soleil et réciproquement, mais non les planètes par rapport à la terre, chose aussi peu croyable que l'inégalité de deux grandeurs respectivement égales à une troisième.

Cette absurdité disparaît dès que l'on fait de la terre une planète.

Depuis Newton, maintes preuves nouvelles étayèrent successivement le système héliocentrique. Ce furent, entre autres, à l'appui de la rotation de la terre, les vents alizés, l'aplatissement du sphéroïde terrestre, le pendule de Foucault, l'orientation du gyroscope à axe horizontal... La translation de la terre fut aussi vérifiée : on mesura les perturbations, légères irrégularités des mouvements planétaires ; elles égalaient avec exactitude l'effet de l'attraction réciproque des planètes tel qu'il se déduisait des lois de la gravitation universelle et des rapports des masses calculés dans le système héliocentrique, non dans un autre ; ces rapports faisaient prévoir pour Mars, en particulier, une densité égale à celle de certains matériaux terrestres, et, en effet, l'observation le décela corps solide, tandis que, d'après le système Longomontanus-Kepler, il se fût réduit à une nébulosité plus ténue que nos gaz les plus raréfiés.

Enfin on découvrit les parallaxes stellaires et l'aberration : c'étaient précisément les mouvements apparents qui devaient résulter, pour les étoiles, de la circulation de la terre autour du soleil, mais l'insuffisance du matériel astronomique n'avait pas permis jusque-là de les apercevoir.

Certaines gens se sont mis, il y a quelques années, à douter du système héliocentrique. Ils avaient lu, sans le comprendre, l'illustre et regretté Henri Poincaré. Celui-ci disait, entre autres choses, que la rotation de la terre sur elle-même et sa translation autour du soleil n'étaient pas un fait. Des esprits simplistes, et peut-être simples, en conclurent que ce n'était pas une vérité. *E pur si muove :* on peut l'affirmer aujourd'hui avec la plus entière assurance.

Le système héliocentrique n'est pas un fait. Impossible de constater la rotation de la terre, comme celle d'un volant de machine, par le témoignage de nos sens ou par une expérience directe que nous ne saurions même suggérer à un être intelligent pourvu de la toute-puissance divine. Imaginez une ficelle emmagasinée dans les flancs du soleil et fixée par un bout à la terre ; que la rotation diurne soit le fait du ciel entier ou seulement celui de notre globe, la ficelle ne s'enroulera pas moins autour de la terre, et dans le même sens et avec la même vitesse.

Le système héliocentrique est cependant vrai, parce qu'il y a un nombre considérable de relations entre les choses, relations données par l'expérience et l'observation, — donc des faits, —

qui ne s'expriment qu'en fonction du système héliocentrique.

On a tous les jours des exemples de telles vérités. Vous voyez des pas sur la neige, et vous concluez : — Un homme a passé par là. — Certitude pour tout le monde. Et cependant, ce n'est pas un fait. Il n'y a d'autre fait que l'existence d'empreintes ayant certains caractères, des rapports d'analogie ou de dissemblance avec les traces d'hommes, d'animaux, avec les reliefs, les creux, produits par l'action du vent et la nature du sol. Toutes ces relations, ces faits recueillis par l'expérience et l'observation, se dissolvent, demeurent inaccessibles à l'expression et même à la pensée, si vous n'affirmez le passage d'un inconnu que vous n'avez pas vu, que vous ne verrez peut-être jamais.

§ 5. — L'importance du système héliocentrique.

Le système héliocentrique est à la science ce que la clef de voûte est à un pont d'une seule arche. Il a fallu, avant de le sceller à sa place éminente, édifier la géométrie, la dynamique, l'astronomie ; et lui, à son tour, forme le lien, le centre de stabilité, non seulement de toute la maçonnerie qu'il surmonte, mais de toutes les pierres que l'on a posées après lui.

Nous avons vu que le système héliocentrique aurait été dans un équilibre précaire sans la dynamique, puisque toutes les objections qui retardaient son triomphe étaient d'ordre dynamique. La dynamique, pour se constituer, devait choisir certaines unités fondamentales comme la masse et la force, et celles-ci à leur tour étaient indispensables à la mesure des phénomènes matériels ; sans cette mesure, pas de physique, et sans physique, pas d'électricité. Or pas n'est besoin d'insister sur le rôle pratique de celle-ci.

C'est ainsi que les antiques Ioniens, Pythagoriciens, Péripatéticiens, Atomistes, contribuèrent, en discutant sur la cosmologie, à lancer le métro dans le sous-sol parisien. Les utilitaires et pragmatistes d'aujourd'hui n'eussent-ils pas taxé leurs controverses de bavardage oiseux d'où ne ressortait aucun profit ? Et pourtant, les philosophes grecs d'il y a deux mille ans collaboraient, de très loin c'est vrai, mais collaboraient certainement à l'acquisition de la nouvelle et prodigieuse puissance matérielle dont l'homme s'est trouvé investi à partir du siècle dernier.

Donc, même de la part des gens qui reprochent à la science de ne rien nous faire connaître, la science la plus spéculative, la plus désintéressée, mérite des encouragements. À des millénaires de distance, elle peut préparer des règles d'action.

L'essai que j'achève aura, je l'espère, montré quelque chose de plus. On a suivi l'histoire des hommes palpant dans l'obscurité pour trouver une porte qui s'ouvrit sur l'univers. Ils ont tâtonné longtemps et dans toutes les directions. Ces efforts, inutiles pendant des siècles, ne prouvent-ils pas qu'il n'y avait qu'une seule issue ? La vérité scientifique, une telle expérience le confirme, et même la méthode scientifique, ne sont pas le décret arbitraire de l'esprit humain ; elles dépendent de quelque chose d'extérieur et qui s'impose à notre raison. Comment nier, dès lors, qu'elles mènent à la vérité sans épithètes. Celle-ci, quelques-uns la recherchent pour elle-même. Ils estimeront que d'être arrivé à la vision newtonienne du monde, c'était déjà un immense profit, n'eût-elle dû se traduire par aucun résultat pratique.

TABLE DES MATIÈRES

CHAPITRE VI

ASTRONOMIE CHALDÉENNE. ASTRONOMIE DES POSITIONS ANGULAIRES

CHAPITRE VII

ASTRONOMIE GRECQUE
ASTRONOMIE DES DISTANCES ET DES MÉCANISMES

TROISIÈME PARTIE

LA GENÈSE DE LA DYNAMIQUE ET DU SYSTÈME HÉLIOCENTRIQUE

CHAPITRE PREMIER

GENÈSE ASTRONOMIQUE DU SYSTÈME HÉLIOCENTRIQUE

CHAPITRE II

LA DYNAMIQUE ARISTOTÉLICIENNE

CHAPITRE III

ÉVOLUTION DE LA COSMOLOGIE
ET DE LA DYNAMIQUE
DEPUIS L'ANTIQUITÉ JUSQU'A NEWTON

CHAPITRE IV

LA DYNAMIQUE NEWTONIENNE
ET LE SYSTEME HELIOCENTRIQUE

ÉVREUX, IMPRIMERIE CH. HÉRISSEY, PAUL HÉRISSEY, SUCCᵗ

LIBRAIRIE FÉLIX ALCAN

FÉLIX ALCAN ET R. LISBONNE, ÉDITEURS

EXTRAIT DU CATALOGUE

PHILOSOPHIE — HISTOIRE — SCIENCES — MÉDECINE
ECONOMIE POLITIQUE — STATISTIQUE — FINANCES

TABLE DES MATIÈRES

PARIS

108, BOULEVARD SAINT-GERMAIN, 108 (6e)

—

MARS 1913

BIBLIOTHÈQUE
DE PHILOSOPHIE CONTEMPORAINE

VOLUMES IN-16.

Brochés, 2 fr. 50.

Derniers volumes publiés :

A. Bauer.
La conscience collect. et la morale.
G. Bohn.
Nouvelle psychologie animale.
G. Bonet-Maury.
L'unité morale des religions.
J. Bourdeau.
La philosophie affective.
Dugas et Moutier.
La dépersonnalisation.
Emerson.
Essais choisis.
L. Estève.
Une nouv. psychol. de l'impéria-
lisme : Ernest Seillière.
R. Eucken.
Sens et valeur de la vie.
H. Höffding.
Jean-Jacques Rousseau.
A. Joussain.
Esquisse d'une philos. de la nature.
J. M. Laby.
La morale de Jésus.
F. Le Dantec.
Le chaos et l'harmonie universelle.

E. Le Roy.
Une philos. nouv.: H. Bergson. 3ᵉ éd.
E. Lichtenberger.
Le Faust de Gœthe.
W. Ostwald.
Esquisse d'une philos. des sciences.
Parisot et Martin.
Les postulats de la pédagogie.
E. de Roberty.
Concepts de la rais. et lois de l'univ.
J. Rogues de Fursac.
L'avarice.
Schopenhauer.
Philos. et science de la nature.
Fragments sur l'hist. de la philos.
Sur les apparitions, et opusc. div.
J. Segond.
Cournot.
L'intuition bergsonienne.
F. Simiand.
Méth. positive en science écon.
P. Sollier.
Morale et moralité.
M. Winter.
La méthode dans la phil. des math.

Alaux.
Philosophie de Victor Cousin.
R. Allier.
Philosophie d'Ernest Renan. 3ᵉ éd.
L. Arréat.
La morale dans le drame. 3ᵉ édit.
Mémoire et imagination. 2ᵉ édit.
Les croyances de demain.
Dix ans de philosophie (1890-1900).
Le sentiment religieux en France.
Art et psychologie individuelle.
G. Aslan.
Expérience et Invention en morale.
Avebury (J. Lubbock).
Paix et bonheur.
J. M. Baldwin.
Darwinisme dans les sc. morales.
G. Ballet.
Langage intérieur et aphasie. 2ᵉ éd.
A. Bayet.
La morale scientifique. 2ᵉ édit.

Beaussire.
Antécédents de l'hégélianisme.
Bergson.
Le rire. 8ᵉ édit.
Binet.
Psychologie du raisonnement. 5ᵉ éd.
Hervé Blondel.
Les approximations de la vérité.
C. Bos.
Psychologie de la croyance. 2ᵉ éd.
Pessimisme, féminisme, moralisme.
M. Boucher.
Essai sur l'hyperespace. 2ᵉ éd.
C. Bouglé.
Les sciences sociales en Allemagne.
Qu'est-ce que la sociologie? 2ᵉ éd.
J. Bourdeau.
Les maîtres de la pensée. 6ᵉ éd.
Socialistes et sociologues. 2ᵉ édit.
Pragmatisme et modernisme.
E. Boutroux.
Conting. des lois de la nature. 7ᵉ éd.

Brunschvicg.
Introd. à la vie de l'esprit. 3e éd.
L'idéalisme contemporain.
C. Coignet.
Protestantisme français au XIXe siècle
G. Compayré.
L'adolescence. 2e édit.
Coste.
Dieu et l'âme. 2e édit.
Em. Cramaussel.
Le premier éveil intellectuel de l'enfant. 2e édit.
A. Cresson.
Bases de la philos. naturaliste.
Le malaise de la pensée philos.
La morale de Kant. 2e éd.
G. Danville.
Psychologie de l'amour. 5e édit.
L. Dauriac.
La psychol. dans l'opéra français.
J. Delvolvé.
L'organisation de la conscience morale.
Rationalisme et tradition. 2e édit.
G. Dromard.
Les mensonges de la vie intérieure.
L. Dugas.
Psittacisme et pensée symbolique.
La timidité. 6e édit.
Psychologie du rire. 2e édit.
L'absolu.
L. Duguit.
Le droit social, le droit individuel et la transformation de l'État. 2e éd.
G. Dumas.
Le sourire.
Dunan.
Théorie psychologique de l'espace.
Les deux idéalismes.
Duprat.
Les causes sociales de la folie.
Le mensonge. 2e édit.
E. Durkheim.
Les règles de la méthode sociol. 6e éd.
E. d'Eichthal.
Corr. de S. Mill et G. d'Eichthal.
Pages sociales.
Encausse (Papus).
Occultisme et spiritualisme. 3e éd.
A. Espinas.
La philos. expériment. en Italie.
E. Faivre.
De la variabilité des espèces.
Ch. Féré.
Sensation et mouvement. 2e édit.
Dégénérescence et criminalité. 4e éd.
E. Ferri.
Les criminels dans l'art.

Fierens-Gevaert.
Essai sur l'art contemporain, 2e éd.
La tristesse contemporaine. 5e éd.
Psychol. d'une ville. Bruges. 3e éd.
Nouveaux essais sur l'art contemp.
M. de Fleury.
L'âme du criminel. 2e éd.
Fonsegrive.
La causalité efficiente.
A. Fouillée.
Propriété sociale et démocratie. 4e édit.
E. Fournière.
Essai sur l'individualisme. 2e édit.
Gauckler.
Le beau et son histoire.
G. Geley.
L'être subconscient. 3e édit.
J. Girod.
Démocratie, patrie et humanité.
E. Goblot.
Justice et liberté. 2e édit.
A. Godfernaux.
Le sentiment et la pensée. 2e édit.
J. Grasset.
Les limites de la biologie. 6e édit.
G. de Greef.
Les lois sociologiques. 4e édit.
Guyau.
La genèse de l'idée de temps. 2e éd.
E. de Hartmann.
La religion de l'avenir. 7e édition.
Le darwinisme. 9e édition.
R. C. Herckenrath.
Probl. d'esthétique et de morale.
Marie Jaëll.
L'intelligence et le rythme dans les mouvements artistiques.
W. James.
La théorie de l'émotion. 4e édit.
Paul Janet.
La philosophie de Lamennais.
Jankelevitch.
Nature et société.
A. Joussain.
Le fondem. psych. de la morale.
N. Kostyleff.
La crise de la psych. expérim.
J. Lachelier.
Du fondement de l'induction. 6e éd.
Études sur le syllogisme.
C. Laisant.
L'éduc. fondée sur la science. 3e éd.
Mme Lampérière.
Le rôle social de la femme.
A. Landry.
La responsabilité pénale.
Lange.
Les émotions. 4e édit.

Lapie.
La justice par l'État.

Laugel.
L'optique et les arts.

Gustave Le Bon.
Lois psychol. de l'évol. des peuples.
11ᵉ éd.
Psychologie des foules. 18ᵉ éd.

F. Le Dantec.
Le déterminisme biologique. 3ᵉ éd.
L'individualité et l'erreur individua-
liste. 3ᵉ édit.
Lamarckiens et darwiniens. 4ᵉ éd.

G. Lefèvre.
Obligation morale et idéalisme.

Liard.
Les logiciens anglais contem. 5ᵉ éd.
Définitions géométriques. 3ᵉ édit.

H. Lichtenberger.
La philosophie de Nietzsche. 13ᵉ éd.
Aphorismes de Nietzsche. 5ᵉ éd.

O. Lodge.
La vie et la matière. 2ᵉ édit.

John Lubbock.
Le bonheur de vivre. 2 vol. 11ᵉ éd.
L'emploi de la vie. 8ᵉ édit.

G. Lyon.
La philosophie de Hobbes.

E. Marguery.
L'œuvre d'art et l'évolution. 2ᵉ édit.

Mauxion.
L'éducation par l'instruction. 2ᵉ éd.
Nature et éléments de la moralité.

P. Mendousse.
Du dressage à l'éducation.

G. Milhaud.
Les conditions et les limites de la
certitude logique. 3ᵉ édit.
Le rationnel.

Mosso.
La peur. 4ᵉ éd.
La fatigue intellect. et phys. 6ᵉ éd.

E. Murisier.
Les mal. du sent. religieux. 3ᵉ éd.

Max Nordau.
Paradoxes psychologiques. 7ᵉ éd.
Paradoxes sociologiques. 6ᵉ édit.
Psycho-physiologie du génie. 5ᵉ éd.

Novicow.
L'avenir de la race blanche. 2ᵉ édit.

Ossip-Lourié.
Pensées de Tolstoï. 3ᵉ édit.
Philosophie de Tolstoï. 2ᵉ édit.
La philos. soc. dans le théât. d'Ibsen.
2ᵉ édit.
Nouvelles pensées de Tolstoï.
Le bonheur et l'intelligence.
Croyance relig. et croy. intellect.

G. Palante.
Précis de sociologie. 5ᵉ édit.
La sensibilité individualiste.

D. Parodi.
Le probl. moral et la pensée contemp.

W. R. Paterson (Swift).
L'éternel conflit.

Paulhan.
Les phénomènes affectifs. 3ᵉ édit.
Psychologie de l'invention. 2ᵉ édit.
Analystes et esprits synthétiques.
La fonction de la mémoire.
La morale de l'ironie.
La logique de la contradiction.

Péladan.
La phil. de Léonard de Vinci.

J. Philippe.
L'image mentale.

**J. Philippe
et G. Paul-Boncour.**
Les anomalies mentales chez les
écoliers. 2ᵉ édit.
L'éducation des anormaux.

F. Pillon.
La philosophie de Charles Secrétan.

Pioger.
Le monde physique.

L. Proal.
L'éducation et le suicide des enfants.

Queyrat.
L'imagination chez l'enfant. 4ᵉ édit.
L'abstraction. 2ᵉ édit.
Les caractères et l'éduc. morale. 4ᵉ éd.
La logique chez l'enfant. 4ᵉ éd.
Les jeux des enfants. 3ᵉ édit.
La curiosité.

G. Rageot.
Les savants et la philosophie.

P. Regnaud.
Précis de logique évolutionniste.
Comment naissent les mythes.

G. Renard.
Le régime socialiste. 6ᵉ édit.

A. Réville.
Divinité de Jésus-Christ. 4ᵉ éd.

A. Rey.
L'énergétique et le mécanisme.

Th. Ribot.
La philos. de Schopenhauer. 12ᵉ éd.
Les maladies de la mémoire. 22ᵉ éd.
Les maladies de la volonté. 27ᵉ éd.
Les mal. de la personnalité. 15ᵉ édit.
La psychologie de l'attention. 12ᵉ éd.
Problèmes de psychologie affective.

G. Richard.
Socialisme et science sociale. 3ᵉ éd.

Ch. Richet.
Psychologie générale. 8ᵉ éd.

De Roberty.
L'agnosticisme. 2ᵉ édit.
La recherche de l'unité.

De Roberty.
Psychisme social.
Fondements de l'éthique.
Constitution de l'éthique.
Frédéric Nietzsche.

E. Roehrich.
L'attention spontanée et volontaire.

J. Rogues de Fursac.
Mouvement mystique contemp.

Roisel.
De la substance.
L'idée spiritualiste. 2e édit.

Roussel-Despierres.
L'idéal esthétique.

Rzewuski.
L'optimisme de Schopenhauer.

Schopenhauer.
Le libre arbitre. 12e édition.
Le fondement de la morale. 11e éd.
Pensées et fragments. 25e édition.
Ecrivains et style. 2e édit.
Sur la religion. 2e édit.
Philosophie et philosophes.
Ethique, droit et politique.
Métaphysique et esthétique.

Seillière.
Introd. à la phil. de l'impérialisme.

P. Sollier.
Les phénomènes d'autoscopie.

P. Souriau.
La rêverie esthétique.

Herbert Spencer.
Classification des sciences. 9e édit.
L'individu contre l'Etat. 8e éd.
L'association en psychologie.

Stuart Mill.
Correspondance avec G. d'Eiohthal.
Comte et la phil. positive. 8e éd.
L'utilitarisme. 7e édition.

Sully Prudhomme.
Psychologie du libre arbitre. 2e éd.

Sully Prudhomme et Ch. Richet.
Le probl. des causes finales. 4e éd.

Tanon.
L'évol. du droit et la consc. soc. 3e éd.

Tarde.
La criminalité comparée. 7e éd.
Les transformations du droit. 7e éd.
Les lois sociales. 7e édit.

J. Taussat.
Le monisme et l'animisme.

Thamin.
Éducation et positivisme. 3e éd.

P.-F. Thomas.
La suggestion, son rôle. 5e édit.
Morale et éducation. 3e éd.

Wundt.
Hypnotisme et suggestion. 4e édit.

Zeller.
Christ. Baur et l'école de Tubingue.

Th. Ziegler.
La question sociale. 4e éd.

VOLUMES IN-8.

Brochés, à 3.75, 5, 7.50 et 10 fr.

Derniers volumes publiés :

R. Berthelot.
Un romantisme utilitaire. 2 v. à 7.50

V. Brochard.
Études de philos. anc. et mod. 10 fr.

L. Brunschvicg.
Les étapes de la philos. mathém.
10 fr.

A. Cartault.
Les sentiments généreux.   5 fr.

Cellérier et Dugas.
L'année pédagog. 1e année. 7 fr. 50

E. Dupréel.
Le rapport social.   5 fr.

E. Durkheim.
Les formes élémentaires de la vie
religieuse.   10 fr.

Et. Gilson.
La liberté chez Descartes et la théologie.   7 fr. 50

M. Halbwachs.
La classe ouvrière et les niveaux de
vie..   7 fr. 50

F. Le Dantec.
Contre la métaphysique.   3 fr. 75

O. Lodge.
La survivance humaine.   5 fr.

A. Marceron.
La morale par l'Etat.   5 fr.

Ossip-Lourié.
Langage et verbomanie.   5 fr.

Palante.
Les antinomies entre l'individu et
la société.   5 fr.

Fr. Paulhan.
L'activité mentale. 2e éd.   10 fr.

Philosophie allemande.
La philos. allemande au xixe s. 5 fr.

F. Pillon.
L'année philosophique, 23ᵉ année, 1912.   5 fr.

E. Rignano.
Essais de synthèse scientifique. 5 fr.

F. Roussel-Despierres.
Hiérarchie des principes et des problèmes sociaux.   5 fr.

G. Simmel.
Mélanges de phil. relativiste. 5 fr.

E. Tardieu.
L'ennui. 2ᵉ éd., revue.

E. Terraillon.
L'honneur.   5 fr.

J. Wilbois.
Devoir et durée.   7 fr. 50

Ch. Adam.
La philosophie en France (première moitié du XIXᵉ siècle). 7 fr. 50

Arréat.
Psychologie du peintre.   5 fr.

Dʳ L. Aubry.
La contagion du meurtre.   5 fr.

Alex. Bain.
La logique inductive et déductive. 5ᵉ édit. 2 vol.   20 fr.

J.-M. Baldwin.
Le développement mental chez l'enfant et dans la race. 7 fr. 50

J. Bardoux.
Psychol. de l'Angleterre contemp. (les crises belliqueuses). 7 fr. 50
Psychologie de l'Angleterre contemporaine (les crises politiques).   5 fr.

Barthélemy Saint-Hilaire.
La philosophie dans ses rapports avec les sciences et la religion. 5 fr.

Barzellotti.
La philosophie de H. Taine. 7 fr. 50

V. Basch.
La poétique de Schiller. 2ᵉ éd. 7 fr. 50

A. Bayet.
L'idée de bien.   3 fr. 75

Bazaillas.
Musique et inconscience.   5 fr.
La vie personnelle.   5 fr.

G. Belot.
Études de morale positive. 7 fr. 50

H. Bergson.
Essai sur les données immédiates de la conscience. 12ᵉ édit. 3 fr. 75
Matière et mémoire. 9ᵉ édit.   5 fr.
L'évolution créatrice. 14ᵉ éd. 7 fr. 50

H. Berr.
La synthèse en histoire.   5 fr.

R. Berthelot.
Evolutionnisme et platonisme. 5 fr.

A. Bertrand.
L'enseignement intégral.   5 fr.
Les études dans la démocratie. 5 fr.

A. Binet.
Les révélations de l'écriture. 5 fr.

C. Bloch.
La philosophie de Newton. 10 fr.

J.-H. Boex-Borel.
(J.-H. Rosny aîné.)
Le pluralisme.   5 fr.

Em. Boirac.
L'idée du phénomène.   5 fr.
La psychologie inconnue. 2ᵉ éd. 5 fr.

Bouglé.
Les idées égalitaires. 2ᵉ éd. 3 fr. 75
Essais sur le régime des castes. 5 fr.

L. Bourdeau.
Le problème de la mort. 4ᵉ éd. 5 fr.
Le problème de la vie.   7 fr. 50

Bourdon.
L'expression des émotions. 7 fr. 50

Em. Boutroux.
Études d'hist. de la phil. 2ᵉ éd. 7 fr. 50

Braunschvig.
Le sentiment du beau et le sentiment poétique.   7 fr. 50

L. Bray.
Du beau.   5 fr.

Brochard.
De l'erreur. 2ᵉ éd.   5 fr.

R. Brugeilles.
Le droit et la sociologie.   3 fr. 75

L. Brunschvicg.
Spinoza. 2ᵉ édit.   3 fr. 75
La modalité du jugement.   5 fr.

L. Carrau.
Phil. relig. en Angleterre. 5 fr.

L. Cellérier.
Esquisse d'une science pédagogique.   7 fr. 50

Ch. Chabot.
Nature et moralité.   5 fr.

A. Chide.
Le mobilisme moderne.   5 fr.

Clay.
L'alternative. 2ᵉ éd.   10 fr.

Collins.
Résumé de la phil. de H. Spencer. 5ᵉ éd.   10 fr.

Cosentini.
La sociologie génétique.   3 fr. 75

A. Coste.
Principes d'une sociol. obj. 3 fr. 75
L'expérience des peuples.   10 fr.

C. Couturat.
Les principes des mathématiques. 5 f.
Crépieux-Jamin.
L'écriture et le caractère. 5ᵉ éd. 7.50
A. Cresson.
Morale de la raison théorique. 5 fr.
B. Croce.
Philosophie de la pratique. 7 fr. 50
E. de Cyon.
Dieu et science. 2ᵉ édit. 7 fr. 50
A. Darbon.
L'explication mécanique et le nominalisme. 3 fr. 75
Dauriac.
Essai sur l'esprit musical. 5 fr.
A. David.
Le modernisme bouddhiste. 5 fr.
H. Delacroix.
Etudes d'histoire et de psychologie du mysticisme. 10 fr.
Delbos.
Philos. pratique de Kant. 12 fr. 50
J. Delvaille.
La vie sociale et l'éducation. 3 fr. 75
J. Delvolvé.
Religion, critique et philosophie positive chez Bayle. 7 fr. 50
Draghicesco.
L'individu dans le déterminisme social. 7 fr. 50
Le probl. de la conscience. 3 fr. 75
G. Dromard.
Essai sur la sincérité. 5 fr.
J. Dubois.
Le problème pédagogique. 7 fr. 50
L. Dugas.
Le problème de l'éducat. 2ᵉ éd. 5 fr.
L'éducation du caractère. 5 fr.
G. Dumas.
St-Simon et Auguste Comte. 5 fr.
G.-L. Duprat.
L'instabilité mentale. 5 fr.
Dupré et Nathan.
Le langage musical. 3 fr. 75
Duproix.
Kant et Fichte. 2ᵉ édit. 5 fr.
Durand (DE GROS).
Taxinomie générale. 5 fr.
Esthétique et morale. 5 fr.
Variétés philosophiques. 2ᵉ éd. 5 fr.
E. Durkheim.
De la div. du trav. soc. 3ᵉ éd. 7 fr. 50
Le suicide. 2ᵉ édit. 7 fr. 50
L'année sociologique : 1ʳᵉ à 5ᵉ années. Chacune. 10 fr. ; 6ᵉ à 10ᵉ. Chacune. 12 fr. 50 ; Tome XI, 1906-1909. 15 fr.
V. Egger.
La parole intérieure. 2ᵉ éd. 5 fr.

Dwelshauvers.
La synthèse mentale. 5 fr.
H. Ebbinghaus.
Précis de psychologie. 2ᵉ édit. 5 fr.
A. Espinas.
La philosophie sociale au XVIIIᵉ siècle et la Révolution. 7 fr. 50
Enriques.
Les problèmes de la science et la logique. 3 fr. 75
R. Eucken.
Les grands courants de la pensée contemporaine. 10 fr.
F. Evellin.
La raison pure et les antinomies. 5 fr.
G. Ferrero.
Les lois psychol. du symbol. 5 fr.
Enrico Ferri.
La sociologie criminelle. 10 fr.
Louis Ferri.
La psych. de l'association. 7 fr. 50
J. Finot.
Le préjugé des races. 3ᵉ éd. 7 fr. 50
Philos. de la longévité. 12ᵉ éd. 5 fr.
Préjugé et problème des sexes. 3ᵉ édit. 5 fr.
Fonsegrive.
Le libre arbitre. 2ᵉ éd. 10 fr.
M. Foucault.
La psychophysique. 7 fr. 50
Le rêve. 5 fr.
Alf. Fouillée.
La pensée et les nouv. écoles anti-intellectualistes. 2ᵉ édit. 7 fr. 50
Liberté et déterminisme. 8ᵉ éd. 7 fr. 50
Critique des systèmes de morale contemporains. 7ᵉ éd. 7 fr. 50
La morale, l'art et la religion, d'après Guyau. 8ᵉ éd. 3 fr. 75
L'avenir de la métaphys. 2ᵉ éd. 5 fr.
Evolutionnisme des idées-forces. 5ᵉ éd. 7 fr. 50
La psychologie des idées-forces. 2ᵉ édit. 2 vol. 15 fr.
Tempérament et caractère. 3ᵉ éd. 7 fr. 50
Le mouvement idéaliste. 3ᵉ éd. 7 fr. 50
Le mouvement positiviste. 2ᵉ éd. 7.50
Psych. du peuple français. 3ᵉ éd. 7.50
La France au p. de v. moral. 5ᵉ éd. 7.50
Esquisse psychologique des peuples européens. 4ᵉ édit. 10 fr.
Nietzsche et l'immoralisme. 2ᵉ éd. 5 f.
Le moralisme de Kant et l'amoralisme contemporain. 2ᵉ éd. 7 fr. 50
Eléments sociol. de la morale. 2ᵉ édit. 7 fr. 50
La morale des idées-forces. 7 fr. 50
Le socialisme et la sociologie réformiste. 7 fr. 50
La démocratie politique et sociale en France. 3 fr. 75

E. Fournière.
Théories social. au XIXe siècle. 7 fr. 50

G. Fulliquet.
L'obligation morale.   7 fr. 50

Garofalo.
La criminologie. 5e édit.   7 fr. 50
La superstition socialiste.   5 fr.

L. Gérard-Varet.
L'ignorance et l'irréflexion.   5 fr.

E. Gley.
Études de psycho-physiologie. 5 fr.

G. Gory.
L'immanence de la raison dans la
connaissance sensible.   5 fr.

J.-J. Gourd.
Philosophie de la religion.   5 fr.

R. de la Grasserie.
De la psychologie des religions. 5 fr.

J. Grasset.
Demifous et demiresponsables. 5 fr.
Introduction physiologique à l'étude
de la philosophie. 2[o] éd.   5 fr.

G. de Greef.
Le transformisme social. 2e éd. 7 fr. 50
La sociologie économique. 3 fr. 75

K. Groos.
Les jeux des animaux.   7 fr. 50

Gurney, Myers et Podmore
Les hallucin. télépath. 4e éd. 7 fr. 50

Guyau.
La morale angl. cont. 6e éd. 7 fr. 50
Les problèmes de l'esthétique con-
temporaine. 8e éd.   5 fr.
Esquisse d'une morale sans obli-
gation ni sanction. 9e éd.   5 fr.
L'irréligion de l'avenir. 16e éd. 7 fr. 50
L'art au point de vue sociol. 9e éd.
                            7 fr. 50
Éducation et hérédité. 12e éd. 5 fr.

E. Halévy.
La form. du radicalisme philos.
  I. *La jeunesse de Bentham.* 7 fr. 50
  II. *Évol. de la doctr. utilitaire,*
  1789-1815.   7 fr. 50
  III. *Le radicalisme philos.* 7 fr. 50

O. Hamelin.
Le système de Descartes.   7 fr. 50

Hannequin.
L'hypoth. des atomes. 2e éd. 7 fr. 50
Études d'histoire des sciences et
d'histoire de la philosophie.
2 vol.   15 fr.

P. Hartenberg.
Les timides et la timidité. 3e éd. 5 fr.
Physionomie et caractère. 2e éd. 5 fr.

Hébert.
Evolut. de la foi catholique.   5 fr.
Le divin.   5 fr.

C. Hémon.
Philos. de Sully Prudhomme. 7 fr. 50

Hermant et Van de Waele.
Les principales théories de la logique contemporaine.   5 fr.

G. Hirth.
Physiologie de l'art.   5 fr.

H. Höffding.
La pensée humaine.   7 fr. 50
Esquisse d'une psychologie fondée
sur l'expérience. 4e édit. 7 fr. 50
Hist. de la philos. moderne. 2e édit.
2 vol.   20 fr.
Philosophie de la religion. 7 fr. 50
Philosophes contemporains. 2e édit.
                            3 fr. 75

Hubert et Mauss.
Mélanges d'histoire des religions.
                            5 fr.

Ioteyko et Stefanowska.
Psycho-physiologie de la dou-
leur.   5 fr.

Isambert.
Les idées socialistes en France
(1815-1848).   7 fr. 50

Izoulet.
La cité moderne. 7e édit.   10 fr.

Jacoby.
La sélect. chez l'homme. 2e éd. 10 fr.

Paul Janet.
Œuvres philosophiques de Leibniz.
2e édition. 2 vol.   20 fr.

Pierre Janet.
L'automatisme psychol. 6e éd. 7 fr. 50

J. Jastrow.
La subconscience.   7 fr. 50

J. Jaurès.
Réalité du monde sensible. 2e édit.
                            7 fr. 50

L. Jeudon.
La morale de l'honneur.   5 fr.

Karppe.
Études d'hist. de la philos. 3 fr. 75

A. Keim.
Helvétius.   10 fr.

P. Lacombe.
Individus et sociétés selon Taine.
                            7 fr. 50

A. Lalande.
La dissolution opposée à l'évolution.   7 fr. 50

Ch. Lalo.
Esthétique musicale scientifique. 5 f.
L'esthétique expérim. cont. 3 fr. 75
Les sentiments esthétiques.   5 fr.

A. Landry.
Principes de morale rationnelle. 5 fr.

De Lanessan.
La morale naturelle.   10 fr.
La morale des religions.   10 fr.

P. Lapie.
Logique de la volonté.   7 fr. 50

Lauvrière.
Edgar Poë. Sa vie. Son œuvre. 10 fr.

E. de Laveleye.
De la propriété et de ses formes primitives. 5e édit.   10 fr.

M.-A. Leblond.
L'idéal du xixe siècle.   5 fr.

Gustave Le Bon.
Psych. du socialisme. 7e éd. 7 fr. 50

G. Lechalas.
Études esthétiques.   5 fr.
Étude sur l'espace et le temps. 2e édition.   5 fr.

Lechartier.
David Hume, moraliste et sociologue.   5 fr.

Leclère.
Le droit d'affirmer.   5 fr.

F. Le Dantec.
L'unité dans l'être vivant.   7 fr. 50
Limites du connaissable. 3e édit.   3 fr. 75

Xavier Léon.
La philosophie de Fichte.   10 fr.

Leroy (E.-B.).
Le langage.   5 fr.

A. Lévy.
La philosophie de Feuerbach. 10 fr.

L. Lévy-Bruhl.
La philosophie de Jacobi.   5 fr.
Lettres de Stuart Mill à Comte. 10 fr.
La philos. d'Aug. Comte. 3e éd. 7 fr. 50
La morale et la science des mœurs. 5e éd.   5 fr.
Les fonctions mentales dans les sociétés inférieures. 2e éd. 7 fr. 50

Liard.
Science positive et métaphysique. 4e édit.   7 fr. 50
Descartes. 3e édit.   5 fr.

H. Lichtenberger.
Richard Wagner, poète et penseur. 5e édit.   10 fr.
Henri Heine penseur.   3 fr. 75

Lombroso.
La femme criminelle et la prostituée. 1 vol. avec planches.   15 fr.
Le crime polit. et les révol. 2 v. 15 f.
L'homme criminel. 3e édit. 2 vol., avec atlas.   36 fr.
Le crime. 2e éd.   10 fr.
L'homme de génie (avec pl). 4e éd. 10 f.

E. Lubac.
Système de psychol. rationn. 3 fr. 75

G. Luquet.
Idées générales de psychol.   5 fr.

G. Lyon.
L'idéalisme en Angl. au xviiie s. 7.50
Enseignement et religion. 3 fr. 75

P. Malapert.
Les éléments du caractère. 2e éd. 5 fr.

Marion.
La solidarité morale. 6e édit. 5 fr.

Fr. Martin.
La perception extérieure et la science positive.   5 fr.

A. Matagrin.
La psychologie sociale de Gabriel Tarde.   5 fr.

J. Maxwell.
Les phénomènes psych. 4e éd. 5 fr.

A. Ménard.
Psychologie de W. James.   7 fr. 50

P. Mendousse.
L'âme de l'adolescent. 2e édit. 5 fr.

E. Meyerson.
Identité et réalité. 2e édit. 7 fr. 50

Morton Prince.
Dissoc. d'une personnalité.   10 fr.

Max Muller.
Nouv. études de mythol.   12 fr. 50

Myers.
La personnalité humaine. 3e éd. 7.50

E. Naville.
La logique de l'hypothèse. 2e éd. 5 fr.
La définition de la philosophie. 5 fr.
Les philosophies négatives.   5 fr.
Le libre arbitre. 2e édition.   5 fr.
Les philosophies affirmatives. 7 fr. 50

J.-P. Nayrac.
L'attention.   3 fr. 75

Max Nordau.
Dégénérescence. 2 v. 7e éd. 17 fr. 50
Les mensonges conventionnels de notre civilisation. 10e éd.   5 fr.
Vus du dehors.   5 fr.
Le sens de l'histoire.   7 fr. 50

Novicow.
La morale et l'intérêt.   5 fr.
Luttes entre soc. humaines. 2e éd. 10 f.
Justice et expansion de la vie. 7 fr. 50
La critique du darwinisme social.   7 fr. 50

H. Oldenberg.
Le Bouddha. 2e éd.   7 fr. 50
La religion du Véda.   10 fr.

Ossip-Lourié.
La philosophie russe contemp. 5 fr.
Psychol. des romanciers russes au xixe siècle.   7 fr. 50

Ouvré.
Form. littér. de la pensée grecq. 10 fr.

G. Palante.
Combat pour l'individu.   3 fr. 75

Fr. Paulhan.
Les caractères. 3e édition.   5 fr.
Les mensonges du caractère.   5 fr.
Le mensonge de l'art.   5 fr.

Payot.
L'éducation de la volonté. 36e éd. 5 fr.
La croyance. 3e éd.   5 fr.

Jean Pérès.
L'art et le réel. 3 fr. 75
Bernard Perez.
Les trois premières années de l'enfant. 7e édit. 5 fr.
L'enfant de 3 à 7 ans. 4e éd. 5 fr.
L'éd. mor. dès le berceau. 4e éd. 5 fr.
L'éd. intell. dès le berceau. 2e éd. 5 fr.
C. Piat.
La personne humaine. 2e éd. 7 fr. 50
Destinée de l'homme. 2e édit. 5 fr.
La morale du bonheur. 5 fr.
Picavet.
Les idéologues. 10 fr.
Piderit.
La mimique et la physiognom. 5 fr.
Pillon.
L'année philos. 22 vol., chacun. 5 fr.
J. Ploger.
La vie et la pensée. 5 fr.
La vie sociale, la morale et le progrès. 5 fr.
L. Prat.
Le caractère empirique et la personne. 7 fr. 50
Preyer.
Éléments de physiologie. 5 fr.
L. Proal.
Le crime et la peine. 4e éd. 10 fr.
La criminalité politique. 2e éd. 5 fr.
Le crime et le suicide passionn. 10 f.
G. Rageot.
Le succès. 3 fr. 75
F. Rauh.
Études de morale. 10 fr.
De la méthode dans la psychologie des sentiments. 2e éd. 5 fr.
L'expérience morale. 3 fr. 75
Récéjac.
La connaissance mystique. 5 fr.
Rémond et Voivenel.
Le génie littéraire. 5 fr.
G. Renard.
La méthode scientifique de l'histoire littéraire. 10 fr.
Renouvier.
Les dilem. de la métaph. pure. 5 fr.
Hist. et solut. des problèmes métaphysiques. 7 fr. 50
Le personnalisme. 10 fr.
Critique de la doctrine de Kant. 7.50
Science de la morale. Nouvelle édit. 2 vol. 15 fr.
G. Revault d'Allonnes.
Psychologie d'une religion. 5 fr.
Les inclinations. 3 fr. 75
A. Rey.
La théorie de la physique chez les physiciens contemp. 7 fr. 50
Ribéry.
Classification des caractères. 3 fr. 75

Th. Ribot.
L'hérédité psycholog. 9e éd. 7 fr. 50
La psychologie anglaise contemporaine. 3e éd. 7 fr. 50
La psychologie allemande contemporaine. 7e éd. 7 fr. 50
La psych. des sentim. 8e éd. 7 fr. 50
L'évol. des idées générales. 3e éd. 5 fr.
L'imagination créatrice. 3e éd. 5 fr.
Logique des sentiments. 4e éd. 3 f. 75
Essai sur les passions. 3e éd. 3 fr. 75
Ricardou.
De l'idéal. 5 fr.
G. Richard.
L'idée d'évolution dans la nature et dans l'histoire. 7 fr. 50
H. Riemann.
Élém. de l'esthétiq. musicale. 5 fr.
E. Rignano.
Transmissibilité des caractères acquis. 5 fr.
A. Rivaud.
Essence et existence chez Spinoza. 3 fr. 75
E. de Roberty.
Ancienne et nouvelle philos. 7 fr. 50
La philosophie du siècle. 5 fr.
Nouveau programme de sociol. 5 fr.
Sociologie de l'action. 3 fr. 75
G. Rodrigues.
Le problème de l'action. 3 fr. 75
Ed. Roehrich.
Philosophie de l'éducation. 5 fr.
F. Roussel-Despierres.
Liberté et beauté. 7 fr. 50
Romanes.
L'évol. ment. chez l'homme. 7 fr. 50
Russell.
La philosophie de Leibniz. 3 fr. 75
Ruyssen.
Évolut. psychol. du jugement. 5 fr.
A. Sabatier.
Philosophie de l'effort. 2e éd. 7 fr. 50
Emile Saigey.
La physique de Voltaire. 5 fr.
G. Saint-Paul.
Le langage intérieur. 5 fr.
E. Sanz y Escartin.
L'individu et la réforme sociale. 7.50
F. Schiller.
Études sur l'humanisme. 10 fr.
A. Schinz.
Anti-pragmatisme. 5 fr.
Schopenhauer.
Aphorismes sur la sagesse dans la vie. 9e éd. 5 fr.
Le monde comme volonté et représentation. 6e éd. 3 vol. 22 fr. 50
Séailles.
Ess. sur le génie dans l'art. 4e éd. 5 fr.
Philosoph. de Renouvier. 7 fr. 50

J. Segond.

La prière. 7 fr. 50

Sighele.

La foule criminelle. 2ᵉ édit. 5 fr.

Sollier.

Psychologie de l'idiot et de l'imbécile. 2ᵉ éd. 5 fr.
Le problème de la mémoire. 3 fr. 75
Le mécanisme des émotions. 5 fr.
Le doute. 7 fr. 50

Sourian.

L'esthétique du mouvement. 5 fr.
La beauté rationnelle. 10 fr.
La suggestion dans l'art. 2ᵉ édit.
5 fr.

Spencer (Herbert).

Les premiers principes. 11ᵉ éd. 10 fr.
Principes de psychologie. 2 vol. 20 fr.
Princip. de biologie. 6ᵉ éd. 2 v. 20 fr.
Princip. de sociol. 5 vol. 43 fr. 75
   I. *Données de la sociologie*, 10 fr. —
   II. *Inductions de la sociologie.*
   Relations domestiques, 7 fr. 50. —
   III. *Institutions cérémonielles et*
   politiques, 15 fr. — IV. *Institu-*
   tions ecclésiastiques, 3 fr. 75.
   — V. *Institutions profession-*
   nelles, 7 fr. 50.
Justice. 3ᵉ éd. 7 fr. 50
Rôle moral de la bienfaisance. 7.50
Morale des différents peuples. 7.50
Problèmes de morale et de sociologie. 2ᵉ éd. 7 fr. 50
Essais sur le progrès. 5ᵉ éd. 7 fr. 50
Essais de politique. 4ᵉ éd. 7 fr. 50
Essais scientifiques. 4ᵉ éd. 7 fr. 50
De l'éducation. 13ᵉ édit. 5 fr.
Une autobiographie. 10 fr.

P. Stapfer.

Questions esthétiques et religieuses
3 fr. 75

Stein.

La question sociale au point de vue philosophique. 10 fr.

Stuart Mill.

Mes mémoires. 5ᵉ éd. 5 fr.
Système de logique. 2 vol. 20 fr.
Essais sur la religion. 4ᵉ édit. 5 fr.
Lettres à Auguste Comte.

James Sully.

Le pessimisme. 2ᵉ éd. 7 fr. 50
Essai sur le rire. 7 fr. 50

Sully Prudhomme.

La vraie religion selon Pascal. 7 f. 50
Le lien social. 3 fr. 75

G. Tarde.

La logique sociale. 4ᵉ édit. 7 fr. 50
Les lois de l'imitation. 6ᵉ éd. 7 fr. 50
L'opinion et la foule. 3ᵉ édit. 5 fr.

E. Tassy.

Le travail d'idéation. 5 fr.

P.-Félix Thomas.

L'éducation des sentiments. 5ᵉ éd.
5 fr.
Pierre Leroux. Sa philosophie. 5 fr.

P. Tisserand.

L'anthropologie de Maine de Biran.
10 fr.

Jean d'Udine.

L'art et le geste. 5 fr.

H. Urtin.

L'action criminelle. 5 fr.

Et. Vacherot.

Essais de philosophie critique. 7 f. 50
La religion. 7 fr. 50

I. Waynbaum

La physionomie humaine. 5 fr.

L. Weber.

Vers le positivisme absolu par l'idéalisme. 7 fr. 50

BIBLIOTHÈQUE
D'HISTOIRE CONTEMPORAINE
Volumes in-16 et in-8

DERNIERS VOLUMES PUBLIÉS :

L'ALSACE-LORRAINE OBSTACLE A L'EXPANSION ALLEMANDE, par *J. Novicow*. 1 vol. in-16.. . . . . 3 fr. 50
LE MAROC, par *Augustin Bernard*. 1 vol. in-8, avec cartes. . . 5 fr.
L'ITALIE ÉCONOMIQUE ET SOCIALE (1861-1912), par *E. Lémonon*. 1 vol. in-8.. . . . . 7 fr.
L'ŒUVRE LÉGISLATIVE DE LA RÉVOLUTION, par *L. Cahen* et *R. Guyot*, 1 vol. in-8. . . . . 7 fr.
LA FRANCE SOUS LA MONARCHIE CONSTITUTIONNELLE (1814-1848), par *G. Weill*. Nouvelle édition. 1 vol. in-16 . . . . 3 fr. 50
NOS HOMMES D'ETAT ET L'ŒUVRE DE RÉFORME, par *F. Maury*. 1 vol. in-16. . . . . 3 fr. 50

LE « COUP » D'AGADIR. *La querelle franco-allemande*, par *P. Albin*. 1 vol.
in-16. . . . . 3 fr. 50
HISTOIRE DE LA RÉVOLUTION FRANÇAISE, par *Th. Carlyle*. Nouvelle édition.
3 vol. in-18 . . . . 10 fr. 50
BISMARCK (1815-1898), par *H. Welschinger*. 2ᵉ éd. In-8 av. portrait. 5 fr.
LES GRANDS PROBLÈMES DE LA POLITIQUE INTÉRIEURE RUSSE, par *R. Mar-
chand*. 1 vol. in-16. . . . . 3 fr. 50
LE PORTUGAL ET SES COLONIES, par *A. Marvaud*. 1 vol. in-8. . . 5 fr.
AUSTERLITZ. LA FIN DU SAINT-EMPIRE (1804-1806). (*Napoléon et l'Europe*,
II), par *E. Driault*. 1 vol. in-8. . . . . 7 fr.
LA VIE POLITIQUE DANS LES DEUX MONDES, publ. sous la dir. de *A. Viallate*
et *M. Caudel*, avec la collab. de professeurs et d'anciens élèves de l'Ecole
des Sciences Politiques. 5ᵉ année, 1910-1911. 1 fort. vol. in-8. 10 fr.

Précédemment parus :

EUROPE

LES QUESTIONS ACTUELLES DE POLITIQUE ÉTRANGÈRE EN EUROPE, par
*F. Charmes, A. Leroy-Beaulieu, H. Millet A. Ribot, A. Vandal. R. de
Caix, R. Henry, G. Louis-Jaray, R. Pinon, A. Tardieu*. Nouvelle édi-
tion, refondue et mise à jour. 1 vol. in-16 avec 5 cartes hors texte. 3 fr. 50
HIST. DIPLOMATIQUE DE L'EUROPE (1815-1878), par *Debidour*, 2 v. in-8. 18 fr.
LA QUESTION D'ORIENT, par *E. Driault*. 5ᵉ édit. 1 vol. in-8. . 7 fr.
LA CONFÉRENCE D'ALGÉSIRAS. *Histoire diplomatique de la crise maro-
caine (janvier-avril 1906)*, par *A. Tardieu*. 3ᵉ édit. Revue et augmentée
d'un appendice sur *Le Maroc après la conférence* (1906-1909). In-8. 10 fr.
LES GRANDS TRAITÉS POLITIQUES. *Recueil des principaux textes diplo-
matiques depuis 1815 jusqu'à nos jours*, par *P. Albin*. Préface de
Maurice Herbette. 1 vol. in-8 . . . . 10 fr.
L'EUROPE ET LA POLITIQUE BRITANNIQUE (1882-1911), par *E. Lémonon*.
Préface de M. *Paul Deschanel*. 2ᵉ édit. 1 vol. in-8 . . . . . . 10 fr.
LA POLITIQUE DE PIE X, par *Maurice Pernot*. 1 vol. in-16 . . . 3 fr. 50

FRANCE ET COLONIES

LE DIRECTOIRE ET LA PAIX DE L'EUROPE, DES TRAITÉS DE BALE A LA
DEUXIÈME COALITION (1795-1799), par *R. Guyot*. 1 vol. in-8. . . 15 fr.
LA POLITIQUE DOUANIÈRE DE LA FRANCE, par *Ch. Augier* et *A. Marvaud*.
1 vol. in-8. . . . . 7 fr. 50
LA RÉVOLUTION FRANÇAISE, par *H. Carnot*. 1 vol. in-16. Nouv. éd. 3 fr. 50
LA THÉOPHILANTHROPIE ET LE CULTE DÉCADAIRE (1796-1801), par
A. Mathiez. 1 vol. in-8. . . . . 12 fr.
CONTRIBUTIONS A L'HISTOIRE RELIGIEUSE DE LA RÉVOLUTION FRANÇAISE,
par *le même*. 1 vol. in-16. . . . . 3 fr. 50
MÉMOIRES D'UN MINISTRE DU TRÉSOR PUBLIC (1789-1815), par le comte
Mollien. Publié par *M. Gomel*. 3 vol. in-8. . . . . 15 fr.
CONDORCET ET LA RÉVOLUTION FRANÇAISE, par *L. Cahen*. 1 vol. in-8. 10 fr.
CAMBON ET LA RÉVOLUTION FRANÇAISE, par *F. Bornarel*. 1 vol. in-8. 7 fr.
LE CULTE DE LA RAISON ET LE CULTE DE L'ÊTRE SUPRÊME (1793-1794). Étude
historique, par *A. Aulard*. 2ᵉ éd. 1 vol. in-16. . . . . 3 fr. 50
ÉTUDES ET LEÇONS SUR LA RÉVOLUTION FRANÇAISE, par *A. Aulard*. 6 vol.
in-16. Chacun . . . . 3 fr. 50
HOMMES ET CHOSES DE LA RÉVOLUTION, par *E. Spuller*. In-16. 3 fr. 50
LES CAMPAGNES DES ARMÉES FRANÇAISES (1792-1815), par *C. Vallaux*.
1 vol. in-16, avec 17 cartes. . . . . 3 fr. 50
LA POLITIQUE ORIENTALE DE NAPOLÉON (1806-1808), par *E. Driault*. In-8. 7 fr.
NAPOLÉON ET LA POLOGNE (1806-1807), par *Handelsman*. 1 vol. in-8. 5 fr.
DE WATERLOO A SAINTE-HÉLÉNE, par *J. Silvestre*, 1 vol. in-16. 3 fr. 50
LE CONVENTIONNEL GOUJON, par *L. Thénard* et *R. Guyot*. 1 vol. in-8. 5 fr.
HISTOIRE DU SECOND EMPIRE (1848-1870), par *T. Delord*. 6 vol. in-8. 42 fr.
HISTOIRE DE DIX ANS (1830-1840), par *Louis Blanc*. 5 vol. in-8. Chacun. 5 fr.
ASSOCIATIONS ET SOCIÉTÉS SECRÈTES SOUS LA DEUXIÈME RÉPUBLIQUE (1848-
1851), par *J. Tchernoff*. 1 vol. in-8. . . . . 7 fr.
HISTOIRE DU PARTI RÉPUBLICAIN (1814-1870), par *G. Weill*. 1 v. in-8. 10 fr.

HISTOIRE DU MOUVEMENT SOCIAL (1852-1910), par *le même*. In-8. 2e éd. 10 fr.

HISTOIRE DE LA TROISIÈME RÉPUBLIQUE, par *E. Zévort* : I. *Présidence de M. Thiers.* 1 vol. in-8. 3e édit. 7 fr. — II. *Présidence du Maréchal.* (*Épuisé*) — III. *Présidence de Jules Grévy.* 1 vol. in-8. 2e édition. 7 fr. — IV. *Présidence de Sadi-Carnot.* 1 vol. in-8.... 7 fr.

HISTOIRE DES RAPPORTS DE L'EGLISE ET DE L'ETAT EN FRANCE (1789-1870), par *A. Debidour.* 2e éd. 1 vol. in-8 (*Couronné par l'Institut*). 12 fr.

L'ETAT ET LES EGLISES EN FRANCE, par *J.-L. de Lanessan.* In-16. 3 fr. 50

LA SOCIÉTÉ FRANÇAISE SOUS LA TROISIÈME RÉPUBLIQUE, par *Marius-Ary Leblond.* 1 vol. in-8.... 5 fr.

LA LIBERTÉ DE CONSCIENCE EN FRANCE (1595-1905), par *G. Bonet-Maury.* 1 vol. in-8, 2e édit.... 5 fr.

LES CIVILISATIONS TUNISIENNES, par *P. Lapie.* 1 vol. in-16.. 3 fr. 50

LES COLONIES FRANÇAISES, par *P. Gaffarel.* 1 vol. in-8. 6e éd... 5 fr.

L'ŒUVRE DE LA FRANCE AU TONKIN, par *A. Gaisman.* 1 v. in-16. 3 fr. 50

LA FRANCE HORS DE FRANCE. *Notre émigration, sa nécessité, ses conditions,* par *J.-B. Piolet.* 1 vol. in-8.... 10 fr.

L'ALGÉRIE, par *M. Wahl.* 1 vol. in-8. 5e éd., revue par *A. Bernard.* 5 fr.

AU CONGO FRANÇAIS. *La question internationale du Congo,* par *F. Challaye.* 1 vol. in-8.... 5 fr.

LA FRANCE MODERNE ET LE PROBLÈME COLONIAL (1815-1830), par *Ch. Schefer.* 1 vol. in-8.... 7 fr.

L'EGLISE CATHOLIQUE ET L'ETAT EN FRANCE SOUS LA TROISIÈME RÉPUBLIQUE (1870-1906), par *A. Debidour.* Tome I. 1870-1889. 1 vol. in-8. 7 fr. Tome II. 1889-1906. 1 vol. in-8.... 10 fr.

L'EVEIL D'UN MONDE. *L'œuvre de la France en Afrique occidentale,* par *L. Hubert.* 1 vol. in-16.... 3 fr. 50

RÉGIONS ET PAYS DE FRANCE, par *Fèvre et Hauser.* 1 vol. in-8 ill. 7 fr.

NOTRE EMPIRE COLONIAL, par *H. Busson, J. Fèvre et H. Hauser.* 1 vol. in-8 avec gravures et cartes.... 5 fr.

NAPOLÉON ET LA CATALOGNE. *La Captivité de Barcelone (Février 1808-Janvier 1810).* 1 vol. in-8 avec une carte hors texte. (Prix Pezrat, 1910).... 10 fr.

LA POLITIQUE EXTÉRIEURE DU PREMIER CONSUL (1800-1803). (*Napoléon et l'Europe,* I), par *E. Driault.* 1 vol. in-8.... 7 fr.

LES OFFICIERS DE L'ARMÉE ROYALE ET LA RÉVOLUTION, par le Lieut.-Colonel *Hartmann.* 1 vol. in-8 (*Couronné par l'Institut*).... 10 fr.

THOURET (1746-1794). *La vie et l'œuvre d'un constituant,* par *E. Lebègue.* 1 vol. in-8.... 7 fr.

ESSAI POLITIQUE SUR ALEXIS DE TOCQUEVILLE, par *R. Pierre Marcel.* 1 vol. in-8.... 7 fr.

HISTOIRE DU CATHOLICISME LIBÉRAL EN FRANCE (1828-1908), par *G. Weill.* 1 vol. in-16.... 3 fr. 50

ALLEMAGNE

L'ESPRIT PUBLIC EN ALLEMAGNE VINGT ANS APRÈS BISMARCK, par *H. Moysset.* 1 vol. in-8.... 5 fr.

L'EFFORT ALLEMAND, par *L. Hubert.* 1 vol. in-16.... 3 fr. 50

LA RESTAURATION DE L'EMPIRE ALLEMAND, par *A. de Ruville.* Traduit par P. Albin. 1 vol. in-8.... 7 fr.

LE GRAND-DUCHÉ DE BERG (1806-1813), par *Ch. Schmidt.* 1 vol. in-8. 10 fr.

HISTOIRE DE LA PRUSSE, de la mort de Frédéric II à la bataille de Sadowa, par *E. Véron.* 1 vol. in-18. 6e éd.... 3 fr. 50

LES ORIGINES DU SOCIALISME D'ÉTAT EN ALLEMAGNE, par *Ch. Andler.* 2e édit. In-8.... 7 fr.

L'ALLEMAGNE NOUVELLE ET SES HISTORIENS (*Niebuhr, Ranke, Mommsen, Sybel, Treitschke*), par *A. Guilland.* 1 vol. in-8.... 5 fr.

LA DÉMOCRATIE SOCIALISTE ALLEMANDE, par *E. Milhaud.* 1 vol. in-8. 10 fr.

LA PRUSSE ET LA RÉVOLUTION DE 1848, par *P. Matter.* 1 v. in-16. 3 fr. 50

BISMARCK ET SON TEMPS, par *le même.* 3 vol. in-8, chacun. 10 fr. — I. *La préparation* (1815-1862). — II. *L'action* (1863-1870). — III. *Le triomphe et le déclin* (1870-1896). (*Ouvrage couronné par l'Institut*).

ANGLETERRE

L'EUROPE ET LA POLITIQUE BRITANNIQUE (1882-1911), par F. Lémonon
Préface de M. *Paul Deschanel*. 2ᵉ édit. 1 vol. in-8 . . . . . .   10 fr
HISTOIRE CONTEMP. DE L'ANGLETERRE, par *H. Reynald*. 2ᵉ éd. In-16. 3 fr. 50
A TRAVERS L'ANGLETERRE CONTEMPORAINE, par *J. Mantoux*. In-16. 3 fr. 50

AUTRICHE-HONGRIE

LA RENAISSANCE TCHÈQUE AU XIXᵉ SIÈCLE, par *L. Leger*. 1 v. in-16. 3 fr. 50
LES TCHÈQUES ET LA BOHÊME CONTEMPORAINE, par *Bourlier*. In-16. 3 fr. 50
LE PAYS MAGYAR, par *R. Recouly*. 1 vol. in-16. . . . .   3 fr. 50
LA HONGRIE RURALE, SOCIALE ET POLITIQUE, par *J. de Mailath*. In-8. 5fr.
LA QUESTION SOCIALE ET LE SOCIALISME EN HONGRIE, par *G.-Louis Jaray*.
1 vol. in-8 avec 5 cartes hors texte . . . .   7 fr.

ESPAGNE

HISTOIRE DE L'ESPAGNE, par *H. Reynald*. 1 vol. in-16 . . . . . 3 fr. 50
LA QUESTION SOCIALE EN ESPAGNE, par *Angel Marvaud*. 1 vol. in-8. 7 fr.

GRÈCE et TURQUIE

LA TURQUIE ET L'HELLÉNISME CONTEMPORAIN, par *V. Bérard*. 1 vol. in-16.
6ᵉ éd. (*Ouvrage couronné par l'Académie française*). . . .   3 fr. 50
BONAPARTE ET LES ILES IONIENNES, par *E. Rodocanachi*. In-8. 5 fr.

ITALIE

HISTOIRE DE L'UNITÉ ITALIENNE (1814-1871), p. *Bolton King*. 2 v. in-8. 15 fr.
BONAPARTE ET LES RÉPUBLIQUES ITALIENNES, par *P. Gaffarel*. In-8. 3 fr.
NAPOLÉON EN ITALIE (1800-1812), par *E. Driault*. 1 vol. in-8. . 10 fr.

SUISSE

HISTOIRE DU PEUPLE SUISSE, par *Daendliker*. In-8. . . . . 5 fr.

ROUMANIE

HISTOIRE DE LA ROUMANIE CONTEMP. (1822-1900), par *Damé*. In-8. 7 fr.

AMÉRIQUE

LES QUESTIONS ACTUELLES DE POLITIQUE ÉTRANGÈRE DANS L'AMÉRIQUE DU
NORD, par *A. Siegfried, P. de Rousiers, de Périgny, F. Roz, A. Tardieu*. 1 vol. in-16 avec 5 cartes hors texte . . . . 3 fr. 50
HISTOIRE DE L'AMÉRIQUE DU SUD, par *Alf. Deberle*. In-16. 3ᵉ éd.   3 fr. 50
L'INDUSTRIE AMÉRICAINE, par *A. Viallate*. 1 vol. in-8 . . . . . . 10 fr.

CHINE-JAPON

HISTOIRE DES RELATIONS DE LA CHINE AVEC LES PUISSANCES OCCIDENTALES
(1861-1902), par *H. Cordier*, de l'Instit. 3 vol. in-8, avec cartes. 30 fr.
L'EXPÉDITION DE CHINE DE 1857-58, par *le même*. 1 vol. in-8. . . 7 fr.
L'EXPÉDITION DE CHINE DE 1860, par *le même*. 1 vol. in-8 . . . . 7 fr.
EN CHINE. *Mœurs et institutions*. par *M. Courant*. 1 vol. in-16. 3 fr. 50
LE DRAME CHINOIS, par *Marcel Monnier*. 1 vol. in-16. . . . 2 fr. 50
LE PROTESTANTISME AU JAPON (1859-1907), par *R. Allier*. In-16. 3 fr. 50
LA QUESTION D'EXTRÊME-ORIENT, par *E. Driault*. 1 vol. in-8. . . 7 fr.
LES QUESTIONS ACTUELLES DE POLITIQUE ÉTRANGÈRE EN ASIE, par MM. le
*Baron de Courcel, P. Deschanel, P. Doumer, E. Etienne, le Général
Lebon, Victor Bérard, R. de Caix, M. Revon, Jean Rodes*, le Dʳ *Rouire*.
1 vol. in-16 avec 4 cartes hors texte . . . . 3 fr. 50
LA CHINE NOUVELLE, par *Jean Rodes*. 1 vol. in-16 . . . . 3 fr. 50

ÉGYPTE

LA TRANSFORMATION DE L'ÉGYPTE, par *Alb. Métin*. 1 vol. in-16. 3 fr. 50

INDE

L'INDE CONTEMP. ET LE MOUVEMENT NATIONAL, par *E. Pirioux*. In-16. 3 fr. 50

QUESTIONS POLITIQUES ET SOCIALES

PROBLÈMES POLITIQUES ET SOCIAUX, par *E. Driault*. 2ᵉ éd. 1 vol. in-8. 7 fr.
VUE GÉNÉRALE DE L'HISTOIRE DE LA CIVILISATION, par *le même*. 2 vol.
in-16, illustrés. 3ᵉ édit. (*Récompensé par l'Institut*). . . . . . 7 fr.
LE MONDE ACTUEL, par *le même*. Tableau polit. et économ. 1 v. in-8. 7 fr.
SOUVERAINETÉ DU PEUPLE ET GOUVERNEMENT, par *E. d'Eichthal*, de
l'Institut. 1 vol. in-16. . . . . 3 fr. 50

SOPHISMES SOCIALISTES ET FAITS ÉCONOMIQUES, par *Yves Guyot*. 1 vol.
  in-16. . . . . 3 fr. 50
LES MISSIONS ET LEUR PROTECTORAT, par *J.-L. de Lanessan*. 1 vol.
  in-16. . . . . 3 fr. 50
LE SOCIALISME UTOPIQUE, par *A. Lichtenberger*. 1 vol. in-16. 3 fr. 50
LE SOCIALISME ET LA RÉVOLUTION FRANÇAISE, par *le même*. 1 v. in-8. 5 fr.
L'OUVRIER DEVANT L'ÉTAT, par *Paul Louis*. 1 vol. in-8. . . . . . 7 fr.
HISTOIRE DU MOUVEMENT SYNDICAL EN FRANCE (1789-1910), par *le
  même*. 2e édit. 1 vol. in-16. . . . . 3 fr. 50
LE SYNDICALISME CONTRE L'ETAT, par *le même*. 1 vol. in-16. 3 fr. 50
HISTOIRE POLITIQUE ET SOCIALE (1815-1911). (*Evolution du monde moderne*),
  par *E. Driault et Monod*. 1 vol. in-16 avec gravures et cartes. 2e édit. 5 fr.
LA DISSOLUTION DES ASSEMBLÉES PARLEMENTAIRES, par *Paul Matter*.
  1 vol. in-8. . . . . 5 fr.
LA FRANCE ET L'ITALIE DEVANT L'HISTOIRE, par *J. Reinach*. 1 vol. in-8. 5 fr.
LE SOCIALISME A L'ETRANGER, par MM. *J. Bardour, G. Gidel, Kinzo.
  Goraï, G. Isambert, G. Louis-Jaray, A. Marvaud, Da Motta de San Mi-
  guel, P. Quentin-Bauchart, M. Revon, A. Tardieu*. 1 v. in-16. 3 fr. 50
FIGURES DISPARUES, par *E. Spuller*. 3 vol. in-16, chacun . . . 3 fr. 50
L'ÉDUCATION DE LA DÉMOCRATIE, par *le même*. 1 vol. in-16. . . 3 fr. 50
L'ÉVOLUTION POLITIQUE ET SOCIALE DE L'ÉGLISE, par *le même*. 1 v. in-16. 3 fr. 50
LA FRANCE ET SES ALLIANCES, par *A. Tardieu*. 1 vol. in-16.. . 3 fr. 50
LA VIE POLITIQUE DANS LES DEUX MONDES, publiée sous la direction de
  A. Viallate et M. Caudel. 1re ANNÉE (1906-1907), à 5e ANNÉE (1910-1911).
  Chacune 1 fort vol. in-8. . . . . 10 fr.
L'ÉCOLE SAINT-SIMONIENNE, par *G. Weill*. 1 vol. in-16. . . 3 fr. 50

LES MAITRES DE LA MUSIQUE

ÉTUDES D'HISTOIRE ET D'ESTHÉTIQUE
Publiées sous la direction de M. JEAN CHANTAVOINE

Chaque volume in-8 de 250 pages environ, 3 fr. 50

Liste par ordre de publication :

Palestrina, par MICHEL BRE-
NET. 3e édition.

César Franck, par VINCENT
D'INDY. 6e édit.

J.-S. Bach, par A. PIRRO. 3e édit.

Beethoven, par JEAN CHANTA-
VOINE. 6e édit.

Mendelssohn, par CAMILLE
BELLAIGUE, 3e édition.

Smetana, par WILLIAM RITTER.

Rameau, par LOUIS LALOY. 2e éd.

Moussorgsky, par M. D. CAL-
VOCORESSI. 2e édition.

Haydn, par M. BRENET. 2e édit.

Trouvères et Troubadours,
par PIERRE AUBRY. 2e édit.

Wagner, par HENRI LICHTEN-
BERGER. 4e édit.

Gluck, par JULIEN TIERSOT. 3e éd.

Liszt, par J. CHANTAVOINE. 2e éd.

Gounod, par CAMILLE BEL-
LAIGUE. 2e éd.

Haendel, par R. ROLLAND. 3e éd.

Lully, par L. DE LA LAURENCIE.

L'Art Grégorien, par AMÉDÉE
GASTOUÉ. 2e édit.

Jean-Jacques Rousseau,
par J. TIERSOT.

Schutz, par A. PIRRO.

Meyerbeer, par L. DAURIAC.

ART ET ESTHÉTIQUE

Collection publiée sous la direction de M. PIERRE MARCEL

Chaque volume in-8, avec 24 reproductions hors texte. . . . . . . 3 fr. 50

Volumes parus :

Titien, par H. CARO-DELVAILLE. | **Greuze**, par LOUIS HAUTECŒUR.
Vélazquez, par AMAN-JEAN.

BIBLIOTHÈQUE GÉNÉRALE
DES SCIENCES SOCIALES

Secrétaire de la rédaction. DICK MAY, Secrét. gén. de l'Éc. des Hautes Études sociales.

Vol. in-8 carré de 300 pages environ, cart. à l'anglaise, chacun. 6 fr.

Derniers volumes publiés :

Les divisions régionales de la France, par MM. C. BLOCH, L. LAFFITTE, J. LETACONNOUX, L. LEVAINVILLE, F. MAURETTE, P. DE ROUSIERS, M. SCHWOB, C. VALLAUX, P. VIDAL DE LA BLACHE. Introduction de CH. SEIGNOBOS.

Les aspirations autonomistes en Europe, par MM. J. AULNEAU, F. DELAISI, Y.-M. GOBLET, R. HENRY, H. LICHTENBERGER, A. MALET, R. MARVAUD, AD. REINACH, H. VIMARD. Préface de CH. SEIGNOBOS.

La méthode positive dans l'enseignement primaire et secondaire, par MM. BERTHONNEAU, A. BIANCONI, H. BOURGIN, L. BRUCKER, F. BRUNOT, G. DELOBEL, G. RUDLER, H. WEILL. Avant-propos de A. CROISET.

Les œuvres périscolaires, par MM. le Dr CALMETTE, le Dr P. GALLOIS, le D^r DE PRADEL, G. BERTIER, le Dr E. PETIT, T. COUDIROLLE, le Dr RÉGNIER, le Dr CAYLA, L. BOUGIER, le Dr P. LE GENDRE, le Dr DOLÉRIS. Préface de M. le sénateur Paul STRAUSS.

J.-J. Rousseau, par MM. A. CAHEN, D. MORNET, G. GASTINEL, V. DELBOS, J. BENRUBI, F. BALDENSPERGER, G. DWELSHAUVERS, F. VIAL, BEAULAVON, G. BELOT, C. BOUGLÉ, D. PARODI. Préface de M. LANSON, professeur à la Sorbonne.

La lutte scolaire en France au dix-neuvième siècle par MM. F. BUISSON, L. CAHEN, A. DESSOYE, E. FOURNIÈRE, C. LATREILLE, R. LEBEY, ROGER LÉVY, CH. SEIGNOBOS, CH. SCHMIDT, J. TCHERNOFF, E. TOUTEY et J. LETACONNOUX.

Neutralité et monopole de l'enseignement, par MM. V. BASCH, E. BLUM, A. CROISET, G. LANSON, D. PARODI, TH. REINACH, F. LÉVY-WOGUE et R. PICHON.

La séparation de l'Église et de l'État, par J. DE NARFON.

L'individualisation de la peine, par R. SALEILLES, prof. à la Faculté de droit de l'Univ. de Paris, et G. MORIN, doc. 2e édition.

L'idéalisme social, par EUGÈNE FOURNIÈRE, 2e édit.

Ouvriers du temps passé, par H. HAUSER, 3e édit.

Les transformations du pouvoir, par G. TARDE, 2e édit.

Morale sociale, par MM. G. BELOT, MARCEL BERNÈS, BRUNSCHVICG, F. BUISSON, DARLU, DAURIAC, DELBET, CH. GIDE, M. KOVALEVSKY, MALAPERT, le R. P. MAUMUS, DE ROBERTY, G. SOREL, le PASTEUR WAGNER. Préface de M. É. BOUTROUX, de l'Académie française. 2e éd.

Les enquêtes, *pratique et théorie*, par P. DU MAROUSSEM.

Questions de morale, par MM. BELOT, BERNÈS, F. BUISSON, A. CROISET, DARLU, DELBOS, FOURNIÈRE, MALAPERT, MOCH, D. PARODI, G. SOREL. 2e édit.

Le développement du catholicisme social, depuis l'encyclique *Rerum Novarum*, par MAX TURMANN. 2e édit.

Le socialisme sans doctrines, par A. MÉTIN. 2e édit.

L'éducation morale dans l'Université, par MM. LÉVY-BRUHL, DARLU, M. BERNÈS, KORTZ, ROGAFORT, BIOCHE, Ph. GIDEL, MALAPERT, BELOT.

La méthode historique appliquée aux sciences sociales, par CH. SEIGNOBOS, professeur à l'Univ. de Paris. 2e édit.

Assistance sociale. *Pauvres et mendiants*, par PAUL STRAUSS.

L'hygiène sociale, par E. DUCLAUX, de l'Institut,

Essai d'une philosophie de la solidarité, par MM. DARLU, RAUH, F. BUISSON, GIDE, X. LÉON, LA FONTAINE, E. BOUTROUX.

L'éducation de la démocratie, par MM. E. LAVISSE, A. CROISET, SEIGNOBOS, MALAPERT, LANSON, HADAMARD. 2e édit.

L'exode rural et le retour aux champs, par VANDERVELDE. 2e édit.

La lutte pour l'existence et l'évolution des sociétés, par J.-L. DE LANESSAN, ancien ministre.

La concurrence sociale et les devoirs sociaux, par LE MÊME.

La démocratie devant la science, par C. BOUGLÉ, 2e éd. rev.

L'individualisme anarchiste. *Max Stirner*, par V. BASCH, chargé de cours à l'Université de Paris.

Les applications sociales de la solidarité, par MM. P. BUDIN, CH. GIDE, H. MONOD, PAULET, ROBIN, SIEGFRIED, BROUARDEL. 2e éd.

La paix et l'enseignement pacifiste, par MM. FR. PASSY, CH. RICHET, D'ESTOURNELLES DE CONSTANT, E. BOURGEOIS, A. WEISS, H. LA FONTAINE, G. LYON.

Études sur la philosophie morale au XIXe siècle, par MM. BELOT, A. DARLU, M. BERNÈS, A. LANDRY, CH. GIDE, E. ROBERTY, R. ALLIER, H. LICHTENBERGER, L. BRUNSCHVICG.

Enseignement et démocratie, par MM. A. CROISET, DEVINAT, BOITEL, MILLERAND, APPELL, SEIGNOBOS, LANSON, CH.-V. LANGLOIS.

Religions et sociétés, par MM. TH. REINACH, A. PUECH, R. ALLIER, A. LEROY-BEAULIEU, LE Bon CARRA DE VAUX, H. DREYFUS.

Essais socialistes, par E. VANDERVELDE.

Le surpeuplement et les habitations à bon marché, par H. TUROT et H. BELLAMY.

L'individu, l'association et l'État, par E. FOURNIÈRE.

Les trusts et les syndicats de producteurs, par J. CHASTIN.

Le droit de grève, par MM. CH. GIDE, H. BERTHÉLEMY, P. BUREAU, A. KEUFER, C. PERREAU, CH. PICQUENARD, A.-E. SAYOUS, F. FAGNOT, E. VANDERVELDE.

Morales et religions, par MM. G. BELOT, L. DORISON, AD. LODS, A. CROISET, W. MONOD, E. DE FAYE, A. PUECH, le baron CARRA DE VAUX, E. EHRARDT, H. ALLIER, F. CHALLAYE.

La nation armée, par MM. le général BAZAINE-HAYTER, C. BOUGLÉ, E. BOURGEOIS, C^{ne} BOURGUET, E. BOUTROUX, A. CROISET, G. DEMENY, G. LANSON, L. PINEAU, C^{ne} POTEZ, F. RAUH.

La criminalité dans l'adolescence, par G.-L. Duprat.

Médecine et pédagogie, par MM. le Dʳ Albert Mathieu, le Dʳ Gillet, le Dʳ S. Méry, P. Malapert, le Dʳ Lucien Butte, le Dʳ Pierre Régnier, le Dʳ L. Duffestel, le Dʳ Louis Guinon, le Dʳ Nobécourt. Préface de M. le Dʳ E. Mosny.

La lutte contre le crime, par J.-L. De Lanessan.

La Belgique et le Congo, par E. Vandervelde.

La dépopulation de la France, par le Dʳ J. Bertillon.

L'enseignement du français, par H. Bourgin, A. Croiset, P. Crouzet, M. Lacabe-Plasteig, G. Lanson, Ch. Maquet, J. Prettre, G. Rudler, A. Weil.

BIBLIOTHÈQUE UTILE

Volumes in-32 de 192 pages chacun.

Chaque volume broché, **60 cent.**

Acloque (A.). Les insectes nuisibles, ravages, moyens de destruction (avec fig.).

Amigues (E.). A travers le ciel.

Bastide. Les guerres de la Réforme. 5ᵉ édit.

Bellet. (D.). Les grands ports maritimes de commerce (avec fig.).

Bère. Histoire de l'armée française

Berget (Adrien.) La viticulture nouvelle. (*Manuel du vigneron.*) 3ᵉ éd.

— La pratique des vins. 2ᵉ éd. (*Guide du récoltant*).

— Les vins de France. (*Manuel du consommateur.*)

Blerzy. Les colonies anglaises. — 2ᵉ édit.

Bondois. (P). L'Europe contemporaine (1789-1879). 2ᵉ édit.

Bouant. Les principaux faits de la chimie (avec fig.).

— Hist. de l'eau (avec fig.).

Brothier. Histoire de la terre. 2ᵉ éd.

Buchez. Histoire de la formation de la nationalité française.
    I. *Les Mérovingiens.* 6ᵉ éd. 1 v.
    II. *Les Carlovingiens.* 2ᵉ éd. 1 v.

Carnot. Révolution française. 8ᵉ éd.
    I. *Période de création,* 1789-1792.
    II. *Période de défense,* 1792-1804.

Catalan. Notions d'astronomie. 6ᵉ édit. (avec fig.).

Collas et Driault. Histoire de l'empire ottoman jusqu'à la révolution de 1909. 4ᵉ édit.

Collier. Premiers principes des beaux-arts (avec fig.).

Combes (L.). La Grèce ancienne. 4ᵉ édit.

Coste (A.). La richesse et le bonheur. 2ᵉ éd.

— Alcoolisme ou épargne. 6ᵉ édit.

Coupin (H.). La vie dans les mers (avec fig.).

Creighton. Histoire romaine.

Cruveilhier. Hygiène générale. 9ᵉ éd.

Debidour (A.) Histoire des rapports de l'Eglise et de l'Etat en France (1789-1871). Abrégé par Dubois et Sarthou.

Despois (Eug.). Révolution d'Angleterre. (1603-1688). 4ᵉ édit.

Doneaud (Alfred). Histoire de la marine française. 4ᵉ édit.

— Histoire contemporaine de la Prusse. 2ᵉ édit.

Dufour. Petit dictionnaire des falsifications. 4ᵉ édit.

Eisenmenger (G.). Les tremblements de terre.

Enfantin. La vie éternelle, passée, présente, future. 6ᵉ éd.

Faque (L.). L'Indo-Chine française. 2ᵉ éd. mise à jour jusqu'en 1910.

Ferrière. Le darwinisme. 9ᵉ éd.

Gaffarel (Paul). Les frontières françaises et leur défense. 2ᵉ édit.

Gastineau (B.). Les génies de la science et de l'industrie. 3ᵉ éd.

Geikie. La géologie (avec fig.). 5ᵉéd.

Genevoix (F.). Les procédés industriels.

— Les matières premières.

Gérardin. Botanique générale (avec fig.).

Girard de Rialle. Les peuples de l'Asie et de l'Europe.

Grove. Continents et océans, avec fig. 3ᵉ éd.

Guyot (Yves). Les préjugés économiques.

Henneguy. Histoire de l'Italie depuis 1815 jusqu'au cinquantenaire de l'Unité Italienne (1911). 2ᵉ édit.

Huxley. Premières notions sur les sciences. 5ᵉ édit.

Jevons (Stanley). L'économie politique. 11ᵉ édit.

Jouan. Les îles du Pacifique.

— La chasse et la pêche des animaux marins.

Jourdan (J.). La justice criminelle en France. 2ᵉ édit.

Jourdy. Le patriotisme à l'école. 3ᵉ édit.

Larbalétrier (A.). L'agriculture française (avec fig.).

— Les plantes d'appartement, de fenêtres et de balcons (avec fig.).

Larivière (Ch. de). Les origines de la guerre de 1870.

Larrivé. L'assistance publique en France.

Laumonier (Dʳ J.). L'hygiène de la cuisine.

Leneveux. Le travail manuel en France. 2ᵉ éd it.

Lévy (Albert). Histoire de l'air (avec fig.). 3ᵉ édit.

Lock (F.). Jeanne d'Arc (1429-1431). 3ᵉ édit.

— Histoire de la Restauration. 5ᵉ édit.

Mahaffy. L'antiquité grecque (avec fig.).

Maigne. Les mines de la France et de ses colonies.

Mayer (G.). Les chemins de fer (avec fig.).

Kerklen (P.). La Tuberculose ; son traitement hygiénique.

Mesnier (G.). Histoire de la littérature française. 5ᵉ éd.

— Histoire de l'art ancien, moderne et contemporain (avec fig.).

Mongredien. Histoire du libre-échange en Angleterre.

Monin. Les maladies épidémiques. Hygiène et prévention (avec fig.).

Morin. Résumé populaire du code civil, 6ᵉ édit., avec un appendice sur *la loi des accidents du travail* et la *loi des associations.*

Noël (Eugène). Voltaire et Rousseau. 5ᵉ édit.

Ott (A.). L'Asie occidentale et l'Egypte. 2ᵉ édit.

Paulhan (F.). La physiologie de l'esprit. 5ᵉ édit. (avec fig.)

Paul Louis. Les lois ouvrières dans les deux mondes.

Petit. Economie rurale et agricole.

Pichat (L.). L'art et les artistes en France. (*Architectes, peintres et sculpteurs.*) 5ᵉ édit.

Quesnel. Histoire de la conquête de l'Algérie.

Raymond (E.). L'Espagne et le Portugal. 3ᵉ édit.

Regnard. Histoire contemporaine de l'Angleterre depuis 1815 jusqu'à l'avènement de Georges V. 2ᵉ édit.

Renard (G.). L'homme est-il libre ? 6ᵉ édit.

Robinet. La philosophie positive. A. Comte et P. Laffitte. 6ᵉ éd.

Rolland (Ch.). Histoire de la maison d'Autriche. 3ᵉ édit.

Sérieux et Mathieu. L'Alcool et l'alcoolisme. 4ᵉ édit.

Spencer (Herbert). De l'éducation. 14ᵉ édit.

Turck. Médecine populaire. 7ᵉ édit.

Vaillant. Petite chimie de l'agriculteur.

Zaborowski. L'origine du langage. 7ᵉ édit.

— Les migrations des animaux. 4ᵉ édit.

— Les grands singes. 3ᵉ édit.

— Les mondes disparus (avec fig.) 4ᵉ édit.

— L'homme préhistorique. 8ᵉ édit. (avec fig.)

Zevort (Edg.). Histoire de Louis-Philippe. 4ᵉ édit.

Zurcher (F.). Les phénomènes de l'atmosphère. 8ᵉ édit.

Zurcher et Margollé. Télescope et microscope. 3ᵉ édit.

— Les phénomènes célestes. 2ᵉ éd.

BIBLIOTHÈQUE SCIENTIFIQUE
INTERNATIONALE

Volumes in-8, cartonnés à l'anglaise.

Derniers volumes publiés :

PEARSON (K.). **La grammaire de la science** (*La Physique*).   9 fr.

CYON (E. de). **L'oreille**, illustré.   6 fr.

Précédemment parus :

Sauf indication spéciale, tous ces volumes se vendent 6 francs.

ANDRADE (J.). **Le mouvement**, illustré.

ANGOT. **Les aurores polaires**, illustré.

ARLOING. **Les virus**, illustré.

BAGEHOT. **Lois scientifiques du développement des nations.** 7e édition.

BAIN (ALEX.). **L'esprit et le corps**, 7e édition.

— **La science de l'éducation**, 12e édition.

BENEDEN (VAN). **Les commensaux et les parasites dans le règne animal**, 4e édition, illustré.

BERNSTEIN. **Les sens**, 5e édition, illustré.

BERTHELOT, de l'Institut. **La synthèse chimique**, 10e éd.

— **La révolution chimique, Lavoisier**, ill., 2e édition.

BINET. **Les altérations de la personnalité**, 2e édition.

BINET et FÉRÉ. **Le magnétisme animal**, 5e éd., illustré.

BOURDEAU (L.). **Histoire du vêtement et de la parure.**

BRUNACHE. **Le centre de l'Afrique ; autour du Tchad**, ill.

CANDOLLE (A. DE). **Origine des plantes cultivées**, 4e édit.

CARTAILHAC. **La France préhistorique**, 2e éd., illustré.

CHARLTON BASTIAN. **Le cerveau et la pensée**, 2e éd., 2 vol. illustrés.

— **L'évolution de la vie**, avec figures dans le texte et 12 planches hors texte.   9 fr.

COLAJANNI. **Latins et Anglo-Saxons.**

CONSTANTIN (Cne). **Le rôle sociologique de la guerre et le sentiment national.**

COOKE et BERKELEY. **Les champignons**, 4e éd., illustré.

COSTANTIN (J.). **Les végétaux et les milieux cosmiques** (*Adaptation, évolution*), illustré.

— **La nature tropicale**, illustré.

— **Le transformisme appliqué à l'agriculture**, illustré.

CUÉNOT (L.). **La genèse des espèces animales.** (*Cour. par l'Acad. des sciences.*) Illustré.   12 fr.

DAUBRÉE, de l'Institut. **Les régions invisibles du globe et des espaces célestes**, 2e édition, illustré.

DEMENY (G.). **Les bases scientifiques de l'éducation physique**, 5e éd., illustré.

— **Mécanisme et éducation des mouvements**, 4e éd. 9 fr.

DEMOOR, MASSART et VANDERVELDE. **L'évolution régressive en biologie et en sociologie**, illustré.

DRAPER. **Les conflits de la science et de la religion.** 12e éd.

DUMONT (Léon). Théorie scientifique de la sensibilité, 4ᵉ éd.
GELLE (E.-M.). L'audition et ses organes, illustré.
GRASSET (J.). Les maladies de l'orientation et de l'équilibre, illustré.
GROSSE (E.). Les débuts de l'art, illustré.
GUIGNET (E.) et E. GARNIER. La céramique ancienne et moderne, illustré.
HUXLEY (Th.-H.). L'écrevisse, 2ᵉ édition, illustré.
JACCARD. Le pétrole, le bitume et l'asphalte, illustré.
JAVAL. Physiologie de la lecture et de l'écriture, 2ᵉ éd. illustré.
LAGRANGE (F.). Physiologie des exercices du corps, 10ᵉ éd.
LALOY. Parasitisme et mutualisme dans la nature, ill.
LANESSAN (De). Principes de colonisation.
LE DANTEC. Théorie nouvelle de la vie, 5ᵉ éd., illustré.
— Évolution individuelle et hérédité. 2ᵉ édit.
— Les lois naturelles, illustré.
— La stabilité de la vie.
LOEB. La dynamique des phénomènes de la vie, ill.   9 fr.
LUBBOCK. Les sens et l'instinct chez les animaux, ill.
MALMÉJAC. L'eau dans l'alimentation, illustré.
MAUDSLEY. Le crime et la folie, 7ᵉ édition.
MEUNIER (Stanislas). La géologie comparée, illustré.
— Géologie expérimentale, 2ᵉ éd., illustré.
— La géologie générale, 2ᵉ édit., illustré.
MEYER (De). Les organes de la parole, illustré.
MORTILLET (G. De). Formation de la nation française, 2ᵉ édition, illustré.
NIEWENGLOWSKI. La photographie et la photochimie, illust.
NORMAN LOCKYER. L'évolution inorganique, illustré.
PERRIER (Ed.), de l'Institut. La philosophie zoologique avant Darwin, 3ᵉ édition.
PETTIGREW. La locomotion chez les animaux, 2ᵉ éd., ill.
QUATREFAGES (A. De). L'espèce humaine, 15ᵉ édition.
— Darwin et ses précurseurs français, 2ᵉ édition.
— Les émules de Darwin, 2 vol.
RICHET (Ch.). La chaleur animale, illustré.
ROCHÉ. La culture des mers en Europe, illustré.
ROUBINOVITCH (Dʳ J.). Aliénés et anormaux. (Cour. par l'Acad. de Médecine). Illustré.   6 fr.
SCHMIDT. Les mammifères dans leurs rapports avec leurs ancêtres géologiques, illustré.
SCHUTZENBERGER, de l'Institut. Les fermentations, 6ᵉ édit. illustré.
SECCHI (Le Père). Les étoiles, 3ᵉ édit., 2 vol. illustrés.
SPENCER (H.) Introduction à la science sociale, 14ᵉ éd.
— Les bases de la morale évolutionniste, 7ᵉ édition.
STALLO. La matière et la physique moderne, 3ᵉ édition.
STARCKE. La famille primitive.
STEWART (Balfour). La conservation de l'énergie, 6ᵉ éd.
THURSTON. Histoire de la machine à vapeur, 3ᵉ éd., 2 vol.
TOPINARD. L'homme dans la nature, illustré.
VRIES (H. de). Espèces et variétés, 1 vol.   12 fr.
WURTZ, de l'Institut. La théorie atomique, 8ᵉ édition.

COLLECTION MÉDICALE

ÉLÉGANTS VOLUMES IN-12, CARTONNÉS A L'ANGLAISE, A 6, 4 ET 3 FRANCS

DERNIERS VOLUMES PUBLIÉS :

Bréviaire de l'arthritique, par le Dʳ M. DE FLEURY, membre de l'Académie de médecine.   4 fr.

Manuel de pathologie. *A l'usage des sages-femmes et des mères,* par le Dʳ H. DUFOUR, médecin de l'hôpital de la Maternité, avec 53 grav. dans le texte et 14 planches en couleur hors texte. 6 fr.

La médecine préventive du premier âge, par le Dʳ P. LONDE, ancien interne des hôpitaux de Paris.   4 fr.

Manuel de psychiatrie, par le Dʳ ROGUES DE FURSAC, médecin en chef des asiles de la Seine. 4ᵉ édit., revue et augmentée. 4 fr.

La démence précoce. *Étude psychologique, médicale et médico-légale,* par le Dʳ CONSTANZA PASCAL, médecin des asiles publics d'aliénés.   4 fr.

Hygiène de l'alimentation dans l'état de santé et de maladie, par le Dʳ J. LAUMONIER, avec gravures. 4ᵉ édition entièrement refondue.   4 fr.

PRÉCÉDEMMENT PARUS :

Manuel de pratique obstétricale à l'usage des sages-femmes, par le Dʳ E. PAQUY, avec 107 gravures dans le texte.   4 fr.

Essais de médecine préventive, par le Dʳ P. LONDE. 4 fr.

La joie passive, par le Dʳ R. MIGNARD. Préface du Dʳ G. DUMAS.   4 fr.

Guide pratique de puériculture, à l'usage des docteurs en médecine et des sages-femmes, par le Dʳ DELÉARDE. 4 fr.

La mimique chez les aliénés, par le Dʳ G. DROMARD. 4 fr.

L'amnésie, par les Dʳˢ G. DROMARD et J. LEVASSORT. 4 fr.

La mélancolie, par le Dʳ R. MASSELON, médecin adjoint à l'asile de Clermont. (*Couronné par l'Académie de médecine.*) 4 fr.

Essai sur la puberté chez la femme, par Mˡˡᵉ le Dʳ MARTHE FRANCILLON, ancien interne des hôpitaux de Paris. 4 fr.

Les nouveaux traitements, par le Dʳ J. LAUMONIER. 2ᵉ éd. 4 fr.

Les embolies bronchiques tuberculeuses, par le Dʳ CH. SABOURIN, médecin du sanatorium de Durtol, avec gravures. 4 fr.

Manuel d'électrothérapie et d'électrodiagnostic, par le Dʳ E. ALBERT-WEIL, avec 88 gravures. 2ᵉ éd. 4 fr.

La mort réelle et la mort apparente, *diagnostic et traitement de la mort apparente,* par le Dʳ S. ICARD, avec gravures. 4 fr.

L'hygiène sexuelle et ses conséquences morales, par le Dʳ S. RIBBING, prof. à l'Univ. de Lund (Suède). 4ᵉ édit. 4 fr.

Hygiène de l'exercice chez les enfants et les jeunes gens, par le Dʳ F. LAGRANGE, lauréat de l'Institut. 9ᵉ édit. 4 fr.

De l'exercice chez les adultes, par *le même.* 7ᵉ édition. 4 fr.

Hygiène des gens nerveux, par le Dʳ LEVILLAIN, avec gravures. 6ᵉ éd.   4 fr.

L'éducation rationnelle de la volonté, son emploi thérapeutique, par le Dr PAUL-EMILE LÉVY. Préface de M. le prof. BERNHEIM. 8ᵉ édition.   4 fr.

L'idiotie. *Psychologie et éducation de l'idiot*, par le Dr J. VOISIN, médecin de la Salpêtrière, avec gravures.   4 fr.

La famille névropathique, *Hérédité, prédisposition morbide, dégénérescence*, par le D^r CH. FÉRÉ, médecin de Bicêtre, avec gravures. 2ᵉ édition.   4 fr.

L'instinct sexuel. *Évolution, dissolution*, par *le même*. 3ᵉ éd. 4 fr.

Le traitement des aliénés dans les familles, par *le même*. 3ᵉ édition.   4 fr.

L'hystérie et son traitement, par le Dr PAUL SOLLIER.   4 fr.

Manuel de percussion et d'auscultation, par le Dr P. SIMON, professeur à la Faculté de médecine de Nancy, avec grav.   4 fr.

La fatigue et l'entraînement physique, par le D^r PH. TISSIÉ. avec gravures. Préface de M. le prof. BOUCHARD. 3ᵉ édition.   4 fr.

Les maladies de la vessie et de l'urèthre chez la femme, par le Dr KOLISCHER ; trad. de l'allemand par le Dr BEUTTNER, de Genève; avec gravures.   4 fr.

Grossesse et accouchement, *Étude de socio-biologie et de médecine légale* par le Dr G. MORACHE, professeur de médecine légale à l'Université de Bordeaux.   4 fr.

Naissance et mort, *Étude de socio-biologie et de médecine légale*, par *le même*.   4 fr.

La responsabilité, *Étude de socio-biologie et de médecine légale*, par le Dr G. MORACHE, prof. de médecine légale à l'Université de Bordeaux, associé de l'Académie de médecine.   4 fr.

Traité de l'intubation du larynx *de l'enfant et de l'adulte, dans les sténoses laryngées aiguës et chroniques*, par le Dr A. BONAIN, avec 42 gravures.   4 fr.

Pratique de la chirurgie courante, par le Dr M. CORNET, Préface du Pr OLLIER, avec 111 gravures.   4 fr.

Dans la même collection :

COURS DE MÉDECINE OPÉRATOIRE
de M. le Professeur Félix Terrier :

Petit manuel d'antisepsie et d'asepsie chirurgicales, par les Drs FÉLIX TERRIER, professeur à la Faculté de médecine de Paris, et M. PÉRAIRE, ancien interne des hôpitaux, avec grav.   3 fr.

Petit manuel d'anesthésie chirurgicale, par *les mêmes*, avec 37 gravures.   3 fr.

L'opération du trépan, par *les mêmes*, avec 222 grav.   4 fr.

Chirurgie de la face, par les Drs FÉLIX TERRIER, GUILLEMAIN et MALHERBE, avec gravures.   4 fr.

Chirurgie du cou, par *les mêmes*, avec gravures.   4 fr.

Chirurgie du cœur et du péricarde, par les Drs FÉLIX TERRIER et E. REYMOND, avec 79 gravures.   3 fr.

Chirurgie de la plèvre et du poumon, par *les mêmes*, avec 67 gravures.   4 fr.

MÉDECINE
Dernières publications :

BEURMANN (DE) ET GOUGEROT. **Les sporotrichoses.** 1 fort vol.
. gr. in-8 avec 181 fig. et 8 planches.   20 fr.
HALLOPEAU (Paul), chirurgien des Hôpitaux de Paris **La désarti-
culation temporaire dans le traitement des tuberculoses
du pied.** 1 vol. in-8, avec 35 planches hors texte (*Annales de la
clinique chirurgicale du professeur Pierre Delbet*).   10 fr.
Manuel pratique de Kinésithérapie, par L. DUREY, R. HIRSCH-
BERG, R. LEROY, R. MESNARD, G. ROSENTHAL, H. STAPFER, F. WETTER-
WALD, E. ZANDER Jor.
   Publié en 7 fascicules in-8 se vendant séparément ou en 2 fort vol.
in-8, *ensemble.*   25 fr.
Fascicule I. *Le rôle thérapeutique du mouvement. Notions générales*
             (WETTERWALD). *Maladies de la circulation* (E. ZANDER Jor).
             1 vol. in-8, avec 75 figures.   3 fr.
   — II. *Gynécologie* (H. STAPFER). 1 vol. in-8, avec 12 fig. 4 fr.
   — III. *Maladies respiratoires (méthode de l'exercice physiolo-
             gique de la respiration)* (G. ROSENTHAL). 1 vol. in-8,
             avec 50 figures.   5 fr.
   — IV. *Kiniséthérapie orthopédique* (RENÉ MESNARD). 1 vol. in-8,
             avec 91 fig.   3 fr.
   — V. *Maladies de la nutrition* (WETTERWALD). *Maladies de
             la peau* (R. LEROY). 1 vol. in-8, avec 47 figures. 4 fr.
   — VI. *Les traumatismes et leurs suites* (L. DUREY). 1 vol. in-8,
             avec 32 figures.   4 fr.
   — VII. *La rééducation motrice* (R. HIRSCHBERG). 1 vol. in-8, avec
             38 figures.   3 fr.
OBERLAENDER (F.-M.) ET KOLLMANN (A.). **La blennorrhagie
chronique et ses complications.** Traduit par le Dr C. LEPOUTRE.
1 vol. gr. in-8 avec 178 fig. et 3 planches en couleurs hors texte. 15 fr.
STEWART (Dr PIERRE). **Le diagnostic des maladies nerveuses**
Traduction et adaptation française, par le Dr GUSTAVE SCHERB. Préface
de M. le Dr E. HELME. 1 vol. in-8 avec 208 fig. et diagrammes. 15 fr.

PRÉCÉDEMMENT PARUS :
Pathologie et thérapeutique médicales.

CAMUS ET PAGNIEZ. **Isolement et psychothérapie.** *Traitement
de la neurasthénie.* Préface du Pr DÉJERINE. 1 vol. gr. in-8.   9 fr.
Conférence internationale du cancer (2e). Tenue à Paris du
1er au 5 octobre 1910. Travaux publiés sous la direction de M. le Prof.
Pierre DELBET et du Dr R. LEDOUX-LEBARD. 1 vol. gr. in-8.   20 fr.
CORNIL (V.), RANVIER, BRAULT ET LETULLE. **Manuel d'histo-
logie pathologique.** 3e édition, entièrement remaniée.
   TOME I, par MM. RANVIER, CORNIL, BRAULT, F. BEZANÇON et
   M. CAZIN. *Histologie normale. Cellules et tissus normaux. Géné-
   ralités sur l'histologie pathologique. Altération des cellules et
   des tissus. Inflammations. Tumeurs. Notions sur les bactéries.
   Maladies des systèmes et des tissus. Altérations du tissu conjonc-
   tif.* 1 vol. in-8, avec 387 grav. en noir et en coul.   25 fr.
   TOME II, par MM. DURANTE, JOLLY, DOMINICI, GOMBAULT et PHILIPPE.
   *Muscles. Sang et hématopoïèse. Généralités sur le système ner-
   veux.* 1 vol. in-8, avec 278 grav. en noir et en couleurs.   25 fr.
   TOME III, par MM. GOMBAULT, NAGEOTTE, A. RICHE, R. MARIE,
   DURANTE, LEGRY, F. BEZANÇON. *Cerveau. Moelle. Nerfs. Cœur.
   Larynx. Ganglion lymphatique. Rate.* 1 vol. in-8, avec
   382 grav. en noir et en couleurs.   35 fr.
   TOME IV ET DERNIER, par MM. MILIAN, DIEULAFÉ, DECLOUX, RIBADEAU-
   DUMAS, CRITZMANN, COURCOUX, BRAULT, LEGRY, HALLÉ, KLIPPEL et
   LEPAS. *Poumon. Bouche. Tube digestif. Estomac. Intestin. Foie.
   Rein. Vessie et urèthre. Pancréas.* 2 vol. in-8.   45 fr.

DESCHAMPS (A.). **Les maladies de l'énergie**. Les asthénies
générales. *Épuisements, insuffisances, inhibitions*. (Clinique et Thérapeutique). Préface de M. le professeur RAYMOND. 1 vol. In-8. 2e édit. 8 fr.

FINGER (E.). **La syphilis et les maladies vénériennes**. Trad.
par les Drs SPILLMANN et DOYON. 3e édit. Avec 8 pl. h. texte.   12 fr.

FLEURY (M. DE), de l'Académie de médecine. **Introduction à la
médecine de l'esprit**. 9e édit. 1 vol. in-8.   7 fr. 50
— **Les grands symptômes neurasthéniques**. 4e éd. In-8. 7 fr. 50
— **Manuel pour l'étude des maladies du système nerveux**.
1 vol. gr. in-8, avec 132 grav. en noir et en couleurs, cart. à l'angl. 25 fr.

FRENKEL (H. S.). **L'ataxie tabétique**. *Ses origines, son traite
ment*. Préface de M. le Prof. RAYMOND. 1 vol. in-8.   8 fr.

HARTENBERG (P.). **Psychologie des neurasthéniques**.
2e édition. 1 vol. in-16.   3 fr. 50
— **L'hystérie et les hystériques**. 1 vol. in-16.   3 fr. 50

JANET (P.) ET RAYMOND (F.). **Névroses et idées fixes**.
    TOME I. — *Etudes expérimentales*, par P. JANET. 2e éd. 1 vol. gr.
    in-8 avec 68 gr.   12 fr.
    TOME II. — *Fragments des leçons cliniques*, par F. RAYMOND et P. JANET.
    2e éd. 1 vol. grand in-8, avec 97 gravures.   14 fr.
(*Couronné par l'Académie des Sciences et par l'Académie de médecine.*)

JANET (P.) ET RAYMOND (F.). **Les obsessions et la psychas-
thénie**.
    TOME I. — *Études cliniques et expérimentales*, par P. JANET. 2e édit.
    1 vol. gr. in-8, avec grav. dans le texte.   18 fr.
    TOME II. — *Fragments des leçons cliniques*, par F. RAYMOND et P. JANET.
    2e édit. 1 vol. in-8 raisin, avec 22 gravures dans le texte.   11 fr.

JANET (Dr Pierre). **L'État mental des hystériques**. 2e édition.
1 vol. in-8, avec gravures dans le texte.   18 fr.

JOFFROY (le prof.) ET DUPOUY. **Fugues et vagabondage**. 1 vol.
in-8.   7 fr.

LABADIE-LAGRAVE ET LEGUEU. **Traité médico-chirurgical de
gynécologie**. 3e édition, entièrement remaniée. 1 vol. grand in-8, avec
nombreuses fig., cart. à l'angl.   25 fr.

LE DANTEC (F.). **Introduction à la pathologie générale**. 1 fort
vol. gr. in-8.   15 fr.

LEPINE (le prof. R.). **Le diabète sucré**. 1 vol. gr. in-8   16 fr.

MACKENSIE (Dr J.). **Les maladies du cœur**. Traduit par le
Dr FRANÇON. Préface du Dr H. VAQUEZ. 1 vol. in-8 avec 280 fig. 15 fr.

MARIE (Dr A.). **Traité international de psychologie patho-
logique**. TOME I : *Psychopathologie générale*, par MM. les Prs
GRASSET, DEL GRECO, Dr A. MARIE, Prof. MALLY, MINGAZZINI, Drs DIDE,
KLIPPEL, LEVADITI, LUGARO, MARINESCO, MÉDÉA, L. LAVASTINE, Prof.
MARRO, CLOUSTON, BECHTEREW, FERRARI, Prof. CARRARRA. 1 vol. gr.
in-8, avec 353 gr. dans le texte.   25 fr.
    TOME II : *Psychopathologie clinique*, par MM. les Prs BAGENOFF,
    BECHTEREW, Drs COLIN, CAPGRAS, DENY, HESNARD, LHERMITTE,
    MAGNAN, A. MARIE, Prs PICK, PILCZ, Drs RICHE, ROUBINOVITCH.
    SÉRIEUX, SOLLIER, Pr ZIEHEN, 1 vol. gr. in-8, avec 341 gr.   25 fr.
    TOME III ET DERNIER. *Psychologie appliquée*, par MM. les Prof.
    BAGENOFF, BIANCHI, SIKORSKY, G. DUMAS, HAVELOCK-ELLIS,
    Drs CULLERRE, A. MARIE, DEXLER, Prof. SALOMONSEN. 1 vol. gr.
    in-8 avec grav.

MOSSÉ. **Le diabète et l'alimentation aux pommes de terre**.
1 vol. in-8.   5 fr.

REVAULT D'ALLONNES (Dr G.). **L'affaiblissement intellectuel
chez les déments**. 1 vol. in-8.   5 fr.

SÉRIEUX et CAPGRAS. **Les folies raisonnantes**. 1 vol. in-8. 7 fr.

SOLLIER (P.). **Genèse et nature de l'hystérie**. 2 vol. in-8. 20 fr.

Pathologie et thérapeutique chirurgicales.

BOECKEL (J. et A.). Des fractures du rachis cervical sans symptômes médullaires. 1 vol. in-8 avec planches.   8 fr.

CORNIL (le prof. V.). Les tumeurs du sein. 1 vol. gr. in-8, avec 169 fig. dans le texte.   12 fr.

DURET (H.). Les tumeurs de l'encéphale. *Manifestations et chirurgie.* 1 fort vol. gr. in-8, avec 300 figures.   20 fr.

ESTOR (le prof.). Guide pratique de chirurgie infantile. 1 vol. in-8, avec 165 gravures. 2ᵉ édition, revue et augmentée.   8 fr.

HENNEQUIN et LOEWY. Les luxations des grandes articulations, leur traitement pratique. 1 vol. gr. in-8, avec 125 grav. dans le texte.   16 fr.

LE DAMANY (Dʳ P.). La luxation congénitale de la hanche. 1 fort vol. gr. in-8 avec 486 fig.   15 fr.

LEGUEU (Prof. F.). Traité chirurgical d'urologie. Préface de M. le Prof. Guyon. 1 fort vol. gr. in-8 de viii-1382 p., avec 663 grav. dans le texte et 8 pl. en couleurs hors texte, cartonné à l'angl.   40 fr.
— **Leçons de clinique chirurgicale** (Hôtel-Dieu, 1901). 1 vol. grand in-8, avec 71 gravures dans le texte.   12 fr.

MONOD (Pʳ Ch.) et VANVERTS (J.). Chirurgie des artères, *Rapport au XXIIᵉ Congrès de chirurgie.* 1 vol. in-8.   2 fr.

NIMIER (H.). Blessures du crâne et de l'encéphale par coup de feu. 1 vol. in-8, avec 150 fig.   15 fr.

NIMIER (H.) et LAVAL. Les projectiles de guerre. 1 v. in-12, av. gr. 3 fr.
— **Les explosifs, les poudres, les projectiles d'exercice,** leur action et leurs effets vulnérants. 1 vol. in-12, avec grav.   3 fr.
— **Les armes blanches,** leur action et leurs effets vulnérants. 1 vol. in-12, avec grav.   6 fr.
— **De l'infection en chirurgie d'armée,** 1 v. in-12, avec gr. 6 fr.
— **Traitement des blessures de guerre.** 1 fort vol. in-12, avec gravures.   6 fr.

REVERDIN (Pʳ J.-L.). Leçons de chirurgie de guerre. *Des blessures faites par les balles des fusils.* Préface de H. Nimier. 1 vol. in-8, avec 7 pl. en phototypie hors texte.   7 fr. 50

TERRIER (F.) et AUVRAY (M.). Chirurgie du foie et des voies biliaires. — Tome I. *Traumatismes du foie et des voies biliaires.* — *Foie mobile.* — *Tumeurs du foie et des voies biliaires.* 1 vol. gr. in-8, avec 50 gravures.   10 fr.
   Tome II. *Echinococcose hydatique commune.* — *Kystes alvéolaires.* — *Suppurations hépatiques.* — *Abcès tuberculeux intra-hépatique.* — *Abcès de l'actinomycose.* 1 vol. gr. in-8, avec 47 gravures.   12 fr.

Thérapeutique. Pharmacie. Hygiène.

BOSSU. Petit compendium médical. 6ᵉ édit. in-32, cart.   1 fr. 25

BOUCHARDAT. Nouveau formulaire magistral. 34ᵉ édition. *Collationnée avec le Codex de 1908.* 1 vol. in-18, cart.   4 fr.

BOUCHARDAT et DESOUBRY. Formulaire vétérinaire, 6ᵉ édit. 1 vol. in-18, cartonné.   4 fr.

BOUCHUT et DESPRÉS. Dictionnaire de médecine et de thérapeutique médicale et chirurgicale, comprenant le résumé de la médecine et de la chirurgie, les indications thérapeutiques de chaque maladie, la médecine opératoire, les accouchements, l'oculistique, l'odontotechnie, les maladies d'oreilles, l'électrisation, la matière médicale, les eaux minérales, et un formulaire spécial pour chaque maladie, mis au courant de la science par les Dʳˢ Marion et F. Bouchut. 7ᵉ édition, très augmentée, 1 vol. in-4, avec 1097 fig. dans le texte et 3 cartes. Broché, 25 fr. ; relié.   30 fr.

HARTENBERG (Dr P.). **Traitement [des neurasthéniques.**
1 vol. in-16.   3 fr. 50

LAGRANGE (F.). **La médication par l'exercice.** 1 vol. grand in-8,
avec 68 grav. et une carte en couleurs. 3e éd.   12 fr.
— **Les mouvements méthodiques et la « mécanothérapie ».**
1 vol. in-8, avec 55 gravures.   10 fr.

LAGRANGE (F.). **Le traitement des affections du cœur par
l'exercice et le mouvement.** 1 vol. in-8 avec figures.   6 fr.
— **La fatigue et le repos.** 1 vol. in-8, publié avec le concours du
Dr DE GRANDMAISON. 1 vol. in-8.   6 fr.

LAHOR (Dr Cazalis) et Lucien GRAUX. **L'alimentation à bon
marché saine et rationnelle.** 1 vol. in-16. 2e édit.   3 fr. 50

LÉVY (Dr P.-E.). **Neurasthénie et névroses.** *Leur guérison définitive en cure libre.* 2e édit. 1 vol. in-16.   5 fr.

RICHET (Pr Ch.). **L'anaphylaxie.** 2e édit. 1 vol. in-16.   3 fr. 50

UNNA. **Thérapeutique des maladies de la peau.** Traduit de
l'allemand par les Drs DOYON et SPILLMANN. 1 vol. gr. in-8.   8 fr.

Anatomie. Physiologie.

BELZUNG. **Anatomie et physiologie animales.** 10e édition revue.
1 fort vol. in-8, avec 522 grav. dans le texte, broché, 6 fr.; cart.   7 fr.

CHASSEVANT. **Précis de chimie physiologique.** 1 vol. gr. in-8,
avec figures.   10 fr.

CYON (E. DE). **Les nerfs du cœur.** 1 vol. gr. in-8 avec fig.   6 fr.

DEBIERRE. **Atlas d'ostéologie.** 1 vol. in-4, avec 253 grav. en noir et
en couleurs, cart. toile dorée.   12 fr.

DEMENY (G.). **Mécanisme et éducation des mouvements.** 4e éd.
1 vol. in-8, avec grav. cart.   9 fr.

DUBUISSON (P.) ET VIGOUROUX (A.). **Responsabilité pénale et
folie.** 1 vol. in-8.   7 fr. 50

DUPOUY (R.). **Les Opiomanes.** *Mangeurs, buveurs et fumeurs
d'opium.* 1 vol. in-8.   5 fr.

GELLÉ. **L'audition et ses organes.** 1 vol. in-8, avec grav. .   6 fr.

GLEY (E.). **Études de psychologie physiologique et pathologique.** 1 vol. in-8, avec gravures.   5 fr.

JAVAL (E.). **Physiologie de la lecture et de l'écriture.** 1 vol.
in-8. 2e édit.   6 fr.

LE DANTEC. **L'unité dans l'être vivant.** *Essai d'une biologie chimique.* 1 vol. in-8.   7 fr. 50
— **Les limites du connaissable.** *La vie et les phénomènes naturels.*
2e édit. 1 vol. in-8.   3 fr. 75
— **Traité de biologie.** 2e éd. 1 vol. grand in-8, avec fig.   15 fr.

RICHET (Ch.), professeur à la Faculté de médecine de Paris, **Diction
naire de physiologie,** publié avec le concours de savants français et
étrangers. Formera 12 à 15 volumes grand in-8, se composant chacun
de 3 fascicules; chaque volume, 25 fr.; chaque fascicule, 8 fr. 50. Huit
volumes parus.
TOME I (*A-Bac*). — TOME II (*Bac-Cer*). — TOME III (*Cer-Cob*). —
TOME IV (*Cob-Dig*). — TOME V (*Dig-Fac*). — TOME VI (*Fiam-Gal*).
— TOME VII (*Gal-Gra*). — TOME VIII (*Gra-Hys*).

SNELLEN. **Echelle typographique pour mesurer l'acuité de
la vision.** 17e édition.   4 fr.

REVUE DE MÉDECINE

Directeurs : MM. les Professeurs BOUCHARD, de l'Institut ; CHAUFFARD, CHAUVEAU, de l'Institut ; LANDOUZY ; LÉPINE, correspondant de l'Institut ; PITRES ; ROGER et VAILLARD. Rédacteurs en chef : MM. LANDOUZY et LÉPINE. Secrétaire de la Rédaction : JEAN LÉPINE. Secrétaire adjoint : R. DEBRÉ.

REVUE DE CHIRURGIE

Directeurs : MM. les Professeurs E. QUÉNU, PIERRE DELBET, PIERRE DUVAL, A. PONCET, F. LEJARS, F. GROSS, E. FORGUE, A. DESMONS, E. CESTAN. Rédacteur en chef : E. QUÉNU, Secrétaire de la rédaction : X. DELORE.

La *Revue de médecine* et la *Revue de chirurgie* paraissent tous les mois ; chaque livraison de la *Revue de médecine* contient de 5 à 6 feuilles grand in-8, avec gravures ; chaque livraison de la *Revue de chirurgie* contient de 10 à 14 feuilles grand in-8, avec gravures.

32e année, 1913.

PRIX D'ABONNEMENT :

Pour la Revue de Médecine. Un an, du 1er janvier, Paris. 20 fr. — Départements et étranger. 23 fr. — La livraison : 2 fr.

Pour la Revue de Chirurgie. Un an, du 1er janvier, Paris. 30 fr. — Départements et étranger. 33 fr. — La livraison : 3 fr.

. Les **deux Revues** réunies : un, an Paris, 45 fr. départ. et étranger. 50 fr.

JOURNAL DE L'ANATOMIE
et de la Physiologie normales et pathologiques
de l'homme et des animaux.

Rédacteurs en chef : MM. les professeurs RETTERER et TOURNEUX. Avec le concours de MM. BRANCA, G. LOISEL et A. SOULIÉ.

50e année, 1913. — PARAIT TOUS LES DEUX MOIS.

ABONNEMENT, un an. : Paris, **30** fr. ; départ et étr., **33** fr. La livr. **6** fr.

JOURNAL DE PSYCHOLOGIE
normale et pathologique.

DIRIGÉ PAR LES DOCTEURS

PIERRE JANET   ET   G. DUMAS
Professeur au Collège de France.   Professeur-adjoint à la Sorbonne.
de France.

10e année, 1913. — PARAIT TOUS LES DEUX MOIS.

ABONNEMENT, un an, du 1er janvier, **14** fr. — La livraison, **2** fr. **60**
Le prix est de 12 fr. pour les abonnés de la Revue philosophique.

REVUE ANTHROPOLOGIQUE

faisant suite à la *Revue de l'École d'Anthropologie de Paris*.
Recueil mensuel publié par les professeurs de l'Ecole d'Anthropologie.
ABONNEMENT, un an, du 1er janvier : France et Etranger, **10** fr.
La livraison, **1** fr.

ÉCONOMIE POLITIQUE — SCIENCE FINANCIÈRE

COLLECTION DES ÉCONOMISTES
ET PUBLICISTES CONTEMPORAINS
FORMAT IN-8.

VOLUMES RÉCEMMENT PUBLIÉS

ARNAUNÉ (A.), ancien directeur de la Monnaie, membre de l'Institut. La monnaie, le crédit et le change. 5ᵉ édition, revue et augmentée. 1 vol. in-8 . . . . 8 fr.
— Le commerce extérieur et les tarifs de douane. 1 vol. in-8. . 8 fr.
BLOCH (R.) et CHAUMEL (H). Traité théorique et pratique des conseils de Prud'hommes. 1 vol. in-8 . . . . 12 fr.
LEROY-BEAULIEU (P.), de l'Institut. Traité de la science des finances. 8ᵉ édition, revue et augmentée. 2 forts vol. in-8 . . . . 25 fr.
MARTIN (E.). Histoire financière et économique de l'Angleterre (1066-1902). 2 vol. in-8. . . . . 20 fr.
PINOT (P.) et COMOLET-TIRMAN (J.). Traité des retraites ouvrières. 2ᵉ éd., revue et mise à jour. 1 vol. in-8. . . . . 6 fr.
RAFFALOVICH (A.). Le marché financier (1911-1912). 1 vol. gr. in-8. 12 fr.

PRÉCÉDEMMENT PARUS

ANTOINE (Ch.). Cours d'économie sociale. 4ᵉ édition, revue et augmentée. 1 vol. in-8 . . . . 9 fr.
BLANQUI, de l'Institut. Histoire de l'économie politique en Europe, depuis les Anciens jusqu'à nos jours, 5ᵉ édition. 1 vol. in-8. . . 8 fr.
BLUNTSCHLI. Théorie générale de l'État, traduit de l'allemand par M. DE RIEDMATTEN. 3ᵉ édition. 1 vol. in-8. . . . . 9 fr.
COLSON (C.), de l'Institut. Cours d'économie politique, professé à l'École nationale des ponts et chaussées.
 Livre I. — *Théorie générale des phénomènes économiques.* 2ᵉ édition revue et augmentée. . . . . 6 fr.
 — II. — *Le travail et les questions ouvrières.* 3ᵉ tirage. . . 6 fr.
 — III. — *La propriété des biens corporels et incorporels.* 2ᵉ tir. 6 fr.
 — IV. — *Les entreprises, le commerce et la circulation.* 2ᵉ tir. 6 fr.
 — V. — *Les finances publiques et le budget de la France.* . 6 fr.
 — VI. — *Les travaux publics et les transports.* . . . . . . 6 fr.
— SUPPLÉMENT ANNUEL aux *Livres IV, V et VI*, (1911) broch. in-8. 1 fr.
COURCELLE-SENEUIL, de l'Institut. Traité théorique et pratique d'économie politique. 3ᵉ édition, revue et corrigée. 2 vol. in-18. 7 fr.
— Traité théorique et pratique des opérations de banque. *Dixième édition, revue et mise à jour,* par A. LIESSE, professeur au Conservatoire des arts et métiers. 1 vol. in-8. . . . . 9 fr.
COURTOIS (A.). Histoire des banques en France. 2ᵉ édition. 1 v. in-8. 8 fr. 50
EICHTHAL (Eugène d'), de l'Institut. La formation des richesses et ses conditions sociales actuelles, *notes d'économie politique.* . . 7 fr. 50
FIX (Th.). Observations sur l'état des classes ouvrières. In-8 . 5 fr.
HAUTEFEUILLE. Des droits et des devoirs des nations neutres en temps de guerre maritime. 3ᵉ édit. refondue. 3 forts vol. in-8. 22 fr. 50
— Histoire des origines, des progrès et des variations du droit maritime international. 2ᵉ édition. 1 vol. in-8. . . . . 7 fr. 50
LEROY-BEAULIEU (P.), de l'Institut. Traité théorique et pratique d'économie politique. 5ᵉ édition revue et augmentée. 5 vol. in-8. . 36 fr.
— Essai sur la répartition des richesses et sur la tendance à une moindre inégalité des conditions. 3ᵉ édit., revue et corrigée. 1 vol. in-8. 9 fr.
— L'État moderne et ses fonctions. 4ᵉ édition. 1 vol. in-8. . . . 9 fr.
— Le collectivisme, *examen critique du nouveau socialisme.* — *L'Évolution du Socialisme depuis 1895.* — *Le syndicalisme.* 5ᵉ édit., revue et augmentée. 1 vol. in-8. . . . . 9 fr.
— De la colonisation chez les peuples modernes. 6ᵉ édition. 2 vol. in-8. 20 fr.

LIESSE (A.), professeur au Conservatoire national des arts et métiers, *Le travail aux points de vue scientifique, industriel et social.* 1 vol. in-8. . . . . 7 fr 50

MARTIN-SAINT-LÉON (E.), conservateur de la bibliothèque du Musée Social. **Histoire des corporations de métiers,** *depuis leurs origines jusqu'à leur suppression en 1791,* suivie d'une étude sur l'*Évolution de l'Idée corporative de 1791 à nos jours* et sur le *Mouvement syndical contemporain.* Deuxième édition, revue et mise au courant. 1 fort vol. in-8. (*Couronné par l'Académie française*) . . . . 10 fr.

NEYMARCK (A.). **Finances contemporaines.** — Tome I. *Trente années financières,* 1872-1901. 1 vol. in-8, 7 fr. 50. — Tome II. *Les budgets,* 1872-1903. 1 vol. in-8, 7 fr. 50. — Tome III *Questions économiques et financières,* 1872-1904. 1 vol. in-8, 10 fr. — Tomes IV-V : *L'obsession fiscale, questions fiscales, propositions et projets relatifs aux impôts depuis 1871 jusqu'à nos jours.* 2 vol. in-8. — Tomes VI et VII. *L'épargne française et les valeurs mobilières* (1872-1910). 2 vol. in-8. . . 15 fr.

NOVICOW (J.). Le problème de la misère et les phénomènes économiques naturels. 1 vol. in-8. . . . . 7 fr. 50

PASSY (H.), de l'Institut. Des formes de gouvernement et des lois qui les régissent. 2e édition. 1 vol. in-8. . . . . 7 fr. 50

PAUL-BONCOUR. Le fédéralisme économique et le syndicalisme obligatoire, préface de WALDECK-ROUSSEAU. 1 vol. in-8. 2e édit . . 6 fr.

RAFFALOVICH (A.). **Le marché financier.** Années 1891. 1 vol. 5 fr. 1892. 1 vol. 5 fr. 1893 à 1894, *épuisé.* 1894-1895 à 1896-1897. Chacune 1 vol. 7 fr. 50; 1897-1898 et 1898-1899, chacune 1 vol. 10 fr. 1899-1900 à 1901-1902, *épuisés*; 1902-1903 à 1910-1911, chacune 1 vol. . . . 12 fr.

RICHARD (A.). L'organisation collective du travail, préface par Yves GUYOT. 1 vol. grand in-8. . . . . 6 fr.

ROSSI (P.), de l'Institut. Cours d'économie politique, 5e éd. 4 v. in-8. 15 fr.
— **Cours de droit constitutionnel,** 2e édition. 4 vol. in-8. . . . . 15 fr.

STOURM (R.), de l'Institut. Les systèmes généraux d'impôts. 3e édition revisée et mise au courant. 1 vol. in-8 . . . . 10 fr.
— *Cours de finances.* Le budget, son histoire et son mécanisme. 7e édition revue et mise au courant. 1 vol. in-8 . . . . 10 fr.

VILLEY (Ed.). Principes d'Économie politique. 3e édit. 1 vol. in-8. 10 fr.

WEULERSSE (G.). Le mouvement physiocratique en France de 1856 à 1870. 2 vol. in-8 . . . . 25 fr.

BIBLIOTHÈQUE DES SCIENCES MORALES ET POLITIQUES

BIBLIOTHÈQUE DES SCIENCES MORALES ET POLITIQUES

VOLUMES RÉCEMMENT PUBLIÉS.

GEORGES-CAHEN. Le logement dans les villes. 1 vol. in-16. . 3 fr. 50

Concentration des entreprises industrielles et commerciales (La), par A. FONTAINE, L. MARCH, P. DE ROUSIERS, F. SAMAZEUILH, A. SAYOUS, G. VEILLAT, P. WEISS. 1 vol. in-16. . . . . 3 fr. 50

DUGUIT (L.). Les transformations générales du droit privé depuis le code Napoléon. 1 vol. in-16. . . . . 3 fr. 50

Femme (La). *Sa situation réelle. Sa situation idéale,* par J. A. THOMSON, MME THOMSON, Mlle L. I. LUMSDEN, Mme LENDRUM, Mlle SHEAVYN, M. T. S. CLOUSTON, Mlle F. MELVILLE, Mlle E. PEARSON, M. R. LODGE. Préface de Sir OLIVER LODGE. 1 vol. in-16 . . . . 3 fr. 50

Grands marchés financiers (Les). *France* (Paris et province). *Londres, Berlin, New-York,* par A. AUPETIT. L. BROCARD, J. ARMAGNAC, G. DELAMOTTE, G. AUBERT. 1 vol. in-16. . . . . 3 fr. 50

GUYOT (YVES). La gestion par l'Etat et les municipalités. 1 vol. in-16 . . . . 3 fr. 50

LAYCOCK (F. U.). L'économie politique dans une coque de noix. Trad. par Mlle DIDIER. Introduction de *Yves Guyot.* 1 vol. in-16. . 3 fr. 50

VANDERVELDE (E.). La coopération neutre et la coopération socialiste. 1 vol. in-16. . . . . 3 fr. 50

ANTONELLI (E.). **Les actions de travail dans les sociétés anonymes à participation ouvrière.** Préface d'Aristide BRIAND. 1 vol. in-16. 2 fr. 50

AUCUY (M.). **Les systèmes socialistes d'échange.** 1 vol. in-16. 3 fr. 50

BASTIAT (Frédéric). **Œuvres complètes,** précédées d'une *Notice* sur sa vie et ses écrits. 7 vol. in-18. . . . . 24 fr. 50
 I. *Correspondance. — Premiers écrits.* 3ᵉ édition, 3 fr. 50; — II. *Le Libre-Echange.* 3ᵉ édition, 3 fr. 50; — III. *Cobden et la Ligue.* 4ᵉ édition ,2 fr. 50; — IV et V. *Sophismes économiques. — Petits pamphlets.* 6ᵉ édit. 2 vol. ensemble, 7 fr. ; — VI. *Harmonies économiques.* 9ᵉ édition, 3 fr. 50; — VII. *Essais. — Ebauches. — Correspondance.* . . 3 fr. 50

BELLET (D.). **Le chômage et son remède.** Préface de Paul LEROY-BEAULIEU. 1 vol. in-16. . . . . 3 fr. 50

BOURDEAU (J.). **Entre deux servitudes.** *Démocratie, socialisme, syndicalisme, impérialisme,* etc. 1 vol. in-16. . . . . . . 3 fr. 50

BROUILHET (Ch.). **Le conflit des doctrines dans l'économie politique contemporaine.** 1 vol. in-16. . . . . . . 3 fr. 50

CHALLAYE. **Syndicalisme révolutionnaire et syndicalisme réformiste.** 1 vol. in-16. 2 fr. 50

COURCELLE-SÉNEUIL (J.-G.). **Traité théorique et pratique d'économie politique.** 3ᵉ édit. 2 vol. in-18. . . 7 fr.
— **La société moderne.** 1 vol. in-18. . . . . 5 fr.

DEPUICHAULT. **La fraude successorale par le procédé du compte-joint.** Préface de M. Paul LEROY-BEAULIEU. 1 vol. in-16 . . . 3 fr. 50

DOLLEANS. **Robert Owen (1771-1858).** 1 vol. in-18. . . . . . 3 fr. 50

DUGUIT (L.). **Le droit social, le droit individuel et la transformation de l'Etat.** 1 vol. in-16, 2ᵉ édit. . . . . 2 fr. 50

EICHTHAL (E. D'), de l'Institut. **La liberté individuelle du travail et les menaces du législateur.** 1 vol. in-16. . . . . . . 2 fr. 50

Forces productives de la France (Les), par MM. P. BAUDIN, P. LEROY-BAULIEU, MILLERAND, ROUME. J. THIERRY, E. ALLIX, J.-C. CHARPENTIER, H. DE PEYERIMHOFF, P. DE ROUSIERS, D. ZOLLA. 1 vol. in-16. 3 fr. 50

GAUTHIER (A.-E.), sénateur, ancien ministre. **La réforme fiscale par l'impôt sur le revenu.** 1 vol. in-18. . . . . 3 fr. 50

GUYOT (Yves). **Les chemins de fer et la grève.** 1 vol. in-16. 3 fr. 50

LACHAPELLE (G.). **La représentation proportionnelle en France et en Belgique.** 1 vol. in-16. . . . . 3 fr. 50

LESEINE (L.) et SURET (L.). **Introduction mathématique à l'étude de l'économie politique.** 1 vol. in-16 avec figures. . . . . . . 3 fr.

LIESSE, professeur au Conservatoire des arts et métiers. **La statistique,** ses difficultés, ses procédés, ses résultats. 2ᵉ éd. 1 vol. in-18. 2 fr. 50
— **Portraits de financiers.** OUVRARD, MOLLIEN, GAUDIN, BARON LOUIS, CORVETTO, LAFFITE, DE VILLÈLE. 1 vol. in-18. . . . . . . 3 fr. 50

MARGUERY (E.). **Le droit de propriété et le régime démocratique.** 1 vol. in-18. . . . . 2 fr. 50

MAURY (F.). **Le port de Paris.** 3ᵉ édit. 1 vol. in-16. . . . . . 3 fr. 50

MERLIN (R.), biblioth. archiviste du Musée social. **Le contrat de travail,** les salaires, la participation aux bénéfices. 1 v. in-18. . . . 2 fr. 50

MILHAUD (Mlle Caroline). **L'ouvrière en France,** 1 vol. in-18. 2 fr. 50

MILHAUD (Edg.), professeur d'économie politique à l'Université de Genève. **L'imposition de la rente.** *Les engagements de l'Etat, les intérêts du crédit public, l'égalité devant l'impôt.* 1 vol. in-16. . 3 fr. 50

MOLINARI (G. DE). **Questions économiques à l'ordre du jour.** In-18. 3 fr. 50
— **Les problèmes du XXᵉ siècle.** 1 vol. in-18. . . . . 3 fr. 50
— **Théorie de l'Evolution.** *Economie de l'histoire.* 1 vol. in-16. 3 fr. 50

NOUEL (R.). **Les Sociétés par actions,** *leur réforme,* préface de P. BAUDIN. 1 vol. in-16. . . . . 3 fr. 50

PAWLOWSKI (A.). **La Confédération générale du travail.** Préface de J. BOURDEAU. 1 vol. in-16. . . . . 2 fr. 50
— **Les syndicats jaunes.** 1 vol. in-16. . . . . . . 2 fr. 50
— **Les syndicats féminins et les syndicats mixtes en France.** 1 vol. in-16. . . . . 2 fr. 50

PIC (P.), prof. à la Faculté de droit de Lyon. **La protection légale des travailleurs et le droit international ouvrier.** 1 vol. in-16 . . **2 fr. 50**

Politique budgétaire en Europe (La), par MM. A. LEBON, G. BLONDEL, R.-G. LÉVY, A. RAFFALOVICH, C. LAURENT, C. PICOT, H. GANS. 1 vol. in-16 . . . . **3 fr. 50**

RICHARD (M.). **Le régime minier.** 1 vol. in-16. . . . . **3 fr. 50**

STUART MILL (J.). **Le gouvernement représentatif.** Traduction et *Introduction*, par M. DUPONT-WHITE. 3e édition. 1 vol. in-18. **4 fr.**

COLLECTION
D'AUTEURS ÉTRANGERS CONTEMPORAINS

Histoire — Morale — Économie politique — Sociologie

Format in-8. (Pour le cartonnage, **1 fr. 50** en plus.)

BAMBERGER. — **Le Métal argent au XIXe siècle.** . . . . **6 fr. 50**

C. ELLIS STEVENS. — **Les Sources de la Constitution des États-Unis** *étudiées dans leurs rapports avec l'histoire de l'Angleterre et de ses Colonies.* Traduit par LOUIS VOSSION. . . . . **7 fr. 50**

GOSCHEN. — **Théorie des Changes étrangers.** Traduction et préface de M. LÉON SAY. *Quatrième édition française* suivie du *Rapport de 1875 sur le paiement de l'indemnité de guerre,* par le même. . **7 fr. 50**

HOWELL. — **Le Passé et l'Avenir des Trade Unions.** *Questions sociales d'aujourd'hui.* Trad. et préf. de M. LE COUR GRANDMAISON. **5 fr. 50**

KIDD. — **L'évolution sociale.** Traduit par M. P. LE MONNIER. **7 fr. 50**

NITTI. — **Le Socialisme catholique.** . . . . **7 fr. 50**

RUMELIN. — **Problèmes d'Économie politique et de Statistique.** **7 fr. 50**

SCHULZE GAVERNITZ. — **La grande Industrie.** . . . . . . **7 fr. 50**

W.-A. SHAW. — **Histoire de la Monnaie (1252-1894).** . . . . . **7 fr. 50**

THOROLD ROGERS. — **Histoire du Travail et des Salaires en Angleterre depuis la fin du XIIIe siècle.** . . . . **7 fr. 50**

WESTERMARCK. — **Origine du Mariage dans l'espèce humaine.** **11 fr.**

DICTIONNAIRE DU COMMERCE
DE L'INDUSTRIE ET DE LA BANQUE

DIRECTEURS :
MM. Yves GUYOT et Arthur RAFFALOVICH

2 volumes grand in-8. Prix, brochés. . . . . **50 fr.**
— — reliés. . . . . **58 fr.**

. NOUVEAU DICTIONNAIRE
D'ÉCONOMIE POLITIQUE

PUBLIÉ SOUS LA DIRECTION DE
M. LÉON SAY et de M. JOSEPH CHAILLEY-BERT
Deuxième édition.

2 vol. grand in-8 raisin et un Supplément : prix, brochés. . . . . . **60 fr.**
— — demi-reliure chagrin. . . . . **69 fr.**

COMPLÉTÉ PAR 3 TABLES : Table des auteurs, Table méthodique et Table analytique.

PETITE BIBLIOTHÈQUE
ÉCONOMIQUE
FRANÇAISE ET ÉTRANGÈRE
PUBLIÉE SOUS LA DIRECTION DE M. J. CHAILLEY-BERT

PRIX DE CHAQUE VOLUME IN-32, ORNÉ D'UN PORTRAIT
Cartonné toile. . . . . 2 fr. 50

XVIII VOLUMES PUBLIÉS

I. — VAUBAN. — Dîme royale, par G. Michel.

II. — BENTHAM. — Principes de Législation, par Mlle Raffalovich.

III. — HUME. — Œuvre économique, par Léon Say.

IV. — J.-B. SAY. — Économie politique, par H. Baudrillart, de l'Institut.

V. — ADAM SMITH. — Richesse des Nations, par Courcelle-Seneuil, de l'Institut. 2e édit.

VI. — SULLY. — Économies royales, par M. J. Chailley-Bert.

VII. — RICARDO. — Rentes, Salaires et Profits, par M. P. Beauregard, de l'Institut.

VIII. — TURGOT. — Administration et Œuvres économiques, par M. L. Robineau.

IX. — JOHN STUART MILL. — Principes d'économie politique, par M. L. Roquet.

X. — MALTHUS. — Essai sur le principe de population, par M. G. de Molinari.

XI. — BASTIAT. — Œuvres choisies, par M. de Foville, de l'Institut. 2e édit.

XII. — FOURIER. — Œuvres choisies, par M. Ch. Gide.

XIII. — F. LE PLAY. — Économie sociale, par M. F. Auburtin. Nouvelle édit.

XIV. — COBDEN. — Ligue contre les lois-céréales et Discours politiques, par Léon Say, de l'Académie française.

XV. — KARL MARX. — Le Capital, par M. Vilfredo Pareto. 4e édit.

XVI. — LAVOISIER. — Statistique agricole et projets de réforme, par MM. Schelle et Ed. Grimaux, de l'Institut.

XVII. — LÉON SAY. — Liberté du Commerce, finances publiques, par M. J. Chailley-Bert.

XVIII. — QUESNAY. — La Physiocratie, par M. Yves Guyot.

Chaque volume est précédé d'une introduction et d'une étude biographique, bibliographique et critique sur chaque auteur.

BIBLIOTHÈQUE
DE LA
LIGUE DU LIBRE ÉCHANGE

PRIX DE CHAQUE VOL. IN-32, cartonné toile. . . . . . . 2 fr.

SCHELLE (G.). Le bilan du protectionnisme en France.

HISTOIRE UNIVERSELLE DU TRAVAIL

PUBLIÉE SOUS LA DIRECTION

de **G. RENARD**, professeur au Collège de France.

Sera publiée en 12 volumes

Chaque volume in-8, avec gravures. . . . . 5 fr.

———

Volumes parus :

PAUL LOUIS. **Le travail dans le monde romain**. 1 vol. avec 41 gravures.
RENARD (G.) et DULAC (A.). **L'évolution industrielle et agricole depuis cent cinquante ans**. 1 vol. avec 31 gravures.

REVUE PHILOSOPHIQUE

DE LA FRANCE ET DE L'ÉTRANGER

DIRIGÉE par **Th. RIBOT**
Membre de l'Institut, Professeur honoraire au Collège de France.
38e année, 1913. — PARAIT TOUS LES MOIS.

Abonnement :

Un an, du 1er janvier : Paris, **30** fr.; Départ. et Etranger, **33** fr.
La livraison. **3** fr.

JOURNAL DES ÉCONOMISTES

72e ANNÉE, 1913.
Parait le 15 de chaque mois par fasc. grand in-8 de 180 à 192 pages.

———

RÉDACTEUR EN CHEF : **M. YVES GUYOT**

Ancien ministre,
Vice-président de la Société d'Economie politique.

———

ABONNEMENT :

France et Algérie : UN AN. . . . . **36** fr.; SIX MOIS. . . . . . . **19** fr.;
Union postale : UN AN. . . . . **38** fr.; SIX MOIS. . . . . . . **20** fr.
LE NUMÉRO. . . . . **3** fr. **50**

Les abonnements partent de Janvier, Avril, Juillet ou Octobre.

REVUE HISTORIQUE

Fondée par **G. MONOD**,
Dirigée par **MM. Ch. BÉMONT**, archiviste paléographe,
et **Chr. PFISTER**, professeur à la Sorbonne.

(38e année, 1913). — Paraît tous les deux mois.

Abonnement du 1er janvier, un an : Paris, 30 fr. — Départements et étranger, 33 fr. — La livraison, 6 fr.

REVUE DU MOIS

DIRECTEUR : **Émile BOREL**, professeur à la Sorbonne.
SECRÉTAIRE DE LA RÉDACTION : A. BIANCONI, agrégé de l'Université.

(8e année, 1913). — Paraît tous les mois.

ABONNEMENT DU 1er DE CHAQUE MOIS :

Un an : Paris, **20** fr. — Départements, **22** fr. — Étranger, **25** fr.
Six mois : — **10** fr. —   —   **11** fr. —   —   **12** fr. **50**.
La livraison, **2** fr. **25**.

REVUE DES ÉTUDES NAPOLÉONIENNES

Publiée sous la direction de M. **Ed. DRIAULT**.

(2e année, 1913). — Paraît tous les deux mois.

ABONNEMENT (du 1er janvier). Un an : France, **20** fr. — Étranger, **22** fr.
La livraison, **4** fr.

REVUE DES SCIENCES POLITIQUES

Suite des ANNALES DES SCIENCES POLITIQUES.

(28e année, 1913). — Paraît tous les deux mois

Rédacteur en chef : **M. ESCOFFIER**,
professeur à l'École des Sciences politiques.

ABONNEMENT : du 1er janvier, Paris **18** fr.; Départ. et Étranger, **19** fr.
La livraison : **3** fr. **50**.

BULLETIN DE LA STATISTIQUE GÉNÉRALE
DE LA FRANCE

(2e année, 1912-1913). — Paraît tous les trois mois.

ABONNEMENT (du 1er octobre). Un an : France et Étranger, **14** fr.
La livraison, **4** fr.

**Abonnements sans frais à la Librairie Félix Alcan,
chez tous les libraires et dans tous les bureaux de
poste.**

1105-12. — Coulommiers. Imp. PAUL BRODARD. —P3-13.